YUmizhizhonggong

职业技能培训鉴定教材

玉米制种工

（初级 中级 高级）

名誉主编 刘新建
主　　编 张　浩
副 主 编 缪顺义 陈　勇 张华新
　　　　 王　朴 田玉秀
编　　者 张　浩 田玉秀 唐永清
　　　　 黄立新 周　丽 韩　云
　　　　 马守科 杨丽琼 欧阳伟
审　　稿 王文江 王　廷 魏传江
　　　　 商　军 涂明建 李秀霞

中国劳动社会保障出版社

图书在版编目(CIP)数据

玉米制种工：初级　中级　高级/人力资源和社会保障部教材办公室，新疆生产建设兵团人力资源和社会保障局，农业局组织编写. —北京：中国劳动社会保障出版社，2014

职业技能培训鉴定教材

ISBN 978-7-5167-0840-8

Ⅰ.①玉…　Ⅱ.①人…②新…③农…　Ⅲ.①玉米-制种-技术培训-教材　Ⅳ.①S513.038

中国版本图书馆 CIP 数据核字(2014)第 018273 号

中国劳动社会保障出版社出版发行

(北京市惠新东街 1 号　邮政编码：100029)

*

北京北苑印刷有限责任公司印刷装订　新华书店经销

787 毫米×960 毫米　16 开本　20 印张　391 千字

2014 年 3 月第 1 版　　2014 年 3 月第 1 次印刷

定价：36.00 元

读者服务部电话:(010) 64929211/64921644/84643933

发行部电话:(010) 64961894

出版社网址：http: //www.class.com.cn

教材编审委员会

教材编审委员会办公室

内容简介

教材在编写过程中紧紧围绕"以企业需求为导向，以职业能力为核心"的编写理念，力求突出职业技能培训特色，满足职业技能培训与鉴定考核的需要。

本教材详细介绍了初级、中级和高级玉米制种工要求掌握的最新实用知识和技术。全书主要内容包括玉米制种病虫草害知识、玉米制种管理与基本农事操作、玉米制种栽培措施和技术、玉米制种质量控制、农业生产计划等。每一单元后安排了单元测试题，供读者巩固、检验学习效果时参考使用。

本教材是初级、中级和高级玉米制种工职业技能培训与鉴定考核用书，也可供相关人员参加在职培训、岗位培训使用。

前　言

为满足各级培训、鉴定部门和广大劳动者的需要，人力资源和社会保障部教材办公室、中国劳动社会保障出版社在总结以往教材编写经验的基础上，联合新疆生产建设兵团人力资源和社会保障局、兵团农业局和兵团职业技能鉴定中心，依据国家职业标准和企业对各类技能人才的需求，研发了农业类系列职业技能培训鉴定教材，涉及农艺工、果树工、蔬菜工、牧草工、农作物植保员、家畜饲养工、家禽饲养工、农机修理工、拖拉机驾驶员、联合收割机驾驶员、白酒酿造工、乳品检验员、沼气生产工、制油工、制粉工等职业和工种。新教材除了满足地方、行业、产业需求外，也具有全国通用性。这套教材力求体现以下主要特点：

在编写原则上，突出以职业能力为核心。教材编写贯穿“以职业标准为依据，以企业需求为导向，以职业能力为核心”的理念，依据国家职业标准，结合企业实际，反映岗位需求，突出新知识、新技术、新工艺、新方法，注重职业能力培养。凡是职业岗位工作中要求掌握的知识和技能，均作详细介绍。

在使用功能上，注重服务于培训和鉴定。根据职业发展的实际情况和培训需求，教材力求体现职业培训的规律，反映职业技能鉴定考核的基本要求，满足培训对象参加各级各类鉴定考试的需要。

在编写模式上，采用分级模块化编写。纵向上，教材按照国家职业资格等级编写，各等级合理衔接、步步提升，为技能人才培养搭建科学的阶梯型培训架构。横向上，教材按照职业功能分模块展开，安排足量、适用的内容，贴近生产实际，贴近培训对象需要，贴近市场需求。

在内容安排上，增强教材的可读性。为便于培训、鉴定部门在有限的时间内把最重要的知识和技能传授给培训对象，同时也便于培训对象迅速抓住重点，提高学习效率，在教材中精心设置了“培训目标”等栏目，以提示应该达到的目标，需要掌握的重点、难点、鉴定点和有关的扩展知识。另外，每个学习单元后安排了单元测试题，方便培训对象及时巩固、检验学习效果，并对本职业鉴定考核形式有初步的了解。

本系列教材在编写过程中得到新疆生产建设兵团人力资源和社会保障局、兵团农业局和兵团职业技能鉴定中心的大力支持和热情帮助，在此一并致以诚挚的谢意。

编写教材有相当的难度，是一项探索性工作。由于时间仓促，不足之处在所难免，恳切希望各使用单位和个人对教材提出宝贵意见，以便修订时加以完善。

人力资源和社会保障部教材办公室

ZHIYE JINENG PEIXUN JIANDING JIAOCAI

第一部分

玉米制种工（初级）

第1单元

玉米制种概述

第一节　玉米制种历史及含义

→ 了解玉米制种的历史
→ 了解玉米制种的含义

一、玉米制种的历史

目前，普遍认为玉米起源于古代墨西哥及周边。玉米是一种栽培历史比较古老的作物，栽培历史超过 4 000 年，是唯一没有野生近源种的作物，被认为是人工选育的远古的转基因作物。

玉米制种有悠久的历史，历史资料记载，古印加人把各地的玉米供在神庙（见图1—1），由僧侣混合种植后，再把收获物发放到各地，类似近代的综合种培育方式。

玉米是雌雄同株异位的植物，果穗在植株中部，有人格化的特点。玉米为风媒花作物，自然异交率在96％左右，自交亲和性差，且玉米籽粒成熟快，籽粒富含淀粉、脂肪等物质，自然状态下容易吸水、发芽、腐烂，因此玉米必须经过人工选育、人工收获、人工留种才能保持种源。

图 1—1　古印加人神庙中的玉米图案

自从 1908 年 Shull 和 East 发现玉米自交衰退和杂交优势现象以来，玉米种植逐步走入玉米杂交种时代，目前全世界超过 80％的玉米生产使用杂交种，其中大多数为单交种。

玉米育种就是利用玉米自交衰退获得纯合的家系（自交系），再利用杂交优势获得优良的杂交种种子。

育种家从掌握的玉米材料中遴选出符合自己意愿的理想材料，经过强制自交和人工选择，筛选出的在遗传特性上相对纯合、表现稳定的自交后代群体，称为自交系。根据选系材料的不同，可以分为一环系、二环系和多环系。由农家品种（地方品种）、品种间杂交种或群体中选育出的自交系称为一环系，由单交组合中选育出的自交系称为二环系，由双交组合、三交组合中选育出的自交系称为多环系。由同一玉米选系材料经多代自交，从分离后代中可以选育出的多个自交系，互称为姊妹系。

科学家在玉米生产实践中发现，两种遗传基础不同的玉米品种进行杂交，其杂交后代表现出的各种性状均优于杂交双亲，比如杂交后代的繁殖器官优于双亲，结籽多，早熟高产；杂交种的生活力强，适应性广，抗逆性强；品质优良等。这种现象称为杂种优势或杂交优势（见图 1—2）。

图 1—2　杂交优势利用示意图

杂交优势在杂交第一代表现明显，由于基因分离规律的作用从第二代起杂交优势明显下降。因此，在玉米生产上杂交优势的利用模式主要为：

玉米育种材料间杂交→杂交一代 F1（商品杂交种，从制种田母本植株收获的玉米籽粒）→商品玉米 F2（不再做种子）。

二、玉米制种的含义

1. 玉米制种的定义

广义的玉米制种是指在严格的隔离条件下，为了获得世代交替所需要的玉米种子进行的各类生产或科研活动，包括育种家选育新品种而进行的科研活动和玉米自交系原种扩繁、玉米自交系大田生产用种的生产、商用玉米杂交种的制种生产、玉米商用常规种生产等内容。

狭义的玉米制种特指玉米制种工从事的玉米制种生产活动，即玉米制种的栽培，主要包括玉米商品种生产、商用玉米自交系生产，玉米商品种生产包括玉米商用杂交种的生产、玉米商用常规种的生产。

本教材涉及的玉米制种工是玉米制种农艺工的简称，是指从事玉米种子生产活动的人员。

2. 玉米制种的特征

如图 1—3 所示，玉米商品种生产中，由两种或两种以上不同玉米品种或玉米自交系杂交组配形成的品种称为玉米杂交种。商用杂交种生产中，把获得商用杂交种种子的那部分玉米植株称为母本，把提供花粉的那部分玉米植株称为父本，这两类玉米植株统称亲本。一整套用于生产商用杂交种的亲本组合在生产实际中被称为玉米杂交组合。

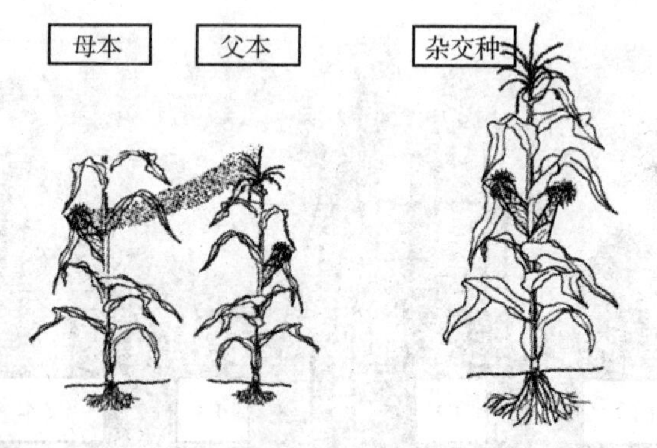

图 1—3　玉米杂交制种过程示意图

在杂交制种过程中，在严格的隔离条件下，将母本和父本分别种植成行（见图 1—4），在母本植株的雌穗花丝吐出苞叶前去尽雄穗，不允许母本自交（跑粉），使母本单一接受父本花粉，在母本的雌穗中孕育新的杂合种子，即杂交种种子，为了降低收获难度和获得最高质量的商用玉米杂交种种子，通常在母本受粉后 15～20 天内砍除父本（见图 1—5）。

图 1—4　玉米杂交制种田

3. 玉米制种与商品玉米的生产异同

（1）相同点

1）农机操作基本相同，犁、耙、播、中耕、机械收获；农机质量要求应一致；农

图1—5　砍除父本的玉米制种田

机所需机力一致。

2）同一地区病虫害的发生类型相同。

3）同一地区准备的农资类型相同。

4）农事操作基本相同。

（2）不同点

1）玉米制种必须设立安全生产的隔离区。

2）玉米制种同一地块种植两个不同的玉米品种，即有父本、母本之分。

3）母本必须在吐丝前去净雄花，单一接受父本的花粉；为了保证质量，需要在授粉结束后，砍除父本。

4）多数组合，父母本需要分别播种、间定苗、收获，实行区别化管理，生产中严格要求去杂、去劣，关注花期相遇情况。

5）玉米制种以玉米自交系进行生产，从个体上看，长势弱，植株矮小，单株产量较低；从群体看，密度较大，弥补了个体单株劣势，通过精细管理，能获得较理想的产量。

6）高产的技术路线不同，商品玉米是通过单株和群体获得高产，制种玉米主要通过群体获得高产。

7）大面积生产中机械收获方式不同，玉米制种收获的是带苞叶的果穗，商品玉米则以收获籽粒为主。

8）功能叶组（棒三叶）特指不同（见图1—6）。商品玉米的棒三叶指在雌穗位叶和上下各一叶，玉米制种的棒三叶指雌穗位以上三片叶或雌穗位叶及以上两片叶。

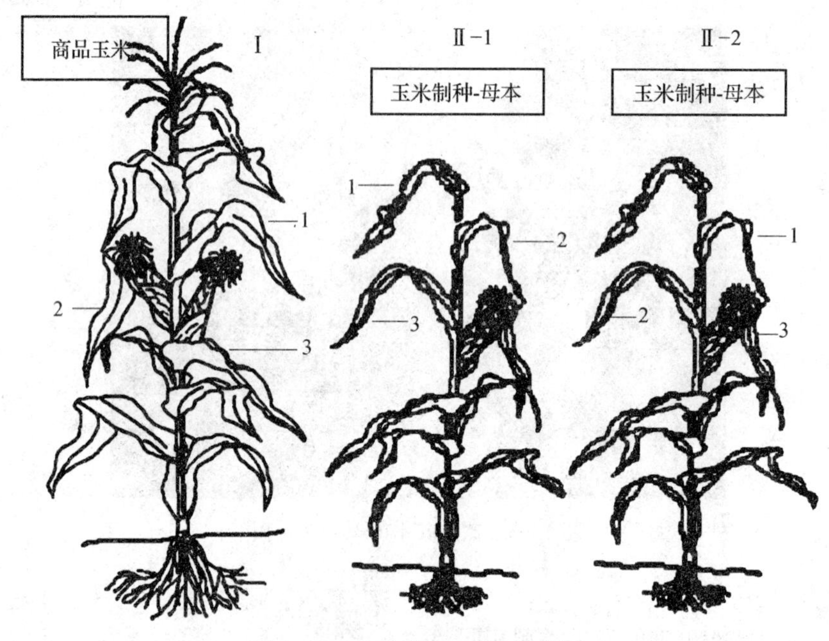

图1—6　玉米“棒三叶”示意图

4. 生产基地选择玉米杂交种亲本组合的原则

商用杂交种的推广首先必须具备杂交一代F1（商品杂交种）在推广区域熟期合适，生活力强，适应性广，抗逆性强，高产、稳产，品质优良等优点。其次制种程序简单，制种产量较高，制种成本较低。最后能形成较好的性价比，在推广区域能获得最高的产量纪录，利润空间大。

从玉米制种的角度，制种程序简单、制种产量较高、制种成本较低的品种组合容易被生产基地接受，一般这样的组合具备以下特点：

（1）母本适宜温度田间发芽大于95%，低温田间发芽大于80%，发芽快且整齐。

（2）母本收获时，掉粒少，容易清理，达到标准水分后容易脱粒，出籽率高（>83%），坏粒比例小于10%。

（3）母本抗病性、抗虫性强，不易倒伏，群体产量高，对高密度的耐受性强。单株产量高、适用化学控高的中高杆玉米自交系，或耐密植能力强、单株产量适中的中低秆的玉米自交系（去雄前的植株高度在1.8m）。

（4）母本能接受化学控高，生产出的商品种子的发芽率及发芽势不会因为生长调节剂的作用受到影响。

（5）母本对生产基地的生长环境适应性强，耐高氮。植株较整齐，发育进程基本一致，抽雄较一致，吐丝期较集中，吐丝后吸氮能力强，农事操作简单。

（6）父本抗虫性较强，对制种基地常见的病害有中等以上的耐受能力，在制种基地表现出较大的花粉量。

（7）组合花期相遇良好，父本的散粉期能完全覆盖母本的吐丝期。父母本可同期播种，或错期播种，但是主期父本差期不超过 7 天。

5. 某些玉米杂交组合在制种时父本、母本需要错期播种的原因

在杂交制种中，同一块地里播种了两种不同的玉米，即父本和母本，通过母本去雄（抽天花），使母本只接受父本花粉，为了母本提高结实率，常常要求父本的散粉期稍落后母本吐丝期 2 天以上，并且父本的散粉期能完全覆盖母本群体的吐丝期，因为父本与母本来源于遗传差异性较大的不同家系（家族），生育进程上或多或少有些差异，生产实践中除了少部分玉米杂交组合父本、母本的生育进程符合上述要求外，大部分玉米制种组合父本、母本的生育进程差异较大，需要调节父本播种期，如母本先播种，在母本播后 5～7 天，播第一期父本，父本可用人工点播器（见图 1—7）进行人工播种（见图 1—8），第一期父本播后 3～5 天播第二期父本，甚至某些组合需要三期父本，这种父本、母本分别播种的方式称为错期播种。生产中通常根据母本胚根的长度判断第一期父本的播种期（见图 1—9）。

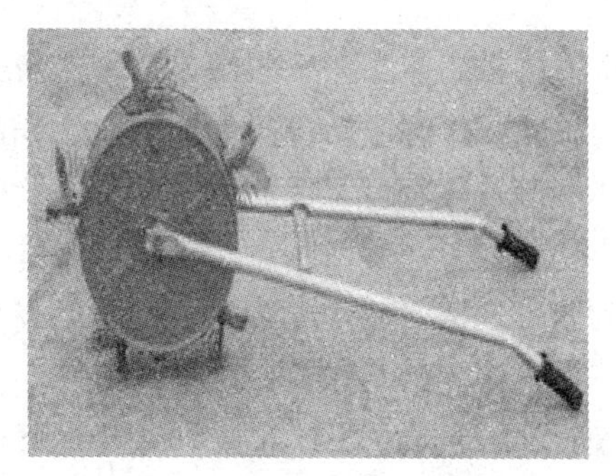

图 1—7　玉米人工点播器

图 1—8　人工点播父本

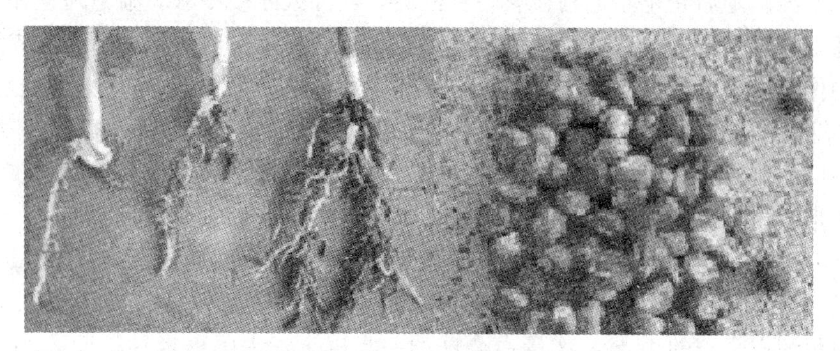

图 1—9　玉米制种错期播种示意图（左为母本胚根，右边为父本待播种子）

6. **自交系亲本种子和制成的大田用商业种子的国家标准**

玉米制种属于订单农业，合同是保障双方权益的法律规范，双方的矛盾与纠纷的中心就是种子质量，国家为了规范制种业和种子市场，制定了新的国家标准《粮食作物种子　第1部分：禾谷类》（GB4404.1—2008），对亲本种子和制成的商业种子作了详细的要求。具体指标见表1—1。

表1—1　　玉米种子标准（GB4404.1—2008）

<table>
<tr><th>作物名称</th><th>类别</th><th>级别</th><th>纯度≥</th><th>净度≥</th><th>发芽率≥</th><th>水分≤</th></tr>
<tr><td rowspan="4">玉米</td><td rowspan="2">自交系</td><td>原种</td><td>99.9%</td><td rowspan="2">98%</td><td rowspan="2">85%</td><td rowspan="2">13%</td></tr>
<tr><td>大田制种用种</td><td>99%</td></tr>
<tr><td rowspan="2">单交种</td><td>一级</td><td>98%</td><td rowspan="2">98%</td><td rowspan="2">85%</td><td rowspan="2">13%</td></tr>
<tr><td>二级</td><td>96%</td></tr>
</table>

三、玉米生产与粮食安全的关系

1. **玉米是粮食安全的历史选择**

纵观世界历史，粮食一直是历史发展的重要推动力量，粮食丰缺常常左右着敌对国家之间的力量消长，适口性好的粮食的匮乏会导致一个强大帝国瞬间崩塌。水稻起源于亚洲东部，水稻栽培必须具备水源和丰富的热能等自然资源，因此以水稻为主食的种族只能在亚洲东部、南部、东南部建立帝国。小麦起源于亚洲西部，小麦栽培条件不如水稻严格，古代小麦广泛种植于亚洲西部广大的温带地区，以小麦为主食的种族多次建立了横跨亚欧或亚欧非等地区的强大的帝国（波斯帝国、马其顿帝国、罗马帝国、东罗马帝国、阿拉伯帝国、奥斯曼土耳其帝国）。奥斯曼土耳其帝国对人类历史的影响最为深远，它控制着亚洲与欧洲交通要塞，割裂了东西方的联系，迫使欧洲开辟海上通道，从而发现了美洲。随后哥伦布把马铃薯带到欧洲，欧洲人才慢慢解决温饱问题并逐步开始强大，随着欧洲列强在全球开始殖民，适口性较差的玉米被传播到世界各地成为种植范围最广的作物。美国是世界上科技实力最强的国家，作物育种水平居全球之冠，经过近100年的积累和发展，美国人使玉米成为单位面积产量最高的禾本科作物，并使玉米的衍生产品广泛用于轻工、制药、生物等领域，在全球粮食紧缺的今天，美国政府屡次靠充裕的玉米产量干预缺粮国家的内政。

在世界粮食作物生产中，玉米种植面积仅为第三位，而平均单产和总产量却高于小麦和水稻，居粮食作物之首，目前美国和中国是世界上玉米种植最主要的国家，美国玉米种植面积约占全球的40%，产量占全球的一半以上，中国玉米种植面积约占全球的20%，产量也占全球的20%。

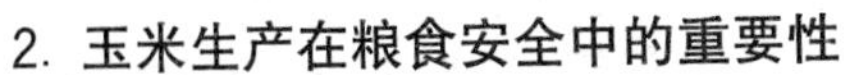

2. 玉米生产在粮食安全中的重要性

中国是一个发展中的农业大国，面临人口的刚性增长。随着人们需求的不断增加以及资源与环境等方面的不断恶化，如何解决中国13亿人口优质农产品的安全供给问题，是国计民生的头等大事。

中国政府历来重视粮食问题，新中国成立以来一直把粮食安全视为国家战略安全的头等大事，使粮食自给率保持在95%（左右或以上），即便如此中国仍有近7 000万人口靠吃“洋粮”生存，国际市场的粮食随时会被意识形态对立的国家作为战略武器和政治武器进攻中国，粮食安全形势不容乐观。虽然中国多年来坚守“18亿亩耕地红线”，但事实上随着工业化和城镇化的推进，耕地面积不断缩减，或者占优补劣。气候变化异常，自然灾害频繁发生，加之水资源短缺，粮食生产的隐患甚多，粮食生产安全的基础更加脆弱，为此中国制定《国家粮食安全中长期规划纲要（2008—2020年）》保障国家粮食安全主要约束指标：“继续坚守18亿亩耕地红线，粮食播种面积耕地不能少于15.8亿亩，其中谷类播种面积不能少于12.7亿亩，粮食的生产能力要力争达到5 000亿公斤。”

玉米是中国最主要的饲料作物，是制造复合饲料最主要的原料，复合饲料中玉米一般占80%，其余20%为豆粕或鱼粉等高蛋白添加物。随着人民生活水平的提高，人们不再简单地追求“温饱”，肉、蛋、奶等动物蛋白摄入量及食物的多样性成为生活改善的主要指标。除了海洋渔业，大多数动物源蛋白来自养殖业，玉米的地位不可替代。因此，增加玉米种植面积，有利于实现粮食产量的总体数量，通过植物性蛋白向动物性蛋白转化，有利于满足整体国民对高品质蛋白的需求，进一步保证粮食安全。

3. 搞好玉米制种工作是中国粮食安全的重要保证

玉米作为中国保证粮食安全的主要作物，搞好生产，增加产量尤其重要。“粮食要增产，种子须先行”，优质的种子是保证粮食持续增产的主要因素之一，玉米生产需要大量质优价廉的单交种种子，搞好玉米制种工作是确保玉米种子数量和质量的基础，是中国扩大玉米种植面积和实现产量的基石。

第二节 中国玉米制种情况简介

- 了解中国玉米制种概况
- 了解新疆玉米制种区

一、中国玉米制种概况

中国玉米制种始于20世纪50年代初期，随着玉米杂交种的推广，玉米杂交制种面积也逐步扩大，80年代后形成主要集中在东北、华北的内蒙古、辽宁、山东、山西等地的大规模制种基地。2000年以后，内蒙古、辽宁、山东、山西等地的制种面积逐年减少，中国杂交玉米制种基地大举西迁，西北地区成为全国重要的玉米制种基地之一。

中国玉米制种区域大致分为东北玉米制种区、华北玉米制种区、河套玉米制种区、河西走廊玉米制种区、北疆沿天山玉米制种区、南方玉米制种区、冬季南繁玉米制种区七个区域，如图1—10所示。四川、广西、云南等省份为一些南方晚熟特种玉米（超甜玉米）品种及特晚熟玉米品种制种；海南南部及云南的西双版纳等地成为制种公司和育种单位进行亲本扩繁和育种加代的重要场所，个别育种单位甚至走出国门，在越南、缅甸扩繁和加代。

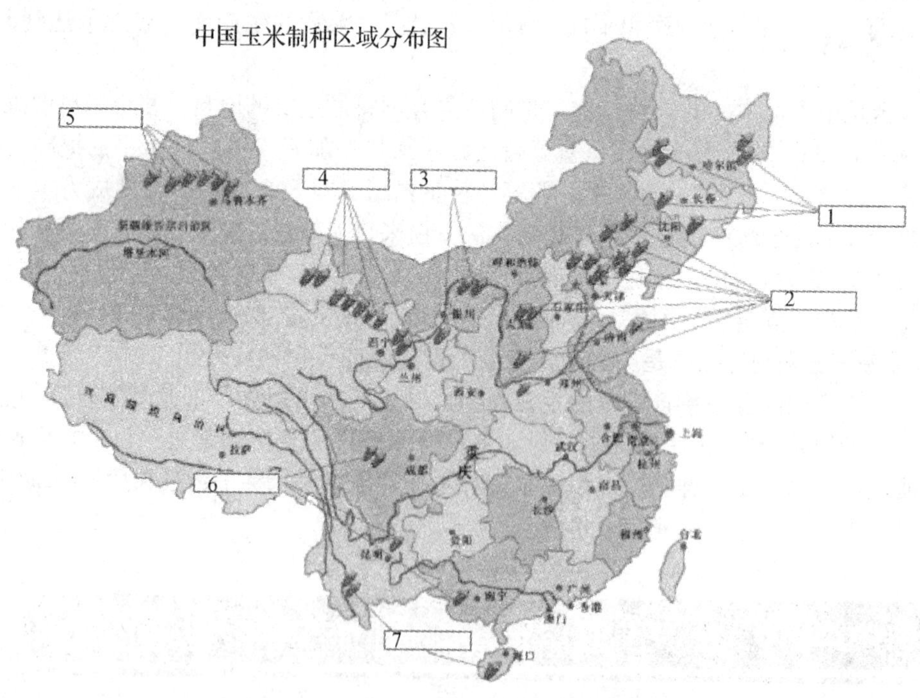

图1—10　中国主要玉米制种基地示意图

1—东北玉米制种区　2—华北玉米制种区　3—河套玉米制种区　4—河西走廊玉米制种区　5—北疆沿天山玉米制种区　6—南方玉米制种区　7—冬季南繁玉米制种区

1. 中国玉米制种优势产业带

随着气候变迁及玉米生产者对玉米种子质量要求的提高，东北玉米制种区、华北玉米制种区由最重要的制种区域降为次要区域；以河套地区、河西走廊、新疆北部沿天山一带及伊犁河谷为代表的西北内陆地区，凭借得天独厚的自然优势、地方政府的鼎力支持吸引了大量优质玉米制种资源进驻该区域，使之成为中国最主要的玉米制种区域。据不完全统计，2012 年该区域玉米制种面积超过 22 万 hm^2。目前，甘肃、新疆、宁夏、内蒙古是中国主要玉米制种基地。

2. 中国玉米制种生产形势

(1) 杂交玉米制种面积上升速度超过商品玉米种植面积的增幅。据农业部的资料，从 2007 年起全国商品玉米种植面积和杂交玉米制种面积均呈逐年上升趋势，2007 年全国商品玉米种植面积约 0.29 亿 hm^2，2012 年约 0.34 亿 hm^2。杂交玉米制种面积 2008 年约 20.1 万 hm^2，2009 年约 22.2 万 hm^2，2010 年约 25.9 万 hm^2，2011 年约 27.3 万 hm^2，2012 年约 28.7 万 hm^2。

(2) 玉米制种存在的风险

1) 制种企业的风险。企业的无序竞争和跟风行为使近几年玉米种子供大于求。中国的玉米种子，除了国家政策要求预备的备荒种子外，每年积压在经销商手中的种子不在少数。据农业部的资料，以 2012 年玉米种子市场为例，2011 年生产种子 13.6 亿 kg，加上库存 4.0 亿 kg，可供种 17.6 亿 kg，以 2012 年玉米种植面积 0.34 亿 hm^2 计算，需种 11.0 亿 kg，余种 6.6 亿 kg，又是一个玉米种子供大于求的年份，种子市场竞争激烈，部分玉米种子面临积压和退市风险。

2) 玉米制种工的风险

①技术风险。玉米制种工普遍文化程度较低，掌握新知识、新技术、新信息较少，部分玉米制种工以浅薄的经验代替系统的技术技能，故步自封，不思进取。每当更换品种组合时，产量、质量起伏较大，因此对玉米制种工进行各类相关的技术培训势在必行。

②企业拒绝履行合同或折扣履行合同的风险。玉米种子作为一种特殊的商品，市场的反馈信息往往发生在新的玉米种子生产出来的同时，不论是积极的信息还是悲观的信息都已经不能指导当年的玉米制种工作了，当繁种企业的市场萎缩和部分玉米种子积压和退市时，个别企业会假借种子的纯度和芽率问题转嫁损失，压低收购价格或拒收产品。玉米制种工在种子生产销售链上处于最低一层，极易受到市场拖累。

3) 玉米制种工规避风险的做法

①签订合同。合同是约束生产者和经营者双方的法律文本，规定了双方的责、权、利，企业往往为了规避和转嫁风险，在行文中隐藏自己的弱点，暴露对方的弱势，在条款中安插一些霸王条款或为了争夺制种基地安插一些明显不受法律保护的条款。

玉米制种工应该积极配合玉米制种基地所在的行政单位，做好合同签订工作；当地政府也应该提供法律咨询和法律援助。

②认真履行合同。玉米制种工在生产环节上认真履行合同，按规定安排好隔离距离和时间，抓好母本去雄、砍除父本和收获后的防雨防冻工作，努力提高种子的纯度和芽率，在遭遇繁种企业的市场萎缩和某些玉米种子退市时，杜绝繁种企业假借种子的纯度和芽率问题转嫁损失。

3. 中国需制种区域

中国玉米种植区域分布极广，各省均有种植，主要玉米种植区经黑龙江、吉林、辽宁、河北、山东、河南、山西、陕西、四川、贵州、广西壮族自治区和云南 12 个省（区），横跨北纬 50°到北纬 20°之间大致形成一个从东北向西南的斜长形地带，通常称为中国玉米带（见图 1—11），另外新疆内陆灌溉区和东南沿海江苏、浙江等省的丘陵区玉米种植也比较集中。

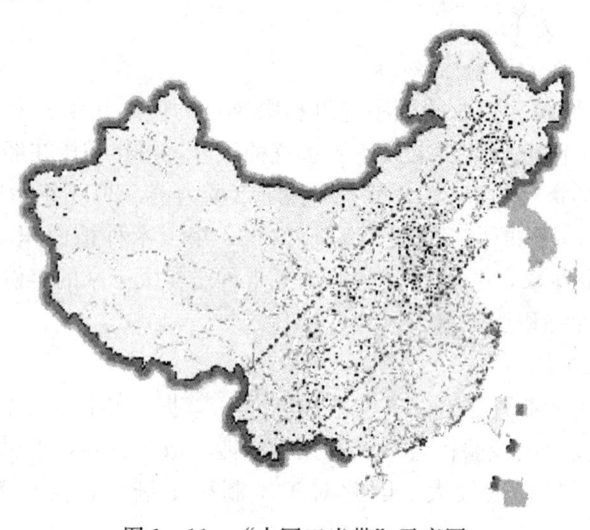

图 1—11　“中国玉米带”示意图

中国的玉米产区根据各地自然条件、栽培制度等可划分为以下六个区域：

（1）北方春玉米区。约占全国玉米播种面积的 27%，是中国玉米主要产区之一，大部分位于北纬 40°以北，包括黑龙江、吉林、辽宁全省，内蒙古自治区、宁夏回族自治区全区，河北、陕西两省的北部，山西省大部分和甘肃省的一部分地区。

该区域无霜期短，冬季温度低，夏季平均气温在 20℃以上，全年平均降水量在 500 mm 以上，且降水量的 60%集中在夏季，春季蒸发量大，容易形成春旱。

（2）黄淮平原春、夏播玉米区。约占全国玉米播种面积的 40%，是中国最大的玉米产区，该玉米区位于秦岭淮河以北，包括河南、山东全省，河北省的中南部，陕西省中部，山西省南部，江苏、安徽省北部。

该区域温度较高，无霜期较长，日照、降水量均较充足，除个别高山地区外，每年

4—10 月的日平均气温都在 15℃以上，全年降水量 500～600 mm，日照多数地区在 2 000 h 以上。玉米栽培方式主要有两种，在山东、河南、河北南部和陕西中部地区多采用年两熟制（冬小麦—夏玉米），在北京、保定附近，多采用两年三熟制（春玉米—冬小麦—夏玉米）。

（3）西南山地丘陵玉米区。约占全国玉米总播种面积的 25%，为中国主要的玉米产区之一，包括四川、云南、贵州全省，湖北、湖南的西部，陕西的南部，甘肃的小部分。

该区域地势变化复杂，气候变化也较为复杂，本区属亚热带、温带的湿润和半湿润气候，各地因受地形地势的影响，玉米生长的有效期一般都在 205 天以上，南部及低谷地带多在 300 天左右，高山地带玉米生育期超过 100 天。全年降水量在 1 000 mm 左右，雨量分布比较均匀，多集中在 4—10 月，4—10 月的日平均气温均在 15℃以上，阴天多（一般在 200 天左右），日照不足，采用多熟制玉米栽培。主要有以下三种栽培方式：第一是高山地区以一熟春玉米为主；第二是丘陵地区，以两年五熟的春玉米或一年两熟的夏玉米为主；第三是平原地区，以一年三熟的秋玉米为主。其中，两年五熟制、一年两熟制是本区的主要栽培方式。

（4）南方丘陵玉米区。这是中国玉米非主产区，包括广东、广西、浙江、福建、台湾、江西、江苏南部、安徽南部、湖北东部、湖南东部。该区域气温高，霜雪少，生长期长，年降雨量多，一般均在 1 000 mm 以上，有的地方达到 1 700 mm 左右，一般 3—10 月的平均气温在 20℃左右，适于玉米生长的有效温度日数在 250 天以上，适宜发展多季玉米种植。随着秋、冬玉米和双季玉米的种植推广，有望扩大玉米种植面积。

（5）西北内陆玉米区。包括甘肃省河西走廊和新疆维吾尔自治区全部，是中国重要的玉米制种主产区。

该区域属大陆性气候，气候干燥，全年降水量在 200 mm 以下，有的地方甚至全年无雨，日照充足，生长期短，属于“绿洲农业”，实行灌溉种植。温度差异性大，温度在北疆及甘肃河西走廊较低，4—10 月的平均气温均超过 15℃；南疆和吐鲁番盆地温度较高，4—10 月的平均气温多在 20℃以上。以一年一熟春玉米为主，南疆和吐鲁番盆地有部分夏播玉米种植。

（6）青藏高原玉米区。包括青海省和西藏自治区，玉米多分布在青海东部农业区的民和、循化、贵德、乐都、西宁等地，西藏只局限在海拔较低，气候温暖的亚东、土布、拉萨等地，温度和雨量分布不匀，南部雨量在 1 000 mm 以上，北部雨量不足 500 mm。生长期在 120～140 天，以一年一熟的春玉米为主，有部分海拔较低地区实行两年三熟制。

因此，种子生产基地生产玉米种子一般以要约制种为主，即大多数种子生产基地为其他生态区域生产玉米种子，少数种子生产基地生产适合本生态区域所用玉米种子，需要了解服务对象及服务区域的主要玉米自交系，掌握某些自交系的基本特性，有利于更好地做好制种工作；了解服务区域的玉米种子贮藏技术要求，了解不同区域对交售种子水分的不同要求。

在玉米种子含水量较高的情况下，在贮藏运输中极易发生发热霉变与低温冻害，使种子劣变失去种子专用属性。在种子含水量超标的情况下，玉米种胚呼吸旺盛，容易发热；种胚易遭虫蛀或产生霉菌；玉米种子易遭受低温冻害。玉米种子籽粒贮藏运输的安全水分，一般北方不宜超过13%，南方则在12%以下，才能安全越冬过夏。

二、新疆玉米制种区简介

1. 新疆玉米制种的优势条件

新疆因具有得天独厚的自然优势，地势平坦开阔，气候干燥，具有丰富的光热气候资源和较好的灌溉、天然隔离条件，病虫害发生较轻；生产的玉米种子色泽鲜亮，籽粒饱满，脱水好，容易储存，商业品质优良，已经迅速成为中国重要的玉米制种基地。

（1）气候条件优越。新疆是典型的内陆气候，干旱少雨，日照充足，光照充足，适合玉米制种早、中、晚熟各品种的生长。一般情况下，种子完全可以依靠自然光热资源晾干。正常年份该区域生产的种子发芽率一般可以达到95%以上，比国家85%的标准要求高10%，种子的光泽度好，商品性高。

（2）水资源十分丰富。地表径流和地下水十分丰富，能满足玉米种子生产的需要。新疆融雪形成的河流有500多条，其中较大的有塔里木河、伊犁河、额尔齐斯河、玛纳斯河、乌伦古河、开都河等20多条。新疆属于绿洲灌溉农业区，玉米制种基地分布在这些河流流域内，通过灌溉保证了种子全生育期用水的需求，同一品种百粒重比其他省区繁育出的种子重15%以上，制种产量也比较高。2006年、2007年、2008年新疆生产建设兵团（以后均简称新疆兵团）农四师连续创造全国玉米制种单产超高产纪录，分别为12 900 kg/hm^2、14 130 kg/hm^2、15 390 kg/hm^2。

（3）玉米制种产区病虫害发生轻。由于新疆独特的气候条件和地形特点，玉米制种的病虫害相对较轻。新疆主要病虫害有“两虫一病”，即玉米螟、玉米叶螨、瘤黑粉病。只要及早做好防治工作，一般年份不会对产量造成大的影响。而其他玉米大斑病、小斑病、弯孢菌叶斑病、灰斑病等病害极少发生。

（4）玉米制种隔离条件好。玉米种子是一种对杂交率和纯度要求极高的特殊商品，要求种子田四周至少300 m没有其他玉米品种的种植。新疆属绿洲农业，通常耕地的条田比较规范，多数条田长宽都在300～500 m，部分条田长宽超过800 m，且林网化程度高。一般不同行政单位之间的距离较远，行政单位可根据自身的耕地状况自行调整隔离区，相距较近的友邻单位，通过协调相邻耕地的作物种植和自己行政单位内的种植规划，都能很好地解决玉米制种的隔离问题，充分保证了玉米种子的纯度。

(5) 完善的技术培训体系。多年来，新疆兵团坚持技术培训，每一个连队都有技术员，在冬季农闲时节开展科技之冬学习，使100%的农工达到初级农艺工、92%达到中级农艺工、22%达到高级农艺工、5%达到技师水平，玉米制种工对新技术的吸收、消化、交流能力强，农业科技容易得到较快的推广。

(6) 农业机械化程度高。玉米制种是一项劳动力集约性较高的生产活动，由于近年来城镇化、工业化进程加快，劳动力成本倍增，制种玉米用工难的问题日益显现，对生产的全程农业机械化要求越来越迫切。

新疆农业机械化一直走在全国的前列，现在全疆耕地机械化水平达到90%以上，北疆达到99%以上，中耕作物机械化水平达到98%，机械化铺地膜达到100%。新疆兵团玉米制种在铺膜播种、秸秆还田、深松深翻、中耕除草、全层施肥、叶面补施微量元素、收获等从种到收的农事操作上都已实现了机械化，机械收获率达到了100%。针对制种玉米去雄劳力不足的问题，新疆兵团作了一些有效尝试，2007年新疆兵团农四师从法国引进自走式多功能玉米制种去雄机，为进一步实现玉米制种的全程机械化奠定了基础。

2. 新疆玉米制种区划

(1) 北疆沿天山玉米制种区。昌吉州、伊犁、塔城、博州及新疆兵团农五、农六、农七、农八、农九、农十师。

(2) 南疆玉米制种区。阿克苏、和田、喀什。

(3) 新疆生产建设兵团农四师（以后均简称为新疆兵团农四师）。近年来新疆兵团农四师年玉米制种面积均在1万hm^2以上。其中62团、66团曾创造全国单产纪录。

3. 在新疆建立稳定的制种基地的方法

(1) 加强管理。制种企业建立一个优异的制种基地，不仅加强自身管理，还要增强制种工的管理。

1) 加强自身管理，狠抓质量。靠质量求生存，靠信誉求发展。树立质量第一的意识。改变以往重市场经营管理、轻生产环节管理的状况，实施种子生产全程质量监控。

2) 加强行政管理，增强制种工的管理。制种工的管理是属地管理，企业与制种工的关系仅仅是合同关系，制种工的管理需要一级行政单位进行，因此必须与地方政府建立友好关系。地方政府责成种子管理部门监督种子生产，对玉米制种建立田间档案，对生产基地隔离条件和生产条件严格要求，并对苗期、花期等关键时期去杂、去雄工作进行检查评比。地方政府通过政令方式责成一级行政单位做好各项工作。

3) 开展科技合作，用国家项目配套区域生产，建立产学研一体化的重点制种基地。

(2) 加强技术管理和技术培训

1) 与当地农业技术推广部门密切合作，组成技术管理团队，对制种组合做好产前、产中及产后服务，做好制种组合引种试验和筛选工作，针对备选品种总结出一整套适合当地自然条件的制种技术，理论联系实际，更好地指导生产。

2）利用农闲时间对制种工进行技术培训。通过技术培训，降低技术风险，为来年制种工不折不扣执行好制种规程打好基础。

(3) 严格订单合同管理，维护制种商与制种工双方利益。订单农业是推动农业产业化经营的重要环节。坚持订单合同管理，建立稳固的订单生产模式，明确双方的责任义务，以合同来制约双方的行为和维护双方权益，避免发生纠纷。

(4) 强化与基层单位的关系，稳定基地面积。基层单位是制种工的直接领导，基层领导一般在制种工群体中有一定的威望，处理好与他们的关系，有助于稳定来年基地生产面积。

(5) 强化基地基础设施建设，提高基地生产能力。很多基层单位排灌系统和晒场年久失修，企业可以采取先垫资、再回收的方法，改进基地基础设施建设，提高基地生产能力。

(6) 稳定基地，扩大规模，最好就地建设加工和储存设施。通过加工和储存设施建立，实现种子的产地加工包装，减少中间环节，降低成本；利用新疆气候干燥、气温较低的优异储存条件，降低储存虫害和霉变发生，在方便运输的地方建立周年库和中转库，实现种子的计划储存、计划调运，避免种子在经销商手中的存量暴增，引起价格大战，造成制种企业利润锐减。

第三节　玉米简介及玉米制种条件

→ 了解玉米的各器官形态特征及生理特性
→ 掌握玉米制种条件

一、玉米的各器官形态特征及生理特性

玉米（见图 1—12）是禾本科，属一年生草本植物，株形高大，叶片宽长，雌雄花同株异位，雄花序长在植株的顶部，雌花序（穗）长在中上部叶腋间，为异花（株）授粉的一年生作物。玉米植株由根、茎、叶、花、果实组成。玉米的花由两种花序（雌花序和雄花序）组成，玉米的果实就是玉米的籽粒。

1. 玉米的根

(1) 玉米根的组成。玉米的根由须根系组成（见图 1—13、图 1—14），分为胚根、节根两部分。节根又分为地下节根、地上节根（即气生根）。

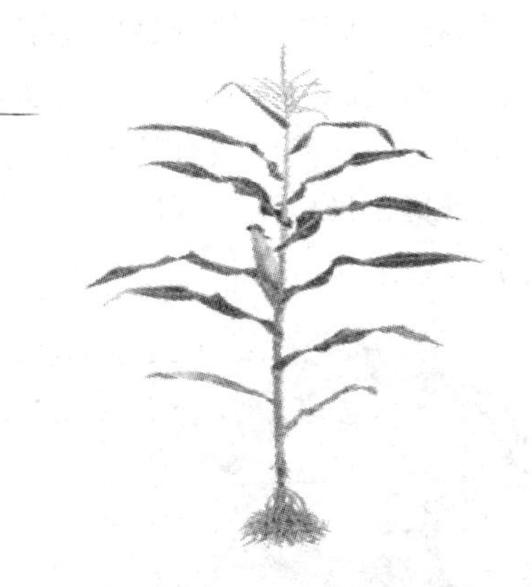
图 1—12　玉米植株示意图

图 1—13　玉米的须根系实图

（2）根的功能

1）吸收营养与水分。

2）玉米的根系有明显的合成作用。

3）玉米的根系有着重要的支持作用。

（3）根系生长要求的环境条件。温度、空气和水分条件，营养 、光照条件。

2. 玉米的茎

（1）茎的组成。玉米的茎也称为玉米茎秆，主要是由节、节间和分蘖三部分组成。

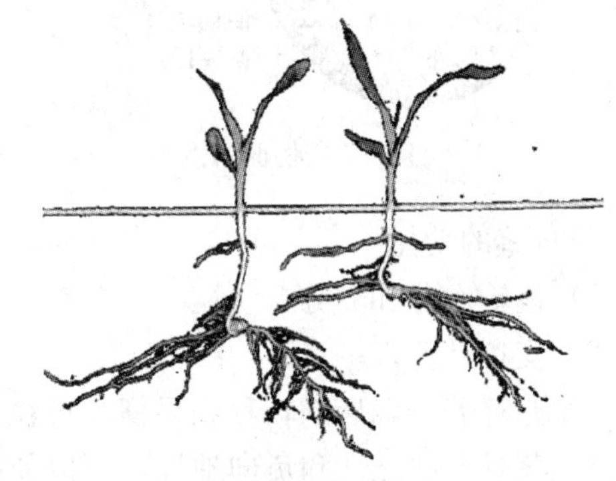
图 1—14　玉米的须根系示意图

节是玉米茎秆着生叶片和分蘖的部位，分蘖是玉米茎秆在地面以下或接近地面的节发出的分枝。节间的粗度由基部向顶端逐渐变细，基部节间最粗，向上逐渐变细，顶部最细。节间的长度由基部向顶端呈单峰曲线变化，中间部位较长。玉米茎的生长是靠节间基部的居间组织伸长和延伸。生长方向是从基部向上发展。

玉米茎秆由表皮、基本组织和维管束系统构成（见图 1—15）。表皮是玉米茎秆的最外层，表皮内为机械组织，由 1～3 层纤维细胞组成，其细胞的外壁增厚，角质层硅质化程度较高，排列紧密，坚硬不透水，具有保护和支持作用。表皮上有气孔。髓部为基本组织，充实松软，富含水和营养物质，由大型薄壁细胞组成，细胞排列疏松，有细胞间隙，外层薄壁细胞含叶绿体。纵向散生着许多线状的维管束，近表皮处维管束数目较多，茎中心较少。维管束（见图 1—16）由木质部和韧皮部组成。木质部含导管和管胞。导管分化完成后，纵向连接细胞的横壁消失，上下相通，形成输送物质的管道。导管侧壁增厚，强化了茎秆的支持功能，壁上有纹孔，有横向交流水分及溶质的作用。在后生木质部导管之间有管胞，两端尖斜，胞壁紧贴在一起，壁上有纹孔相通，可进行溶质交流。韧皮部由筛管及伴胞组成，是运输有机物质的主要管道。筛管是韧皮部的主要成分，其细胞彼此连接的横膈膜上有单纹孔，无筛孔，通过胞间连丝与筛管沟通，对有机物质运输也有一定作用。玉米茎秆中，维管束上下贯穿，在茎节内有的先横穿后再倾斜进入节间，在节间形成多级分枝，相互连接，交织密集，形成网状管道。这种结构有利于茎节间及器官间的物质交流与增强抗倒折能力。

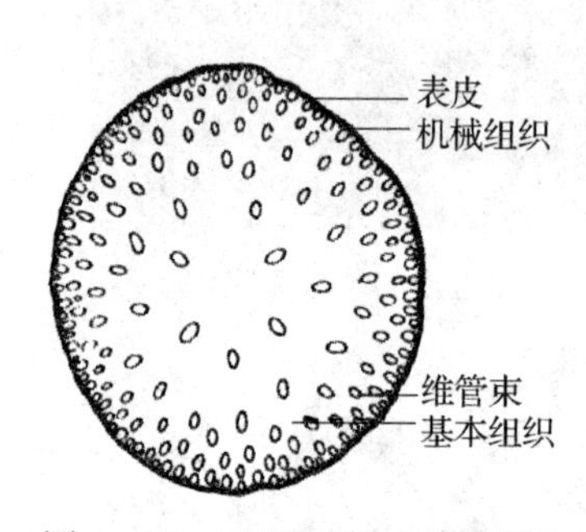

图 1—15　玉米茎横切面示意图

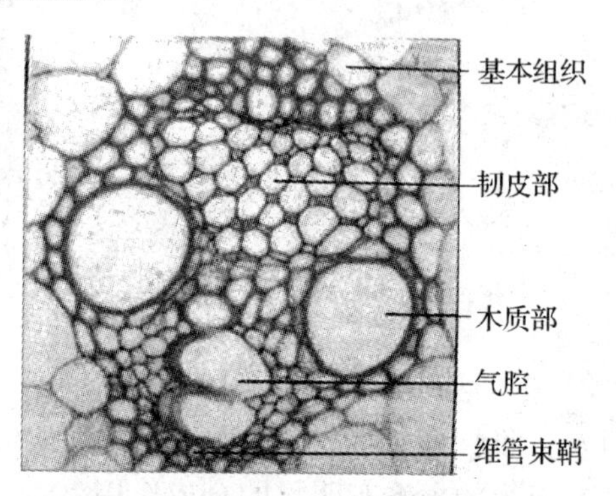

图 1—16　玉米茎的一个维管束示意图

（2）茎的功能

1）运输水分和养分。

2）支撑叶片。

3）储存养分，后期转移到果穗和籽粒。

4）茎具有向光性和负向地性，可以使倒伏茎杆直立，减少损失。

5）茎是发生和支持果穗的器官。

（3）茎秆生长与环境的关系。茎秆的生长速度与当时的温度、土壤水分、养分等有着密切的关系。温度高、水分多、养分足的条件下，茎秆生长较快，否则就变慢，其中温度起重要作用，影响较明显。

3. 玉米的叶

（1）叶的组成。玉米的叶属于不完全叶，由叶身、叶鞘、叶舌三部分组成（见图 1—17）。包在茎上面的部分称为叶鞘，由表皮、基本组织和维管束三部分组成，开放式环状抱茎，其主要功能是保护、疏导和支持。叶身部分又分为表皮、叶肉和叶脉。叶舌是叶片与叶鞘交界处内侧的膜状突起。

玉米叶片形状属于阔批针形。玉米单株叶面积的变化呈单峰曲线变化，中间部位较大。

（2）叶的功能

1）光合作用。

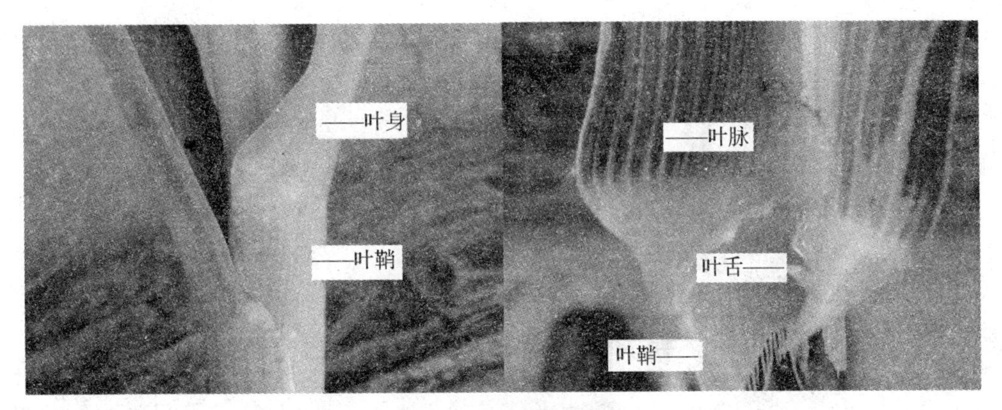

图 1—17　叶的组成

2）呼吸作用。

3）蒸腾作用。

4）主动关闭气孔，保持植株体内水分，起到抗旱的作用。

（3）功能叶组出现次序。首先是根叶组展现，其次是茎雄叶组出现，最后是穗粒叶组出现。

4. 玉米的花

玉米的花属于雄雌同株异位，雄花长在玉米的顶部，雌花长在叶腋处（即玉米叶和玉米茎交接处），玉米的花不是一朵，而是由许多小花组成的花序。雄花的花粉通过风、蜜蜂、蝴蝶等昆虫传播到雌蕊上，称为授粉。

玉米的花由雌花和雄花组成。

（1）雄花（见图 1—18）。俗称天花，雄花通常也称蓼或雄穗。在植物学上，玉米的雄花属于圆锥花序，有明显的主轴和分枝，由主轴和若干分枝构成。

1）组成。主轴和分枝上着生成对的小穗，每对小穗由位于上方的一个有柄小穗和位于下方的无柄小穗组成。小穗内有两朵雄花，每个雄花有三个雄蕊（见图 1—19）。

2）开花次序。雄穗中轴中部和上部的花先开，然后是顶端部分开花，最后是下部的花开放；雄穗侧枝的开花顺序，则是从上而下开放。

（2）雌花。雌花又称雌穗（见图 1—20），植物学分类上属于肉穗花序，生产上也称果穗，实际上玉米的果穗就是一个变态的茎，由叶腋中的腋芽发展而来，上部 4～6 节，叶腋无腋芽，下部 4～5 节腋芽不发育或成分蘖。

1）组成。包括果穗柄、包叶、穗轴、小花。

2）开花。也称吐丝，玉米的花丝是玉米雌花的柱头，可称为花。雌穗开花标志是从苞片中抽出柱头。通常是雌穗基部以上 1/3 处的雌花柱头先抽出来，然后是下部、上部花的柱头抽出，顶部花的柱头最后抽出（见图 1—21）。

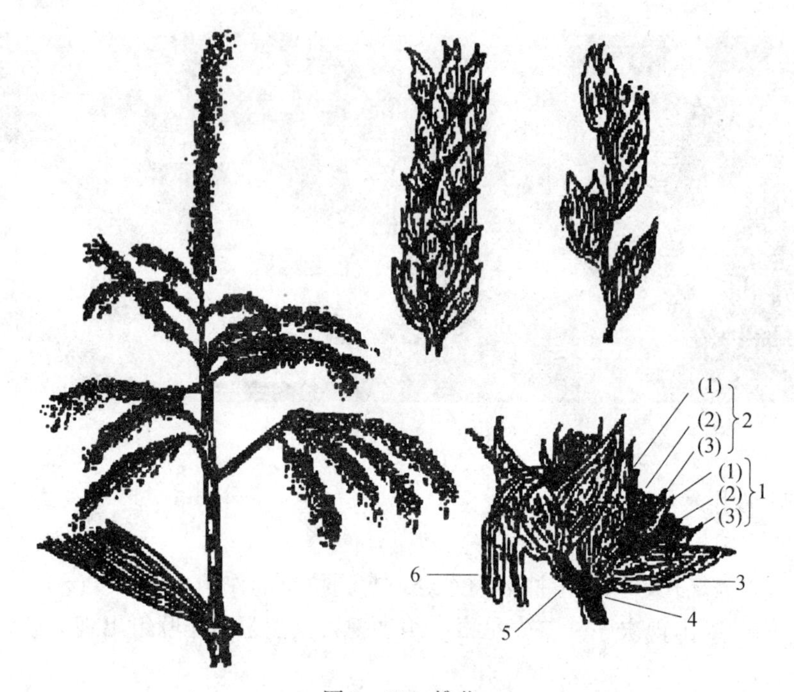

图 1—18　雄花

1—第 1 小花　2—第 2 小花　3—护颖　4—无柄小穗花　5—有柄小穗花
6—花药　（1）外颖　（2）花药　（3）内颖

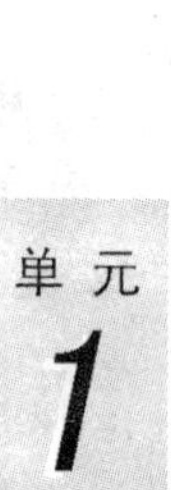

图 1—19　玉米的雄花和雄蕊

5. 玉米的果实

玉米的果实是一种颖果，发生在雌花，俗称玉米籽粒，是玉米世代交替的物质基础，也被称为玉米种子。

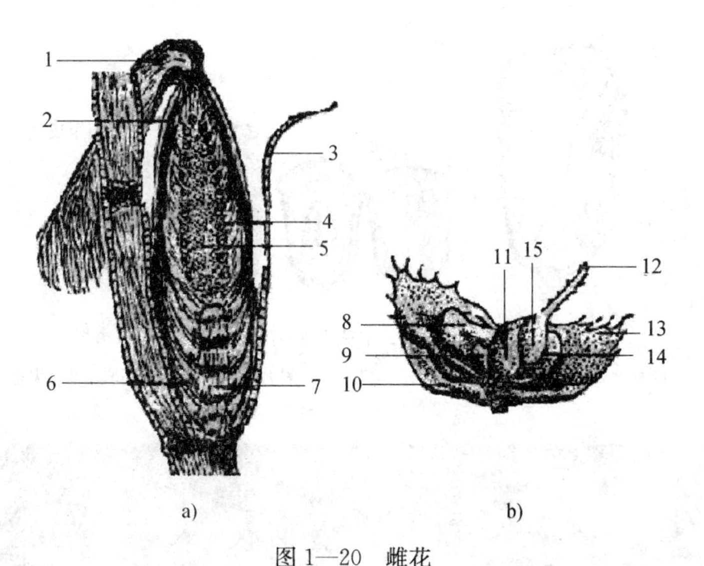

图 1—20 雌花

a）雌花序 b）雌小穗花

1—花丝 2—苞叶 3—叶片 4—雌小穗花 5—穗轴 6—苞叶腋内幼芽 7—穗柄

8—退化花外颖 9—退化花内颖 10—护颖 11—结实花内颖

12—花丝 13—护颖 14—结实花外颖 15—子房

（1）组成。玉米的种子组成包括果皮、种皮、胚、胚乳和尖冠（见图 1—22），但果皮和种皮紧密连接，不易分开。

（2）形状。圆形、长楔形、扁圆形、皱褶（甜玉米）（见图 1—23）。

（3）颜色。黄、红、白、紫、杂色。籽粒因品种不同有黄（维生素 A 含量高）、白、紫红、黑、条斑等色，最外一层果皮通常是透明无色的，只有少数品种是紫红或条斑色（见图 1—24）。

图 1—21 玉米的花丝

（4）大小。百粒重 20～30 g，最小 5 g，最大可达 40 g。

（5）籽粒出产率。一般在 70%～87%。

依据玉米籽粒形状、胚乳淀粉的含量与品质，籽粒有无稃壳等性状，可将栽培玉米种分为 9 个亚种或类型（见图 1—25），即有稃型 、爆裂型 、粉质型 、甜质型 、甜粉型 、马齿型 、硬粒型 、糯质型 、半马齿型 。中国是糯玉米的变异中心，因此糯玉米的资源较丰富（见图 1—26）。

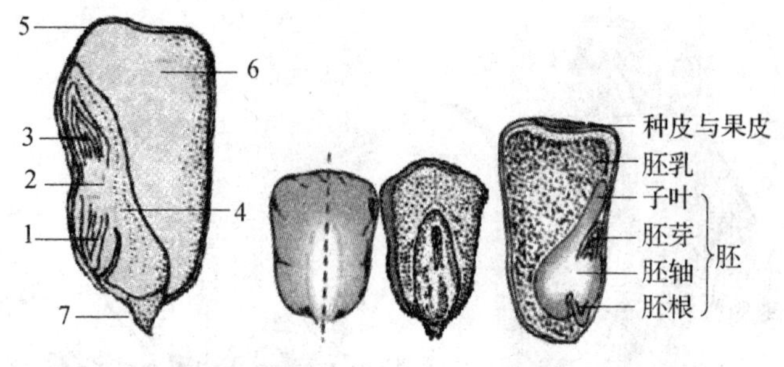

图 1—22　玉米的种子组成

1—胚根　2—胚轴　3—胚芽　4—子叶　5—种皮和果皮　6—胚乳　7—尖冠

图 1—23　玉米的种子形状

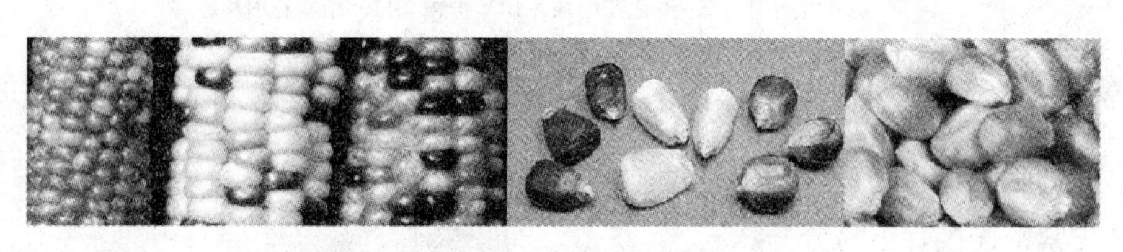

图 1—24　玉米的种子颜色

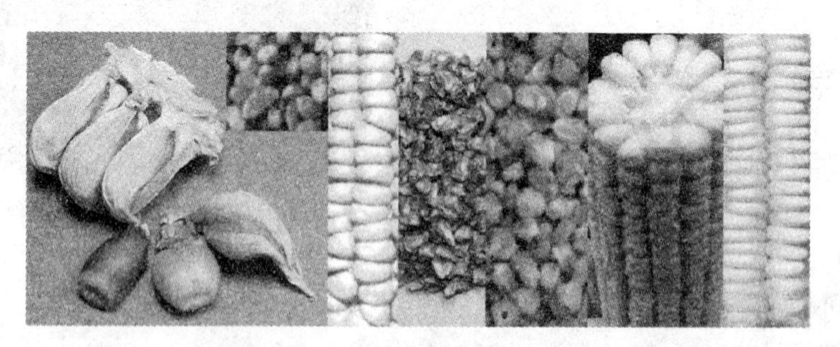

图 1—25　栽培玉米的类型

二、玉米制种所需要的条件

1. 土壤条件

土壤是玉米生长发育的基础，玉米生长所需的水、肥、气、热等因素都直接或间接

图 1—26　糯玉米的几种类型

来自土壤，玉米所需养分有 3/5 来自土壤。玉米适应性广，在沙壤、壤土、黏土上均可生长。玉米植株高大、根系发达，要求田块地势平坦，土层深厚，结构良好，疏松通气，保水保肥性好。

自交系一般生活力比较弱，对不良环境条件适应和抵抗力较差，对瘠薄、盐碱、旱涝敏感，耐盐碱能力差（见图 1—27），特别是氯离子对玉米的危害较大，适宜的土壤 pH 值为 5～8，以 6.5～7.0 为最适。制种田宜选用土层深厚均匀，地表平整，盐碱较轻，土壤熟化，地力均匀，灌排方便的肥力中等以上的田块。

（1）土壤结构良好。玉米是需氧气较多的作物，土壤空气中含氧量 10%～15%最适玉米根系生长，如果含氧量低于 6%，就会影响根系正常的呼吸作用，从而影响根系对各种养分的吸收。玉米制种高产田要求结构良好，透水能力强，通气性好，土壤熟化度高，耕层在 30 cm 以上，团粒结构应占 30%～40%，总孔隙度为 55%左右，毛管孔隙度为 35%～40%，土壤容重为 1.0～1.2 g/cm^3。

图 1—27　田间盐碱的危害

（2）有机质与矿物质营养丰富。玉米制种要求，土壤有机质为 1.2%以上；氮、磷（有效磷）、钾、硼、钼、锌、锰、铁、铜等元素较丰富。玉米制种实践中常遇到土层深厚均匀，而肥力较差的地块，有机质与矿物质元素的补充尤为重要。

（3）适宜的土壤水分状况。玉米生育期间土壤含水量是限制产量的重要因素之一。西北内陆玉米制种区，从春播到拔节孕穗期降水较少，播前土壤蓄水特别重要，某些装备节水设施的区域，可以在春播到拔节孕穗期期间进行土壤含水量补充，大部分区域主要靠冬灌储墒或秋翻蓄存雪水。拔节孕穗期后多采用补充灌溉满足玉米生育期间对土壤含水量的要求。

2. 营养元素的补充（玉米合理施肥的生理基础）

玉米一生中所需要的营养元素的种类很多。根据其一生对各种元素的需求量的多少，可把这些营养元素分为三大类：

大量元素，如C、H、O等非矿物质元素，N、P、K。

中量元素，如Ca、Mg、S。

微量元素，如Fe、Mn、Cu、Zn、B、Mo。

玉米制种实践中，遇到的地块千差万别，土壤中各种矿物质养分的含量差异较大。一般来说，可以用来玉米制种的地块，土壤中Ca、Mg、S及一些微量元素并不十分缺乏，而N、P、K在玉米的一生中需求量很大，只靠土壤中的自然供给往往满足不了玉米一生的需求，因此，生产中主要通过施肥，补充土壤中N、P、K的不足。少数地块土壤中各种矿物质养分的含量均表现稀缺，中量元素和大量元素主要通过施肥补充到土壤耕层中，微量元素则需要通过农家肥、有机肥、高纯度分子态的无机肥或络合离子的方式进入土壤耕层或玉米植株体内。微量元素进入玉米植株体内，主要通过叶面喷施的方法，将沼液、高纯度微肥、络合离子态微肥补充进入玉米植株体。

玉米是须根系作物，根系为锥形，进头水前后集中在耕层18～30 cm，玉米抽雄后至灌浆初期是根系干物质量最大的时期，根系可以延伸至土层3 m深。节根（根毛）是吸肥的主要器官，磷元素基本靠节根吸收，是主要吸磷器官，气生根对氮元素有一定的吸收能力，是辅助性吸氮器官。磷元素是根系发展延伸的动力，磷元素在土壤中的移动性较弱，移动半径仅为0.5 mm，通过全层施肥，使磷元素均匀分布在耕层和耕层以下，有利于促进根系在整个耕层的分布，因此磷肥多用于底肥。磷元素的丰缺影响雌穗的伸长，缺磷会造成玉米制种收获穗短。

氮元素是形成蛋白质、酶的基本元素，雌穗的形成对速效氮很敏感。拔节孕穗期后，玉米的生长重心逐步从营养生长转向生殖生长，拔节孕穗期是玉米营养生长与生殖生长并进时期，玉米制种生产是玉米自交系结实的过程，大多数自交系为单穗品种，而且以主穗结实为主，主穗着生在倒6叶或倒7叶的叶腋，根据叶片生长与其他叶片生长、与其他器官的关系及农事管理的关系，安排追施氮肥的时期。

玉米一生对三种主要元素的需求规律，如图1—28所示。

3. 玉米对水的要求

玉米是一个喜水而不耐涝的作物，一生中对水分的利用比较经济。玉米的蒸腾系数是250～300，一株玉米一昼夜需水1.5～3.5 kg。年降水量800～1 500 mm，生长期月降水量100 mm的地区适宜玉米生长；年降水量小于350 mm的地区，无灌溉条件不能种植玉米。

下面介绍玉米在不同的生育时期对水分的需求。

（1）播种至出苗。玉米播种到出苗需水量占总需水量的3%～5%，要求土壤水分含量不能太低，田间持水量在60%～70%，能保证出苗良好。

1）干旱危害。西北内陆玉米制种区，3月底—5月上旬是玉米制种播种的季节。一般年份，春季 4—5 月，升温快，降水少，并伴有大风天气，耕地表面水分散失较快，容易形成较厚的干土层，干土层厚度达到 5 cm 以上时，迫使增加播种深度，造成出苗速度慢，缺苗（见图 1—29），出苗不整齐（见图 1—30），甚至“断条”（见图 1—31），不容易实现一播全苗，出苗后幼苗植株矮小、细、弱，根系发育受阻（见图 1—32），甚至造成叶片凋萎植株死亡，如果种子吸胀后遇到低温会造成种子霉变，俗称“粉种”（见图 1—33）。

出苗 — 拔节 — 抽雄开花 — 成熟

N	2%	51%	47%
P_2O_5	1%	64%	35%
K_2O	3%	97%	

图 1—28　玉米对三元素的需求规律

图 1—29　缺苗

图 1—30　干旱造成出苗不齐

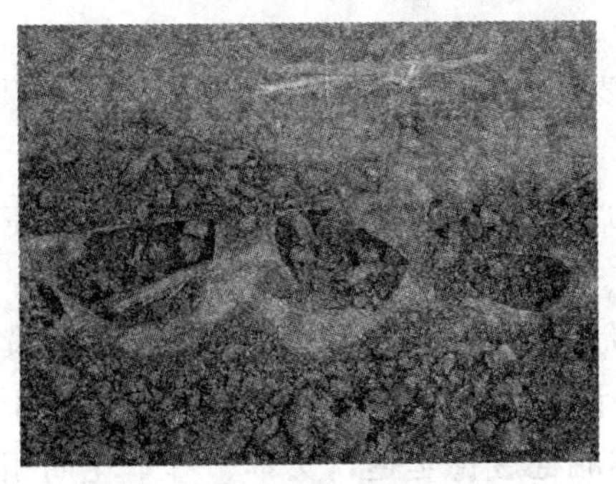

图 1—31　过分干旱造成的断条

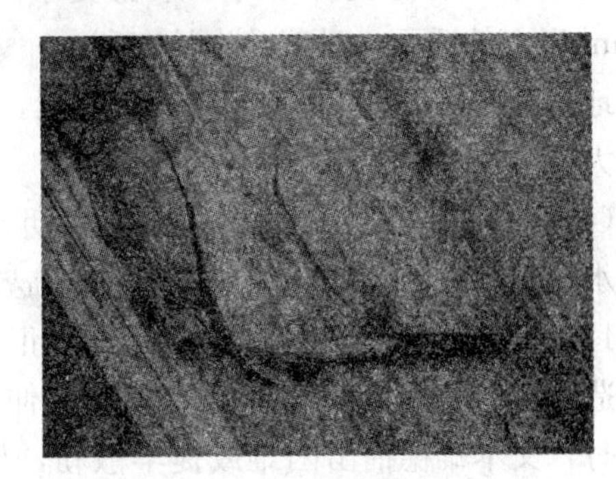

图 1—32　干旱造成根系发育受阻

单元 1

因此，干旱缺水地区可以通过地膜覆盖提早播种，达到适墒播种，实现一播全苗（见图 1—34）。

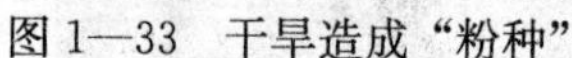

图 1—33　干旱造成“粉种”

图 1—34　一播全苗

2）水分过多造成的危害。地膜覆盖条件下，水分散失慢，土壤中水分过多，会使土体温度降低，土壤透气性差，含氧量降低，种子吸胀后，有害物质增多，造成烂种。

（2）幼苗期。幼苗期以生长根系为主，要求水分不要太多，需水量占全生育期的 19%。幼苗期田间持水量控制在 60%左右较合适，可促进根系的发育。

从出苗到七叶期易受涝害。土壤水分过多或积水会使根部受害，甚至死亡，当土壤湿度占田间持水量的 90%时，则形成苗期涝害。田间持水量 90%以上持续 3 天，玉米三叶期表现红、细、瘦弱，生长停止。连续降雨大于 5 天，苗黄弱或死亡。在八叶期以前因生长点还未露出地面，此时受涝减产最严重，甚至造成绝收。

（3）拔节孕穗期。拔节孕穗期是营养生长与生殖生长并进时期，是雌穗、雄穗的分化期，需水量占全生育期的 25%，要求田间持水量在 70%～80%。拔节孕穗期进入植株旺盛生长阶段，植株迅速增大，同时温度升高，对水分的需求迫切，需水量增大。这个时期缺水，幼穗发育不好，果穗变小，行粒数变少，这时向土壤补充水分，或降 30 mm 以上的透雨，对茎叶生长有利。

地面淹水深度超过 10 cm，持续 3 天，只要叶片露出水面都不会死亡，但产量会受到很大影响。

（4）抽雄开花期。需水量占全生育期的 31.6%，田间持水量应为 80%，是玉米一生对水分要求最高的时期，是玉米水分临界期。

1）干旱危害。该时期，天干地燥，正是伏旱和伏秋连旱易发时期，干旱持续半个月会造成玉米的“卡脖旱”，使雌穗穗轴伸长困难，主穗退化，单穗结实减少；干旱更严重时，父本雄穗抽出困难或提早散粉，母本雌穗成穗延迟，父本、母本花期相遇不良，授粉质量差，单穗受粉不良受精结实数量少，形成“花棒”，或父本、母本的雄穗和雌穗都抽不出来，雌穗部分不育甚至空秆。

这个时期必须有充足的水分供应，降雨能缓解旱情，有灌溉条件的地块应该大量补充灌溉，保证土壤水分占田间持水量的70%～80%，打下高产的基础。

2）连阴雨天气的危害。若出现连续多日的阴雨天气，玉米光合作用减弱，植株瘦弱，另外，低气温使父本散粉受抑制，雨水的冲刷使花粉无法被花丝吸附，造成受粉受精不良，常出现空秆、“花棒”。

（5）灌浆期。需水量占全生育期的22%，田间持水量应在75%以上。该时期是玉米籽粒充实迅速的阶段，时间从母本雌穗花丝开始发蔫起，到玉米籽粒黑层形成结束。制种玉米为了保证种子的籽粒饱满度、发芽率、发芽势，会在种子清选阶段在清选机中加装孔径较大的筛片，淘汰千粒重较小的籽粒，灌浆期的补充灌溉也非常重要。

（6）籽粒成熟期。进入成熟期以后，籽粒基本定型，对水分的要求逐渐减少，土壤水分对产量的影响越来越小，但是干旱缺水会造成玉米植株过早衰败，籽粒内营养逆流，千粒重下降，植株茎秆支持力下降造成倒折，对机械收获不利，同时造成果穗落地影响芽率。

干旱是影响玉米生长发育、产量结构和最终产量最主要的灾害之一，干旱程度以土壤湿度占田间持水的百分率表示，拔节—成熟：极旱≤40%，重旱40%～50%，轻旱50%～60%，适宜70%～85%，花期小于60%开始受旱，小于40%严重受旱，将造成花粉死亡，花丝干枯，不能授粉。

4. 气象条件

（1）温度。玉米对气象条件要求严格，属喜温、短日照作物，播种期要求日平均气温稳定高于8℃，10～12℃发芽正常，生长期间要求15℃，幼苗期要求日平均气温低于18℃，有利于“蹲苗”，后期要求适当高温，抽穗开花时期适宜温度为25～28℃，气温低于18℃或高于38℃不开花，气温在32～35℃以上花粉粒1～2 h即丧失生活力。在籽粒灌浆、成熟期要求日平均气温保持在20～24℃，有利于有机物质合成。籽粒成熟期日平均气温高于25℃或低于16℃均影响酶活动，不利于养分积累和运转。日平均气温为13℃左右，灌浆极其缓慢，一般在西北内陆制种区，玉米制种中晚熟品种灌浆期适宜温度下限为16℃。

1）玉米制种适宜的温度区间

①播种。春玉米播种地温下限为6～7℃，适播温度为10～12℃。但地区间存在很大差异。新疆兵团农四师玉米制种播种选择的下限温度为6～8℃。

②苗期。下限温度为6～10℃，最适宜温度为18～20℃。

③拔节—抽雄。气温稳定在18℃玉米开始拔节；适宜温度为24～26℃，气温25～27℃是茎叶生长的适宜温度。

④抽穗—开花。下限温度为19～21℃，适宜温度为25～27℃。

⑤拔节—吐丝。平均气温高于24℃为宜，低于24℃产量受到影响，气温低于

18℃，高于35℃都不利于开花。

⑥灌浆—成熟。下限温度为15～17℃，最适温度为22～24℃，日较差大有利于养分的积累，气温低于16℃或高于25℃都不利于干物质的积累和运输。当气温降至20℃籽粒灌浆缓慢，降至18℃灌浆速度显著减慢，当降至16℃灌浆停止。

2）高温对玉米制种的影响。对产量有不良影响，全生育期生长在30℃、10 h光照条件下产量降低49.8%。在玉米籽粒胚乳细胞分裂期，高温不仅降低籽粒库容量，而且影响以后的灌浆速度，对产量影响更大。一般来说，玉米籽粒的生长的适宜温度是25℃，温度每升高1℃，籽粒产量降低3%～4%。

花后高温降低胚乳细胞分裂速度，缩短分裂持续时间，结果胚乳细胞数目减少，同时高温使作物灌浆速度加快，但灌浆持续期缩短，并且灌浆加快速度赶不上灌浆持续期缩短速度，最终使粒数减少，粒重降低。极端高温条件下，不但灌浆持续期缩短，灌浆速度也降低，粒重下降更多。

3）低温多雨对玉米制种的影响

①春季低温多雨导致玉米制种播种期延迟或中断。以新疆兵团农四师为例，少数年份，春季融雪结束较晚，玉米制种播种就会推迟至4月上中旬开播，如果此时有较长的天气变化过程，大风或土壤湿度过大，都会使播种机械作业延迟，间断春播正常进程。

②春季低温多雨影响已播玉米制种出苗情况。土壤温度低、水分含量过大对出苗有抑制作用，导致出苗缓慢或出现“粉籽”“烂籽”情况，玉米制种工极可能面对毁种补苗的损失。

③春季低温多雨影响出苗后幼苗的生长情况。幼苗期，遇2～3℃低温，影响正常生长，－1℃的短时低温会使幼苗受伤。日平均气温≤10℃的天气持续3～4天，幼苗叶尖枯萎。日平均气温降至8℃以下的天气持续3～4天，可发生烂种或死苗；持续5～6天，死苗率可达30%～40%；持续7天以上，死苗率达60%。

春季低温多雨会造成地膜内土壤饱和度过大，无法散墒，土壤含氧量严重不足，从出苗至七叶期玉米极易遭受涝害。

(2) 玉米对热量的基本要求

1）玉米制种的有效积温和活动积温。玉米制种不同于商品玉米种植，商品玉米种植提供的商品是玉米籽粒，玉米制种提供的商品是商用玉米杂交种种子，商用玉米杂交种种子最重要的使用属性就是种子在田间的发芽率或者说是玉米种子发芽势，因此玉米制种特别关心制种基地的玉米有效积温和活动积温。

一般玉米生物学下限温度为10℃，高于10℃时，玉米才能生长发育，把高于10℃的日平均气温值称为活动温度，玉米生育期内活动温度的总和称为玉米活动积温，玉米活动积温包含了低于玉米籽粒灌浆的下限温度的那部分无效积温，玉米籽粒灌浆期温度越低，无效积温所占的比例就越大。普通玉米灌浆成熟期，日平均气温低于16℃，灌浆速度减缓，日平均气温低于 13℃，灌浆停止；而玉米自交系生活力较弱，连续 3 日出现日平均气温低于 16℃，玉米植株就会形成不可逆的灌浆停止，气温－2～4℃植株死亡，俗称“霜杀”。

玉米制种的籽粒灌浆从母本受粉开始，直至黑层形成后才停止，籽粒灌浆速度和灌浆时间长短受品种特性和气候条件影响较大。籽粒形成发芽能力的时间，一般中晚熟品种在母本受粉 35 天后形成约 70%的发芽率，受粉 40～45 天后形成约 100%的发芽率，而形成约 100%的发芽势则需要黑层形成。

玉米有效积温就是玉米生育期内生长发育所必需的温度，就是玉米活动积温减去玉米灌浆成熟期日平均气温低于 16℃的积温。

2）制种杂交组合的确定。玉米制种在北方多采用春播方式，制种基地选择杂交组合时，不但要参考当地≥10℃积温，而且要充分考虑秋季出现日平均气温低于 16℃的时间，通过早春铺设地膜，延长 ≥10℃的积温，使玉米制种的籽粒灌浆时间提早，来满足对秋季≥16℃积温的需要。根据可能产生的玉米制种有效积温来确定制种杂交组合生育期的长短类型：

①早熟品种。春播 80～100 天，积温 2 000～2 200℃。早熟品种一般植株矮小，叶片数量少，为 14～17 片。由于生育期的限制，产量潜力较小。

②中熟品种。春播 100～120 天，需积温 2 300～2 500℃。叶片数 18～20 片，产量比早熟品种多而比晚熟品种少。

③晚熟品种。春播 120～150 天，积温 2 500～2 800℃。一般植株高大，叶片数多，多为 21～25 片。由于生育期长，产量潜力较大。

（3）日照对玉米制种的影响。玉米为短日照作物，在短日照（日照在 12 h 以下）的条件下，植株生长矮小，抽雄和成熟期提早。在长日照（日照在 12 h 以上）的条件下，则植株生长高大，茎叶繁茂，但发育缓慢，开花延迟，甚至不能形成果穗。一般早熟品种对长光照的反应较迟钝，部分中熟品种对光照长短的反应较迟钝，另一部分中熟品种对光照长短的反应较灵敏，晚熟品种则普遍灵敏，部分早熟品种对短日照光照的反应也非常敏锐，在高温、短日照下，生育期会显著缩短。

在西北内陆制种区，由于夏季每日日照时间长，许多内地选育的中晚熟玉米品种，在该区域表现出生育期延长，叶片增多，生物产量显著增加，经济系数显著提高，这也是西北内陆制种区多数组合产量显著高于其他区域的重要原因。来源不同的自交系亲本生育时期差异性较大，温寒带血缘的自交系对光照时间增加的反应较迟钝，温热带杂交材料的选系对光照时间增加的反应较敏锐，热带血缘成分所占比例越高的玉米自交系对长日照的反应越敏感，以至于部分自交系延迟抽雄、吐丝，严重的甚至雌雄器官不能抽出。因此新的玉米杂交组合大面积制种前，自交系的生育期、生育时期的考察及自交系自身产量的测验、小面积试制是非常必要的。

同一中晚熟玉米品种通过调整播种期和种植密度，生育期长短也会发生改变，单位面积的产量也随之改变。新疆兵团农四师通过地膜覆盖，提早播种，增大母本种植密度、增加或减少父本的密度来改变制种组合的生育期长短和制种单产，首先利用早春的低温干旱延长中晚熟玉米制种组合的营养生长时间，通过高密度下相互遮阴调整母本的雌穗吐丝期，通过父本密度的增减调整父本的雄穗散粉期，最终形成个体健壮、群体协调的优质玉米制种组合群体。

玉米的光合作用为四碳途径，属四碳作物，能有效利用强光，在弱光和低 CO_2 浓度下也能进行光合作用。玉米抽穗开花期要求每天至少有 4～5 h 日照，20℃以下光合作用急速下降，在水分保证的情况下，20～33℃范围内光合作用速度随温度增加而加快。在相同太阳能辐射条件下，光合作用速度随日照时长增加而加快，太阳辐射对产量影响较大，尤其在籽粒灌浆阶段对产量更为重要。孕穗期低温对光合作用和叶面积影响比灌浆期大，对籽粒产量的影响也更显著，主要是减少有效穗粒数，而灌浆期低温主要是降低千粒重。玉米在孕穗期和灌浆期特别是孕穗期遇低温会导致低温冷害。

长期光照不足会造成玉米阴灾，即玉米生长不良，授粉受阻，灌浆缓慢。不同时期遮光实验表明，以抽雄到吐丝期遮光减产最为严重。阴灾时看上去玉米青枝绿叶，产量却很低。

（4）降水对玉米制种的影响。如果降水出现在播种期阶段，由于会导致温度降低，玉米播种期会延迟。西北内陆玉米制种区某些地区春季会出现降雪，东北、华北春季则会出现降雨。如果降雨出现在幼苗期，当积水没顶时会造成死苗。

玉米生长旺盛期正是中国大部地区的雨季，低洼地易受涝。玉米受涝后，下部叶片先枯黄，中上部叶片色变浅，生育期大大推迟，往往不能正常成熟。

另外，夏季和秋季可能发生较大规模的冰雹，造成雹灾。冰雹能砸毁撕裂玉米叶片，使光合作用减弱，严重时砸断茎杆，还会引起低温造成生理障碍。雹灾轻则使玉米减产 10%～20%，重则减产 50%～80%，甚至造成绝收。

秋季在收获期和晾晒期，若有降雨，对玉米制种质量影响很大。降雨使未收割玉米水分增加，苞叶去除不及时，玉米堆会发热，进而增加玉米籽粒和果穗霉变的可能性，大大增加了芽率和发芽势下降的风险，严重影响玉米种子的品质。降雨迫使玉米制种工用雨布覆盖已经收割的玉米，也会增加玉米堆发热的风险。秋季连绵的降雨往往带来大幅降温，又会增加玉米籽粒发生冻害的危险。

5. 隔离区的安全设置

（1）选地隔离。配制杂交种的地块称为杂交制种隔离区。隔离区除了保证隔离安全外，还应选用土质肥沃、地力均匀、地势平坦、排灌方便、旱涝保收的地块，保证植株生长整齐，抽雄一致，便于田间去杂和母本去雄在短期内完成，并保证质量。

（2）隔离方法

1）空间隔离。即在隔离区的四周一定距离内不种其他品种的玉米，以防外来花粉的串杂。自交系繁殖隔离区空间隔离应不少于 500 m，单交制种区不少于 400 m，双交制种区不少于 300 m，南北向间隔 150～200 m。在多风地区，特别是隔离区设在其他玉米的下风处或地势低洼处，应适当加大隔离区。

2）时间隔离。即把隔离区制种玉米的播种期与邻近周围其他玉米的播期错开，一般春播玉米错期 35～40 天，夏播玉米错期 25～30 天，但要依据当地的自然条件灵活掌握。

3）自然屏障隔离。即利用山岭、房屋、林带等自然障碍物作隔离，达到防止外来花粉串粉混杂的目的。

4）高杆作物隔离。就是在隔离区周围种植高粱、麻类等高杆作物隔离，但高杆作物的行数不宜太少，自交系繁殖区种植高粱等高杆作物的行数不少于 100 行，制种区在 50 m 以上。高杆作物应适当早播，并加强管理，以便玉米抽穗时高杆作物的株高超过玉米的高度。

（3）隔离区的数目。隔离区的数目因繁殖类别而不同。配制单交种需设置三个隔离区，即两个自交系繁殖区和一个杂交种制种区；配制三交种需设置五个隔离区，即三个亲本自交系繁殖区、一个单交种制种区、一个三交种制种区；配制双交种则需要七个隔离区，即四个自交系繁殖区、两个单交种制种区、一个双交种制种区。

由于过去制种烦琐、制种效率低，也曾经在配制单交种及三交种时，在确保隔离安全，母本去雄及时、彻底的情况下，留制种区的父本自交系继续使用，目前推广品种以单交种为主，种子公司已经抛弃制种区的父本自交系留种的陋习，严格控制制种质量和亲本流向。

隔离区面积安排：

亲本繁殖区面积（亩）＝下年需种量（下年播种面积×每亩播种量）/（多年亲本平均产量×种子发芽势）

杂交制种区面积（亩）＝下年某玉米杂交种在市场上的销售预估/（多年制种基地某玉米杂交种的制种平均产量×种子发芽势）

6. 中国玉米播种期与生育期的大致时段

玉米的播种期选择必须结合当地的气候和备选玉米品种对热量的基本要求及生育期特征。“雨养”玉米区域，需要使玉米花粒期的出现时段避开当地一般年份高温干旱期的出现时段，同时兼顾玉米灌浆对气温下限的要求；灌溉玉米区域，重点照顾玉米灌浆对气温下限的要求。这些都将对玉米质量产生很大影响。

春玉米主产区，在露地播种方式下，东北、西北地区从 4 月下旬至 5 月上、中旬播种，9 月上中旬成熟。西北内陆春玉米区，新疆南部地区（以下简称南疆）4 月中、下旬播种至 9 月上、中旬成熟，新疆北部部地区（以下简称北疆）地区 4 月中、下旬至 5

月上、中旬播种，9月中、下旬成熟；在地膜覆盖播种方式下，播种期可以提早15～20天，北疆的新疆兵团农四师玉米制种由西向东，播种期从3月下旬—4月上、中旬，有效地增加玉米制种生长期，扩大了对玉米制种成熟期的选择，成为中国玉米制种高产区。

单元测试题

一、填空题

1. 玉米的茎也称为玉米茎秆，主要是由节、（　　）和分蘖三部分组成。

2. 玉米种子标准（GB4404.1—2008）中规定玉米自交系原种纯度必须≥（　）%，自交系大田制种用种纯度必须≥（　　）%。

3. 玉米种子标准（GB4404.1—2008）中规定玉米自交系净度必须≥（　）%，发芽率必须≥（　　）%，水分≤（　　）%。

4. 玉米的水分临界期是（　）。

5. 配制单交种，需设置（　）个隔离区。

6. 在严格的隔离条件下，为了获得世代交替所需要的玉米种子进行的各类生产或科研活动称为（　）。

7. 在杂交制种过程中，母本植株的雌穗花丝吐出苞叶前去尽（　　），不允许母本自交（跑粉），使母本单一接受父本花粉。

8. 为了提高收获难度和获得最高质量的商用玉米杂交种种子，通常在母本受粉后（　　）天内砍除父本。

二、判断题

1. 玉米是雌雄同株异位的植物。（　）

2. 制种玉米不需要在授粉结束后砍除父本。（　）

3. 制种玉米主要通过群体获得高产。（　）

4. 节根的条数与大喇叭口期至蜡熟期的光合生长率呈正相关。（　）

5. 玉米制种可以不设立安全生产的隔离区。（　）

6. 通常商品玉米的棒三叶指在雌穗位叶和上下各一叶。（　）

7. 玉米制种的棒三叶指雌穗位以上三片叶或雌穗位叶及以上两片叶。（　）

8. 玉米的根由须根系组成，分为胚根、节根两部分。（　）

9. 商用杂交种生产中，把获得商用杂交种种子的那部分玉米植株称为父本，把提供花粉那部分玉米植株称为母本，这两类玉米植株统称亲本。

10. 玉米是一种栽培历史比较长的作物，普遍认为玉米起源于古代墨西哥及周边。（　）

三、选择题

1. 年降水量小于（　　）mm 的地区，无灌溉条件不能种植玉米。

A. 350　　B. 400　　C. 450　　D. 500

2. 玉米种子籽粒贮藏运输的安全水分，一般北方不宜超过（　　）%才能安全越冬过夏。

A. 12　　B. 13　　C. 14　　D. 15

3. 玉米单交种的发芽率必须≥（　　）%。

A. 75　　B. 80　　C. 85　　D. 90

4. 玉米一级单交种的纯度必须≥（　　）%。

A. 96　　B. 97　　C. 98　　D. 99

5. 自交系繁殖隔离区空间隔离应不少于（　　）m。

A. 200　　B. 300　　C. 400　　D. 500

6. 下列省份中不是中国玉米制种主要基地的是（　　）。

A. 甘肃　　B. 新疆　　C. 内蒙古　　D. 贵州

四、简答题

1. 简述玉米根的组成。
2. 简述玉米茎的功能。
3. 为什么某些玉米杂交组合在制种时父本、母本需要错期播种？
4. 作为一名玉米制种工，如何规避玉米制种中存在的风险？
5. 简述制种玉米的隔离方法。

单元测试题答案

一、填空题

1. 节间　2. 99.9　99　3. 98　85　13　4. 抽雄开花期　5. 3
6. 玉米制种　7. 雄穗　8. 15～20

二、判断题

1. √　2. ×　3. √　4. √　5. ×　6. √　7. √　8. √　9. ×
10. √

三、选择题

1. A　2. B　3. C　4. C　5. D　6. D

四、简答题

答案略。

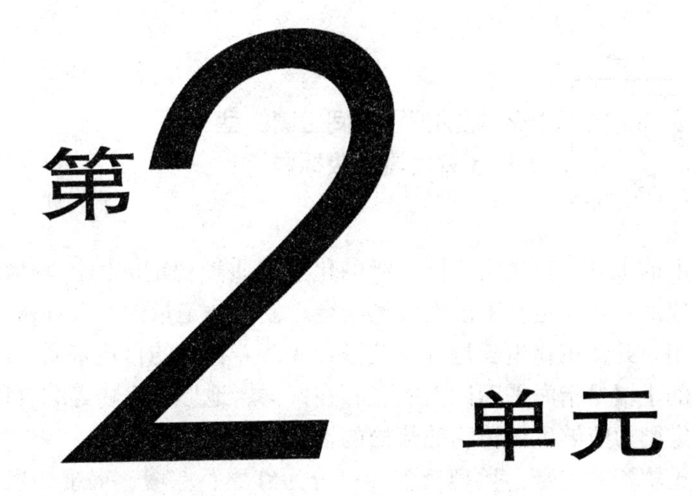

土壤与肥料

第一节　土壤常识

→ 能够识别田间土壤类型

→ 了解土壤分级标准

广义上的土壤，是指由不同粒级的化学性质较稳定的固体矿物颗粒、有机质碎屑、微生物构成的具备一定孔隙度的胶体集合，涵养一定量的空气和水，对植物的根系有一定固定作用，并在植物生长过程中缓慢释放营养物质的自然基质。

狭义的土壤是指海平面以上的岩石在气候、地形、生物等综合因素共同作用下形成的具有一定肥力能够生长植物的疏松的地球陆地表层。

中国土壤资源丰富、类型繁多，可分为红壤、棕壤、褐土、黑土、栗钙土、漠土、潮土（包括沙姜黑土）、灌淤土、水稻土、湿土（草甸、沼泽土）、盐碱土、岩性土和高山土等系列。

一、土壤质地

土壤质地是指土壤中不同土壤颗粒的大小、粗细及其匹配状况，是土壤的物理性质之一，反映了土壤的组合特征。土壤质地与土壤通气、保肥、保水状况及耕作的难易有密切关系。土壤质地状况是拟订土壤利用、管理和改良措施的重要依据。肥沃的土壤不仅要求耕层的质地良好，还要求有良好的质地剖面。

土壤质地一般分为沙土、壤土和黏土三类。土壤质地根据土壤的颗粒组成的不同组合，又可以细分为沙土、沙壤土、轻壤土、中壤土、重壤土、黏土等。

虽然土壤质地主要取决于成土母质类型，有相对的稳定性，但耕作层的质地仍可通过耕作、施肥等活动进行调节。土壤质地主要继承了成土母质的类型和特点，但在耕作、施肥、排灌、平整土地等人为因素的影响下，土壤肥力会发生较大的变化。

1. 沙土

土壤中含沙粒较多（沙粒含量为50%），颗粒间空隙比较大，蓄水力弱，抗旱能力差，易耕作；通气性、透水性好，有利于好气性微生物的活动，有机质胶体分解快，肥效快、猛而不稳；土壤中黏粒少，无机胶体和有机质胶体缺乏，养分含量少，速效肥料易随雨水和灌溉水流失，保肥能力差，前劲大后劲不足。沙土因含水量少，热容量较小，所以昼夜温差变化大，土温变化快，这对于某些作物生长不利，但有利于碳水化合物的累积。沙土适宜种植耐旱、耐瘠、生育期短、早熟的作物。沙土的主要肥力特征为通气透水性好，易耕作，蓄水力弱、养分含量少，养分易淋失，各种养分都较贫乏，既不保肥，也不耐肥，施肥见效快，作物早生快发，但无后劲，往往造成后期缺肥早衰，结实率低，籽粒不饱满，土温变化快，若一次施肥过多，不但会造成流失浪费，还会造成作物一时疯长。因此，在施肥上要强调增施未腐熟有机肥，化肥施用要少量多次，后期勤追肥、勤浇水。

2. 黏土

土壤中含黏粒较多（黏粒含量为30%），养分含量丰富，且土壤颗粒较细，颗粒间空隙小所以通气性、透水性差，不利于好气性微生物的活动，有机质胶体分解比较慢，土壤有机质胶体累积多，大多土壤养分不易被雨水和灌溉水淋失，肥效慢、稳而且持久，保肥性好。颗粒细小，孔隙间毛管作用发达，能保存大量的水分，但是水分损失快，保水抗旱能力差，影响农作物生长前期根系的生长，阻碍了根系对土壤养分的吸收。颗粒间空隙小，大孔稀少，往往水分在土体中难以下渗而导致排水困难，干时坚硬，湿时粘连土粒，只有在一定的含水量范围内较容易耕作，宜耕期短，耕作比较困难。土壤蓄水量大，热容量较大，昼夜温差变化小，土温变化慢，有利于植物生长。黏土的主要肥力特征是耕性差，土粒之间缺少大孔隙，通气透水性差，既不耐旱，也不耐涝，保水、保肥、耐肥能力强，土温比较稳定，早春土壤升温慢，好气性分解不旺盛，养分分解转化慢，施肥后见效迟，肥料有后劲，不发小苗发老苗，若施肥过量会造成作物后期贪青晚熟。在生产上要注意秋季在宜耕期耕地立垡冻融，春季在宜耕期精细整地，以改善土壤结构性和耕性，以促进土壤养分的释放。强调增施腐熟有机肥，化肥施用要少次多量，适当增加化肥一次用量，前期追施速效化肥。强调田间水分调节，注意开沟排水，降低地下水位，以避免或减轻涝害，湿时排水，干旱勤浇水，还可压面堵塞毛管孔隙。

3. 壤土

壤土性质则介于沙土与黏土之间，兼有沙土和黏土的优点，是较理想的土壤，其耕性和肥力较好。这种质地的土壤，水与气之间的矛盾不那么强烈，通气透水，供肥保肥能力适中，耐旱耐涝，抗逆性强，适种性广，适耕期长，耕性优良，适种的农作物种类多，易培育成高产稳产土壤。

二、土壤肥力

土壤肥力是指土壤能供应与协调植物正常生长发育所需的养分和水、气、热的能力。

土壤肥力是土壤为植物生长提供环境条件和协调营养状况的能力，是土壤作为植物生长的基质区别于成土母质和其他自然体最本质的特征。因而土壤成为农业生产的重要自然资源和生产资料。

土壤肥力按成因可分为自然肥力和人为肥力。自然肥力是指在气候、生物、母质、地形和年龄五大成土因素影响下形成的肥力，主要存在于未开垦的自然土壤。人为肥力是指在人类长期的耕作、施肥、灌溉及其他各种农事活动影响下表现出的肥力，主要存在于耕作（农田）土壤。

耕作（农田）土壤具备持续不断地为植物生长供应和协调养分、水分、空气和热量的能力，耕作层的土壤肥力是由土壤中一系列物理、化学、生物过程共同作用产生的，土壤肥力因素包括水、肥、热、气四大因素，具体指标有土壤质地、紧实度、耕层厚度、土壤结构、土壤含水量、田间持水量、土壤排水性、渗透性、有机质、全磷、全钾、速效氮、速效磷、速效钾、缺乏性微量元素全量和有效量、土壤通气性、土壤热量、土壤侵蚀状况、pH 值、阳离子交换量（CEC）等，土壤中的水、肥、热、气、微生物是相互影响、互有关联、互相制约的。

三、土壤盐渍化

土壤盐渍化是指土壤底层或地下水的盐分随毛细管水上升到地表，水分蒸发，使盐分积累在表层土壤中的过程。中国盐渍土或称盐碱土的分布范围广、面积大、类型多，总面积约 1 亿 hm^2。盐碱土的可溶性盐主要包括钠、钾、钙、镁等的硫酸盐、氯化物、碳酸盐和重碳酸盐。硫酸盐和氯化物一般为中性盐，碳酸盐和重碳酸盐为碱性盐。

土壤盐渍化主要发生在干旱、半干旱和半湿润地区。由于漫灌和只灌不排，导致地下水位上升或土壤底层或地下水的盐分随毛细管水上升到地表，水分蒸发后，使盐分积累在表层土壤中，当土壤含盐量太高（超过 0.3%）时，形成的盐碱灾害。

土壤盐渍化也称盐碱化。其中现代盐渍化土壤约 0.37 亿 hm^2，残余盐渍化土壤约 0.45 亿 hm^2，潜在盐渍化土壤约 0.17 亿 hm^2。由于气候水资源条件的限制，以及科学技术、开发能力的限制，很多盐渍土尤其是现代盐渍土及残余盐渍土尚不可得到有效利用。

1. 土壤盐渍化的类型

（1）现代盐渍化。在现代自然环境下，积盐过程是主要的成土过程。

（2）残余盐渍化。土壤中某一部位含一定数量的盐分而形成的积盐层，但积盐过程不再是目前环境条件下主要的成土过程。

（3）潜在盐渍化。心底土存在积盐层，或者处于积盐的环境条件下（如高矿化度地下水、强蒸发等），有可能发生盐分表聚的情况。

2. 土壤盐渍化形成的条件

气候干燥、地势低洼、排水不畅、地下水位高、地下水矿化度大等是盐渍化形成的重要条件，母质、地形、土壤质地层次等对盐渍化的形成也有重要影响。

3. 土壤盐渍化形成的主因

在干旱、半干旱和半湿润的平原灌区，不合理的人类活动是引起土壤次生盐渍化的主要原因，如灌排、轮作等措施不当，会使土壤发生盐渍化。这种由于人为生产措施不当而造成的土壤盐渍化，称为次生盐渍化。土壤次生盐渍化的发生从内因来看，是土壤具有潜在盐渍化的条件；从外因来看，主要是人类活动所致。

4. 土壤盐渍化的危害

（1）引起植物“生理干旱”。当土壤中可溶性盐含量增加时，土壤溶液的渗透压提高，导致植物根系吸水困难，轻者生长发育受到不同程度的抑制，严重时植物体内的水分会发生反渗透，导致凋萎死亡。

（2）盐分的直接毒害作用。当土壤中盐分含量增多，某些离子浓度过高时，对一般植物直接产生毒害。特别是碳酸盐和重碳酸盐等碱性盐类对幼芽、根和纤维组织有很强的腐蚀作用，会产生直接危害。同时，高浓度的盐分破坏了植物对养分的平衡吸收，造成植物缺乏某些养分而发生营养紊乱。如过多的钠离子，会影响植物对钙、镁、钾的吸收，高浓度的钾又会妨碍植物对铁、镁的摄取，结果会导致诱发性的缺铁和缺镁症状。

（3）降低土壤养分的有效性。盐渍化土壤中的碳酸盐和重碳酸盐等碱性盐在水解时，呈强碱性反应，高 pH 值条件会降低土壤中磷、铁、锌、锰等营养元素的溶解度，从而降低了土壤养分对植物的有效性。

（4）恶化土壤物理和生物学性质。当土壤中含有一定量盐分时，特别是钠盐，对土壤胶体具有很强的分散能力，使团聚体崩溃，土粒高度分散，结构破坏，导致土壤湿时泥泞，干时板结坚硬，通气透水性不良，耕性变差。同时，不利于微生物活动，影响土壤有机质的分解与转化。

第二节 常用化学肥料

→ 了解各种肥料的分类、特性、特点

肥料是指人类为了追求植物的产量及品质而向耕层或植物的地上部分补充各类有机物和无机物，从而改善植物的营养状况，这些被补充的物质称为肥料。按肥料的来源可分为自然肥料和化学肥料（工业肥料）。

人类很早就利用植物残渣、人畜粪便、火山灰等物质作为自然来源的肥料来增加作物产量，随着近代化学工业的兴起和发展，各种化学肥料相继问世，宣告“石油农业”时代的到来。进入“石油农业”时代之后，人们发现化学肥料的速效性和高效性，化学肥料作为作物最主要的营养元素补充来源在农业生产中广泛运用。

一、化学肥料

化学肥料简称化肥，是指在工厂使用化学和（或）物理方法生产的含有一种或几种农作物生长需要的营养元素的肥料。品位是化肥质量的主要指标，它是指化肥产品中有效营养元素或其氧化物的质量分数，如氮、磷、钾、钙、钠、锰、硫、硼、铜、铁、锰、钼、锌的质量分数。根据化肥可标明含量的营养元素的多少可分为单元肥、多元肥、复合肥等。

只含有一种可标明含量的营养元素的化肥称为单元肥，如氮肥、磷肥、钾肥以及次要常量元素肥料和微量元素肥料，磷肥、氮肥、钾肥是植物需求量较大的化学肥料。含有几种可标明含量的营养元素的化肥称为多元肥，一般以多元微肥为主。化肥生产中常以含有氮、磷、钾三种营养元素中的两种或三种且可标明其含量的化肥，称为复合肥或混合肥。

1. 中国化肥的使用情况

肥料利用率偏低一直是中国农业施肥中存在的问题。目前，当季氮肥利用率仅为35%，磷肥的利用率仅为10%～25%。据联合国粮农组织的资料显示，1980—2002年，中国的化肥用量增长了61%，而粮食产量只增加了31%。肥料利用率偏低造成农业生产成本增加。资料显示，化肥在农业生产成本（物资费用加人工费用）中占25%以上，占全部物资费用（种子、肥料、农药、机械作业、排灌等费用）的50%左右。不合理的施肥使大量的氮元素、磷元素积累在土壤中，导致农田及环境污染。

2. 滥用化肥使土壤环境污染严重

（1）重金属和有毒元素有所增加，直接危害人体健康，产生污染的重金属主要有Zn、Cu、Co和Cr。从化肥的原料开采到加工生产的过程中，总是给化肥带进一些重金属元素或有毒物质。磷肥中较多。目前，中国施用的化肥中，磷肥约占20%，磷肥的生产原料为磷矿石，它含有大量有害元素F和As，同时磷矿石的加工过程还会带进其他重金属Cd、Cr、Hg、As、F，特别是Cd。另外，利用废酸生产的磷肥中还会带有三氯乙醛，对作物造成毒害。研究表明，无论是酸性土壤、微酸性土壤还是石灰性土壤，长期施用化肥都会造成土壤中重金属元素的富集。比如，长期施用硝酸铵、磷酸铵复合肥，可使土壤中As的含量达50～60 mg/kg。同时，随着进入土壤Cd的增加，土壤中有效Cd的含量会增加，作物吸收的Cd量也会增加。

（2）微生物活性降低，物质难以转化及降解。土壤微生物是个体小而能量大的活体，它们既是土壤有机质转化的执行者，又是植物营养元素的活性库，具有转化有机质、分解矿物和降解有毒物质的作用。中科院南京土壤研究所的试验表明，施用不同的肥料对微生物的活性有很大的影响，土壤微生物数量、活性大小的顺序为：有机肥配施无机肥＞单施有机肥＞单施无机肥。目前，中国施用的化肥中以氮肥为主，而磷肥、钾肥和有机肥的施用量低，这会降低土壤微生物的数量和活性。

（3）养分失调，硝酸盐累积。目前，中国施用的化肥以氮肥为主，而磷肥、钾肥和复合肥较少，长期施用会造成土壤营养失调，加剧土壤P、K的耗竭，导致NO^{3-} N累积。NO^{3-} N本身无毒，但若未被作物充分同化可使其含量迅速增加，摄入人体后被微生物还原为NO^{2-}，使血液的载氧能力下降，诱发高铁血红蛋白血症，严重时可使人窒息死亡。同时，NO^{3-}还可以在体内转变成强致癌物质亚硝胺，诱发各种消化系统癌变，危害人体健康。在保护地栽培条件下，即使是以施用有机肥为主的100 cm土层中NO^{3-}累积量也在240～740 kg/hm²。

（4）酸化加剧，pH值变化太大。长期施用化肥会加速土壤酸化。一方面与氮肥在土壤中的硝化作用产生硝酸盐的过程相关，首先是铵转变成亚硝酸盐，然后亚硝酸盐再转变成硝酸盐，形成H^+，导致土壤酸化。另一方面，一些生理酸性肥料，比如磷酸钙、硫酸铵、氯化铵在植物吸收肥料中的养分离子后，土壤中H^+增多，许多耕地土壤的酸化和生理性肥料长期施用有关。同时，长期施用KCl，因作物选择吸收所造成的生理酸性的影响，能使缓冲性小的中性土壤逐渐变酸。此外，氮肥在通气不良的条件下，可进行反硝化作用，以NH_3、N_2的形式进入大气，大气中的NH_3、N_2可经过氧化与水解作用转化成HNO_3，降落到土壤中引起土壤酸化。化肥施用促进土壤酸化现象在酸性土壤中最为严重。土壤酸化后可加速Ca、Mg从耕作层淋溶，从而降低盐基饱和度和土壤肥力。

二、常用化学肥料的性质及使用方法

1. 化学肥料的种类

（1）氮肥。常见的氮肥有氨水、碳酸氢铵、硝酸铵、硫酸铵、氯化铵、尿素等。

（2）磷肥。常见的磷肥有钙镁磷肥、普钙（普通过磷酸钙）、重钙、磷矿粉。

（3）钾肥。常见的是氯化钾、硫酸钾 。

（4）复合肥料。指的是含有两种或两种以上N、P、K元素的化学肥料。包括：一铵（磷酸一铵）、二铵、硝酸钾、磷酸二氢钾、磷酸氢二钾，以及市面上销售的那些三元、二元的复合肥，它们的规格按N－P_2O_5－K_2O的含量进行标记，如15－15－15表示该复合肥含有N、P_2O_5、K_2O各15%。复合肥也可含有一种或几种中量和（或）微量营养元素，如12－12－12－5（S）表示复合肥料含有N、P_2O_5、K_2O各12%，还含有S 5%。

现在复合肥用量越来越大，用途也越来越广泛，其真假的鉴别方法有四：一是随机取少量复合肥，在离地 1.5 m 高处松手让其自由落地，重复 2～3 次，着地发出的声响尖者为假品，声音沉的为真品；二是取少许复合肥放入潮湿的盘中，让其自由吸湿 6～8 min，吸湿快的为假品，吸湿慢的为真品；三是可利用密度不同鉴别真伪，同样是 25 kg 装的复合肥，真品体积相对小些，伪劣肥则体积要大些，看上去装得多；四是取少许样品放入水中，能全部溶化的为真品，否则是伪劣产品。

2. 常用化肥的简易鉴别方法

（1）尿素。尿素外观为白色球状颗粒，化学分子式 $CO(NH_2)_2$，总氮含量≥46.0%，容易吸湿，吸湿性介于硫酸铵与硝酸铵之间。尿素易溶于水和液氨中，纯尿素在常压下加热到接近熔点时，开始显现不稳定性，产生缩合反应，生成缩二脲，对作物失去肥效。

尿素是全国用量最大、最广的化肥，其真假的鉴别方法有以下三种：一是真尿素为白色或淡黄白色针状、棱柱状或圆粒状结晶，无味，能完全溶于水，否则为伪劣尿素。二是取少许样品放入石灰水中，闻不到氨味的为真尿素，能闻到氨味的为化肥或掺入了其他物质的氮素肥料。三是点燃几块木炭，或将铁片、瓦片用火烧红，将少许尿素放在其上灼烧，冒出白烟、有刺鼻氨味同时很快化成水的为真尿素；若灼烧时看到轻微沸腾状，且发出“吱吱”响声，则表明掺有硫酸铵，为劣品；若散发出盐酸味，则表明其中掺有氯化氨；若灼烧时出现轻微火焰，则其中掺混了硝酸铵。

（2）磷酸二铵。化学分子式 $(NH_4)_2HPO_4$，又称磷酸氢二铵（DAP），是含氮、磷两种营养成分的复合肥，呈灰白色或深灰色颗粒，相对密度为 1.619，易溶于水，不溶于乙醇。有一定吸湿性，在潮湿空气中易分解，挥发出氨变成磷酸二氢铵。水溶液呈弱碱性，pH 值为 8.0。

磷酸二铵的鉴定：一看外观，磷酸二铵（美国产）在不受潮的情况下为不规则颗粒，其中心黑褐色，边缘微黄，颗粒外缘微有半透明感，受潮后颗粒黑褐色加深，无黄色和边缘透明感，着水后在表面泛起极少量粉白色。二用断面测试法，取磷酸二铵样品用刀具从颗粒中间切开，磷酸二铵断面细腻有光泽。三用火烧，磷酸二铵在烧红的木炭或铁板上能很快熔化，并放出氨气。

（3）碳酸氢铵。化学分子式 NH_4HCO_3，又称碳铵，是一种碳酸盐，含氮 17.7% 左右。水溶液呈碱性，性质不稳定，36℃以上分解为二氧化碳、氨和水，60℃可以分解完。有吸湿性，潮解后分解加快。

鉴别方法：一是取少量样品放在微凹的铁片或瓦片上灼烧，不熔融而直接蒸发或分解的，为碳酸氢铵或氨化铵；如产生熔融形成流体或半液体，则表明该肥不纯，掺混有硝酸铵钙或硝酸铵之类的化肥。二是呈白色或浅黄白色粉状或颗粒状结晶，闻之有刺鼻的氨味，溶于水中有较大氨味，此为真碳酸氢铵，反之则为伪劣产品。

（4）磷酸二氢钾。化学分子式 KH_2PO_4，主要营养成分 K_2O、P_2O_5，外观为白色结晶。农业用磷酸二氢钾含量应≥92.0%（以干基计）。磷酸二氢钾易溶于水，水溶液呈酸性。

（5）过磷酸钙。又称普通过磷酸钙，简称普钙，是用硫酸分解磷矿直接制得的磷肥。主要有用组分是磷酸二氢钙的水合物 $Ca(H_2PO_4)_2 \cdot H_2O$ 和少量游离的磷酸，还含有无水硫酸钙组分（对缺硫土壤有用）。过磷酸钙含有效 P_2O_5 含量为 14%～20%（其中 80%～95%溶于水），属于水溶性速效磷肥。是一种酸性化肥，对碱的作用敏感，容易失去肥效。一部分能溶解于水，水溶液呈酸性。一般情况下吸湿性较小，如空气湿度达到 80%以上时有吸湿现象，结成硬块。过磷酸钙为灰色或灰白色粉料（或颗粒），可直接作磷肥。也可作制复合肥的配料。

过磷酸钙的鉴定：一是外观为深灰色、灰白色、浅黄色等疏松粉状物，块状物中有许多细小的气孔，俗称“蜂窝眼”；二无氨臭，放在小铁片上在火中不熔化。

（6）硫酸铵。化学分子式 $(NH_4)_2SO_4$，主要营养成分为 N，农业用硫酸铵为白色或浅色结晶，氮含量≥20.8%（二级品）。硫酸铵易吸潮，易溶于水，水溶液显酸性。

硫酸铵的鉴定：一是真品为白色或浅灰色结晶体，也有蓝色或淡红色的，无味或有苦咸味，能完全溶于水；二是可取少许样品放在烧烫的铁片或瓦片上，既不熔化也不燃烧，能闻到氨味，铁片上有黑色痕迹，即证明为硫酸铵，否则为伪劣产品。

（7）硝酸铵。化学分子式 NH_4NO_3，无色无臭的透明结晶或呈白色的小颗粒，与氢氧化钠、氢氧化钙、氢氧化钾等碱反应有氨气生成，具刺激性气味，有潮解性。

硝酸铵的鉴别：一是真品为白色或黄色或黄白色结晶（粒状），无味，能完全溶于水，多用厚牛皮纸包装。二是可取少许样品放在铁片上灼烧，立即溶化、有红色火焰并散发出氨味的为硝酸铵，否则为伪劣产品。三是可取少许产品溶于水，再将此溶液倒入白色瓷皿或白底碗中，加入 4 滴二苯胺溶液，变成蓝色的为真品，反之则为伪劣产品。

3. 常用化肥的使用方法

（1）氮肥。常见的肥料有尿素、硫酸铵和硝酸铵等，它们是供给速效氮的主要肥源，是植物合成蛋白质的主要元素之一。使用时可配制成浓度低于 0.1%的溶液，过多则会造成植物脱水死亡。

（2）磷肥。过磷酸钙及磷矿粉是磷的来源之一，有助于花芽分化、能强化植物的根系，并能增加植物的抗寒性。它们的肥效较缓慢，在盆栽花卉里较少使用，花卉栽培中往往施用复合磷肥。过磷酸钙作为追肥时先加水 50～100 倍，浸泡一昼夜后取上面澄清液浇灌。

（3）钾肥。钾是构成植物灰分的主要元素。钾可增强植物的抗逆性和抗病力，是植物不可缺少的元素之一。常用的钾肥有氯化钾和硫酸钾，使用时可配制成浓度低于 0.1%的溶液追施。

（4）复合肥。复合肥的种类较多，是指成分中含有氮、磷、钾三要素或其中的两种元素的化学肥料。常见的有磷酸二氢钾、俄罗斯复合肥、二铵等，在追施时可配成浓度为0.1%～0.2%的水溶液。最近各肥料厂家还推出了一些花卉专用肥，如观叶花卉专用肥、木本花卉专用肥、草本花卉专用肥、酸性土花卉专用肥、仙人掌类专用肥及盆景专用肥等，在花卉市场有售，按说明使用即可。

（5）微量元素。微量元素在植物发育过程中需用量较少，一般情况下土壤中含有的微量元素足够花卉植物的生长需要，但有些植物在生长过程中因缺乏微量元素而表现出失绿、斑叶等。如花卉缺铁表现为失绿；缺硼表现为顶芽停止生长，植株矮化，叶形变小；缺锌表现为失绿及小叶病等。施用浓度：硼肥叶面喷施浓度为0.1%～0.25%，锌肥喷施浓度为0.05%～0.2%，钼肥喷施浓度为0.02%～0.05%，铁肥喷施浓度为0.2%～0.5%，锰肥喷施浓度为0.05%～0.1%。

4. 使用化肥的注意事项

（1）磷肥和氮肥配合施用可以充分发挥肥料的增产作用。

（2）因土施肥、看产定量。

（3）根据各类作物需肥要求，合理施用。

（4）掌握关键、适期施氮。

（5）深施肥料、保肥增效。

单元测试题

一、填空题

1. 土壤质地是指土壤中不同土壤颗粒的（　　）、粗细及其匹配状况，是土壤的物理性质之一，反映了土壤的组合特征。

2. （　　）是化肥质量的主要指标，它是指化肥产品中有效营养元素或其氧化物的质量分数。

3. 只含有一种可标明含量的营养元素的化肥称为（　　）肥，如氮肥、磷肥、钾肥。

4. 土壤肥力按成因可分为自然肥力和（　　）肥力。

5. 作物需磷的关键期是（　　），所以磷肥应尽量作基肥、种肥、秧田和苗床施肥、蘸秧根及早期追肥。

二、判断题

1. 土壤质地一般分为沙土、壤土和黏土三类。（　　）

2. 黏土是较理想的土壤。（　　）

3. 壤土在施肥上要强调增施未腐熟有机肥，化肥施用要少量多次，后期勤追肥、勤浇水。（　　）

4. 沙土蓄水量大，热容量较大，昼夜温差变化小，土温变化慢，有利于植物生长。（　）

5. 若灼烧时看到轻微沸腾状，且发出“吱吱”响声，则表明不是纯尿素。（　）

三、选择题

1. 以下不属于黏土特性的是（　）。

A. 颗粒间空隙小所以通气性、透水性差　B. 有机质胶体分解比较快

C. 肥效慢、稳而且持久，保肥性好　D. 昼夜温差变化小，土温变化慢

2. 以下不属于沙壤土特性的是（　）。

A. 颗粒间空隙比较大，易耕作　B. 蓄水力弱，抗旱能力差

C. 通气性、透水性好　D. 保肥能力强

3. 长期施用化肥加速土壤（　）。

A. 酸化　B. 板结　C. 碱化　D. 熟化

4. （　）是全国用量最大、最广的化肥。

A. 硫酸铵　B. 尿素　C. 硝酸铵　D. 碳酸氢铵

5. 禾本科作物中（　）对钾肥最敏感。

A. 小麦　B. 玉米　C. 水稻　D. 燕麦

四、简答题

1. 简述壤土的优点。

2. 简述沙土的改良方法。

3. 简述两个鉴别复合肥的方法。

4. 如何施用尿素?

5. 简述使用化肥的注意事项。

单元测试题答案

一、填空题

1. 大小　2. 品位　3. 单元　4. 人为　5. 苗期

二、判断题

1. √　2. ×　3. ×　4. ×　5. √

三、选择题

1. B　2. D　3. A　4. B　5. B

四、简答题

答案略。

第3单元

玉米制种病虫草害知识

第一节　主要病虫草害识别

→ 掌握玉米制种主要病虫草害的症状

一、主要病害的识别

1. 玉米苗枯病

该病主要发生在玉米苗期。感病植株最先由种子根的一处、数处或根尖发生褐变，以后扩展成一段或整条根系，有一条或数条可同时发生，继而侵染根间（中胚根），造成根部发育不良，根毛减少，无次生根或少量几条次生根，初生根老化，皮层坏死，根系变为黑褐色，并在第一节间形成坏死环状斑；茎基部成水渍状腐烂；基部节间在外力作用下极易出现整齐断裂；地上部叶鞘褐色呈撕裂状，叶片发黄，边缘呈枯焦状，心叶卷曲，易折，以后叶片自下而上逐渐干枯；无次生根的产生死苗，有少量次生根的形成弱苗，湿度大时在枯死病苗靠近地面的部分产生白霉；危害轻的地上部没有明显症状表现，一般在二叶一心期开始于第一、第二叶的叶尖出现发黄，并逐渐向叶片中部发展，待地上部茎节处长出气生根后，吸收能力增强，可继续生长成为健株，但危害严重的植株叶片出现火烧状枯死，心叶逐渐青枯萎蔫，茎基部发生腐烂，用手轻轻一提即可拔起，如图 3—1 所示。

图 3—1　玉米苗枯病

2. 玉米瘤黑粉病

瘤黑粉病的主要诊断特征是在病株上形成膨大的肿瘤。玉米的雄穗、果穗、气生根、茎、叶、叶鞘、腋芽等部位均可生出肿瘤，但形状和大小变化很大。肿瘤近球形、椭球形、角形、棒形或不规则形，有的单生，有的串生或叠生，小的直径不足 1 cm，大的长达 20 cm 以上。肿瘤外表有白色、灰白色薄膜，内部幼嫩时肉质白色，柔软有汁，成熟后变为灰黑色，坚硬。玉米瘤黑粉病的肿瘤的病原菌是冬孢子堆，内含大量黑色粉末状的冬孢子，肿瘤外表的薄膜破裂后，冬孢子分散传播。

玉米病苗茎叶扭曲，矮缩不长，茎上可生出肿瘤。叶片上肿瘤多分布在叶片基部的中脉两侧，以及相连的叶鞘上，病瘤小而多，常串生，病部肿厚突起，成泡状，其反面略有凹入。茎秆上的肿瘤常由各节的基部生出，多数是腋芽被侵染后，组织增生，形成肿瘤而突出叶鞘。雄穗上部分小花长出小型肿瘤，有几个至十几个，常聚集成堆。在雄穗轴上，肿瘤常生于一侧，为长蛇状。果穗上籽粒形成肿瘤，也可在穗顶形成肿瘤，形体较大，突破苞叶而外露，如图 3—2 所示，此时仍能结出部分籽粒，但也有的全穗受害，变为一个大肿瘤。

图 3—2　玉米瘤黑粉病

3. 玉米丝黑穗病

玉米丝黑穗病又称乌米、哑玉米，一般在穗期表现典型症状，主要危害雌穗和雄穗，一旦发病，往往全株无收成。植株苗期受害严重的可表现为，分蘖增多呈丛生型，植株明显矮化，节间缩短，叶色暗绿挺直，有的品种叶片上则出现与叶脉平行的黄白色条斑，有的幼苗心叶紧紧卷在一起弯曲呈鞭状。成株期病穗分两种类型：黑穗型，受害果穗较短，基部粗顶端尖，不吐花丝，除苞叶外整个果穗变成黑粉包，其内混有丝状寄主维管束组织，如图 3—3 所示；畸形变态型，雄穗花器变形，不形成雄蕊，颖片呈多叶状，雌穗颖片也可过度生长成管状长刺，呈刺头状，整个果穗畸形。田间病株多为雌雄穗同时受害。

图 3—3　玉米丝黑穗病

4. 玉米大斑病

该病在玉米整个生长期皆可发生，但多见于生长中后期，特别是抽穗以后。主要侵害叶片，严重时叶鞘和苞叶也可受害，一般先从植株底部叶片开始发生，逐渐向上蔓延，但也常有从植株中上部叶片开始发病的情况。其最明显的症状是叶片上形成大型梭状（纺锤形）的病斑，一般长 5～10 cm，宽 1 cm 左右（有的甚至可长达 15～20 cm，宽 2～3 cm），病斑青灰色至黄褐色，但病斑的大小、形状、颜色因品种抗病性不同而异。在感病品种上，病斑大而多，斑面现明显的黑色霉层病征，严重时病斑相互连接成更大斑块，使叶片枯死，如图 3—4 所示。在抗病品种上，病斑小而少，或产生褪绿病斑，外具黄色晕圈，其扩展受到一定限制。

5. 玉米小斑病

该病在玉米整个生长期皆可发生，但以抽雄和灌浆期发病为重。主要危害叶片，叶鞘、苞叶和果穗也可受害。叶片病斑椭圆形、纺锤形或近长方形，黄褐色或灰褐色，边缘色较深，抗病品种的病斑呈黄褐色坏死小斑点，周围具黄晕，斑面霉层病征不明显，如图 3—5 所示。在感病品种上，病斑的周围或两端可出现暗绿色浸润区，斑面上灰黑色霉层病征明显，病叶易萎蔫枯死。

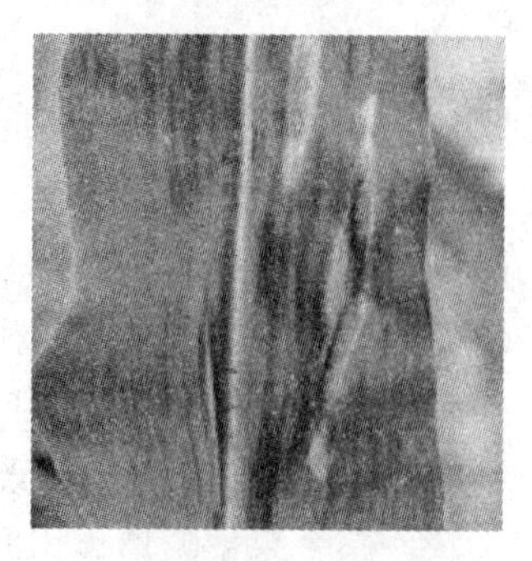

图 3—4　玉米大斑病

图 3—5　玉米小斑病

6. 玉米茎基腐病

玉米茎基腐病是由多种病原菌单独或复合侵染造成根系和茎基腐烂的一类病害，一般在玉米灌浆期开始发病，乳熟末期至蜡熟期为显症高峰。中国茎基腐病的症状主要是由腐霉菌和镰刀菌引起的青枯和黄枯两种类型。

（1）茎部症状。开始在茎基节间产生纵向扩展的不规则状褐色病斑，随后缢缩，变软或变硬，后期茎内部空松，如图 3—6 所示。剖茎检视，组织腐烂，维管束呈丝状游离，可见白色或粉红色菌丝，茎秆腐烂自茎基第一节开始向上扩展，可达第二、第三节，甚至第四节，极易倒折。

图 3—6　玉米茎基腐病

（2）叶片症状。主要有 3 种类型，青枯、黄枯和青黄枯，以前两种为主。青枯型也称急性型，发病后叶片自下而上迅速枯死，呈灰绿色，水烫状或霜打状，该类型主要发生在感病品种上和条件适合时。黄枯型也称慢性型，发病后叶片自下而上逐渐黄枯，该症状类型主要发生在抗病品种上或环境条件不适合时。青枯、黄枯、茎基腐症状都是根部受害引起的。研究表明，在整个生育期中病菌可陆续侵染植株根系造成根腐，致使根腐烂变短，根表皮松脱，髓部变为空腔，须根和根毛减少，使地上部供水不足，出现青枯或黄枯症状。

茎基腐病发生后期，果穗苞叶青干，呈松散状，穗柄柔韧，果穗下垂，不易掰离，穗轴柔软，籽粒干瘦，脱粒困难。

7. 玉米顶腐病

苗期危害症状主要表现为植株生长缓慢，叶片边缘失绿、出现黄色条斑，叶片皱缩、扭曲，重病苗可见茎基部变灰、变褐、变黑，而形成枯死苗。

成株期病株多矮小，但也有矮化不明显的，其他症状更呈多样化。叶缘缺刻型，感病叶片的基部或边缘出现“刀切状”缺刻，叶缘和顶部褪绿呈黄亮色，严重时 1 片叶片的半边或者全叶脱落，只留下叶片中脉以及中脉上残留的少量叶肉组织；叶片枯死型，叶片基部边缘褐色腐烂，叶片有时呈“撕裂状”或“断叶状”，严重时顶部 4～5 叶的叶尖或全叶枯死；扭曲卷裹型，顶部叶片卷成直立“长鞭状”，有的在形成鞭状时被其他叶片包裹，不能伸展，形成“弓状”，有的顶部几个叶片扭曲缠结不能伸展，缠结的叶片常呈“撕裂状”“皱缩状”；叶鞘、茎秆腐烂型，穗位节的叶片基部变褐色腐烂，常常在叶鞘和茎秆髓部也出现腐烂，叶鞘内侧和紧靠的茎秆皮层呈“铁锈色”腐烂，如图3—7所示，剖开茎部可见内部维管束和茎节出现褐色病点或短条状变色，有的出现空洞，内生白色或粉红色霉状物，刮风时容易折倒；弯头型，穗位节叶基和茎部发黄，叶鞘茎秆组织软化，植株顶端向一侧倾斜；顶叶丛生型，有的品种感病后顶端叶片丛生、直立；败育型或空秆型，感病轻的植株可抽穗结实，但果穗小、结籽少，严重的雌穗、雄穗败育、畸形而不能抽穗或形成空秆。

8. 玉米穗粒腐病

玉米穗粒腐病是玉米生长后期的重要病害之一。玉米穗粒腐病不仅会使果穗腐烂而导致直接减产，而且带菌的种子发芽率和幼苗成活率均降低，造成进一步的损失。果穗及籽粒均可受害，被害果穗顶部或中部变色，并出现粉红色、蓝绿色、黑灰色或暗褐色、黄褐色霉层，即病原的菌丝体、分生孢子梗和分生孢子，如图3—8所示。病粒无光泽，不饱满，质脆，内部空虚，常为交织的菌丝所充塞。果穗病部苞叶常被密集的菌丝贯穿，黏结在一起贴于果穗上不易剥离。仓储玉米受害后，粮堆内外则长出疏密不等、各种颜色的菌丝和分生孢子，并散发出发霉的气味。

图3—7　玉米顶腐病

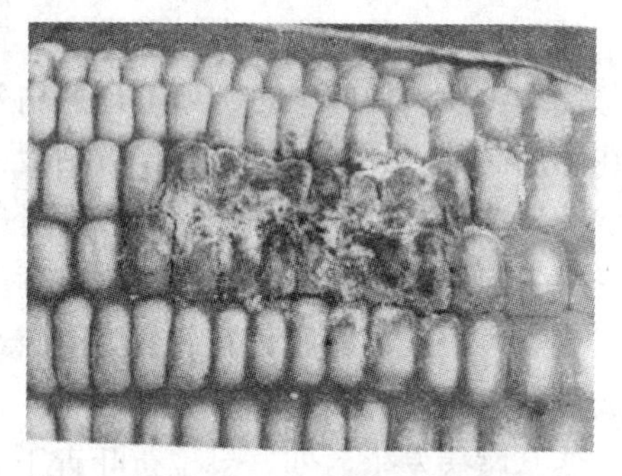

图3—8　玉米穗粒腐病

二、主要虫害的识别

1. 地老虎

地老虎又名切根虫、夜盗虫，俗称地蚕，为多食性作物害虫。其种类很多，农业生产上造成危害的有10余种。其中，小地老虎（Agrotis ypsilon）、黄地老虎（A. segetum）、大地老虎（A. tokionis）、白边地老虎（Euxoa oberthuri）和警纹地老虎（E. exclamationis）等尤为重要。均以幼虫为害。寄主和危害对象有棉、玉米、高粱、粟、麦类、薯类、豆类、麻类、苜蓿、烟草、甜菜、油菜、瓜类以及多种蔬菜等。药用植物、牧草和林木苗圃的实生幼苗也常受害。多种杂草常为其重要寄主。各种地老虎为害时期不同，多以第一代幼虫为害春播作物的幼苗，常切断幼苗近地面的茎部，使整株死亡，造成缺苗断垄，甚至毁种。

黄地老虎分布也相当普遍，在北方各省分布较多。主要为害地区在雨量较少的草原地带，如新疆、华北、内蒙古部分地区，甘肃河西以及青海西部常造成严重危害。成虫体长 14～19 mm，翅展 32～43 mm。全体黄褐色。前翅亚基线及内、中、外横纹不很明显，肾形纹、环形纹和楔形纹均明显，各围以黑褐色边，后翅白色，前缘略带黄褐色。卵半圆形，底平，直径约为 0.5 mm，卵初产为乳白色，以后渐现淡红色玻纹，孵化前变为黑色。老熟幼虫体长 33～43 mm，体黄褐色，体表颗粒不明显，有光泽，多皱纹。腹部背面各节有 4 个毛片，前方 2 个与后方 2 个大小相似。臀板中央有黄色纵纹，两侧各有 1 个黄褐色大斑。腹足趾钩 12～21 个。蛹体长 16～19 mm，红褐色，腹部末节有臀刺 1 对，腹部背面第 5～7 节刻点小而多，如图 3—9 所示。

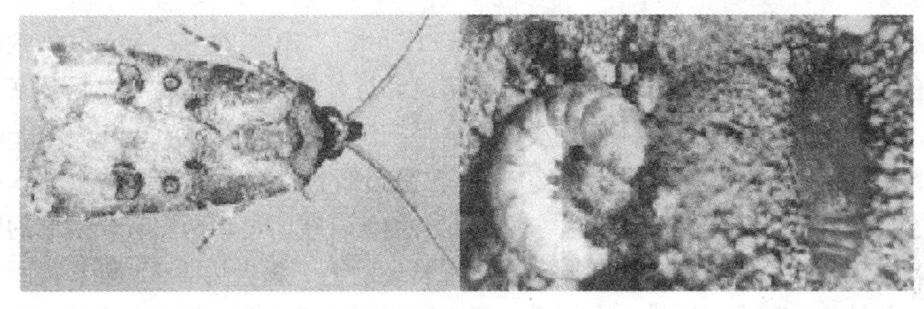

图 3—9　黄地老虎

2. 金针虫

金针虫（Elateridae）是叩头虫的幼虫，危害植物根部、茎基，取食有机质。

在地下主要危害玉米幼苗根茎部。取食玉米的主要有沟金针虫、细胸金针虫、褐纹金针虫。其中以沟金针虫分布范围最广。为害时，可咬断刚出土的幼苗，也可进入已长大的幼苗根里取食为害，被害处不完全咬断，断口不整齐。还能钻蛀较大的种子及块茎、块根，蛀成孔洞，被害株则干枯而死亡。

成虫体长 8～9 mm 或 14～18 mm，依种类而异。体黑或黑褐色，头部生有 1 对触角，胸部着生 3 对细长的足，前胸腹板具 1 个突起，可纳入中胸腹板的沟穴中。头部能上下活动似叩头状，故俗称“叩头虫”。幼虫体细长，为 25～30 mm，金黄或茶褐色，并有光泽，故名“金针虫”。身体生有同色细毛，3 对胸足大小相同，如图 3—10 所示。

3. 玉米螟

玉米螟为世界性大害虫，有亚洲玉米螟和欧洲玉米螟两种，在中国以亚洲玉米螟为优势种，在新疆伊犁以欧洲玉米螟为优势种。玉米螟在中国从北向南一年可发生 1～7

代，以幼虫蛀食玉米心叶、茎秆和果穗，其中，在玉米心叶期幼虫取食叶肉或蛀食未展开的心叶，造成“花叶”；抽穗后钻蛀茎秆，如图 3—11 所示，致雌穗发育受阻而减产，蛀孔处易倒折；花粒期蛀食雌穗、嫩粒，造成籽粒缺损并导致霉烂、品质下降、减产10%～30%，是玉米生产的最具危害性害虫。

图 3—10　金针虫

图 3—11　玉米螟为害

玉米螟属鳞翅目，螟蛾科。成虫体长 12～15 mm，翅展 24～35 mm。雄蛾前翅黄褐色，有两条褐色波状横线，两线间有两个暗斑，近外缘有一褐色宽带。后翅灰白色或灰褐色。雌蛾形态似雄蛾，但体色较浅。卵扁平椭圆形，大小为 1.0 mm×0.8 mm，初产时为乳白色，渐变为淡黄色，常以 20～60 粒呈鱼鳞状排列成卵块。幼虫共 5 龄。老熟幼虫体长约 25mm，背面淡红褐色，腹面乳白色，背线明显，两侧有较模糊的暗褐色亚背线。中、后胸背面各有 4 个圆形毛瘤，每瘤生刚毛 2 根。第 1～8 腹节背面各有两排毛瘤，前排 4 个较大，后排 2 个较小。第 9 腹节有毛瘤 3 个，中央一个较大。蛹为被蛹，体长为 15～18 mm，黄褐色，腹部第 1～7 节背面有横皱纹，臀刺为黑褐色。

欧洲玉米螟成虫翅展 25～35mm，黄褐色，雌蛾体粗壮，前翅鲜黄，翅基 2/3 处具棕色条纹及一褐色波纹状线，外侧具黄色锯齿状线，向外具黄色锯齿状斑，再外有黄褐色斑。雄蛾瘦削，翅色比雌蛾略深，头、胸、前翅黄褐色，胸部背面为浅黄褐色。前翅内横线为暗褐色，波纹状，内侧黄褐色，基部褐色，外横线为暗褐色，锯齿状，外侧黄褐色，再往外具褐色带与外缘平行，内、外横线间褐色，后翅浅褐色，如图 3—12 所示。抱器腹部具刺区比前边的基部无刺区短，通常有 3 个刺，有时具 2 个大刺或 4 个刺包含 1 个小刺，刺的平均数目比亚洲玉米螟少。

4. 棉铃虫

棉铃虫也称钻心虫，是世界性大害虫。中国各地均有发生，以黄河流域危害最严重，是常发区。棉铃虫的食性杂、寄主种类多。棉铃虫成虫体长 16～17 mm，前翅颜色变化较大，雌蛾多为黄褐色，雄蛾多为绿褐色，外横线有深灰色宽带，带上有 7 个小白点，肾形纹和环形纹为暗褐色，如图 3—13 所示。卵半球形，初产时为乳白色，直径

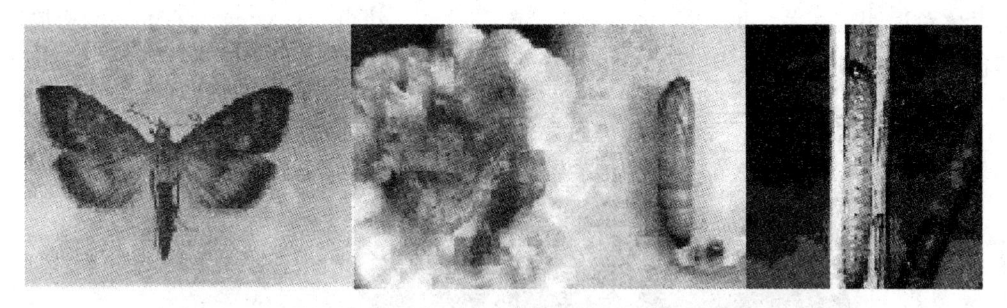

图 3—12　欧洲玉米螟

0.5～0.8 mm。幼虫体长 40～45 mm，头部黄褐色变化很大，大致可分为黄白色型、黄红色型、灰褐色型、土黄色型、淡红色型、绿色型、黑褐色型、咖啡色型、绿褐色型共 9 种类型，如图 3—14 所示。蛹纺锤形，长 17～20mm，第 5～7 腹节前缘密布比体色略深的刻点，尾端有臀刺 2 枚。

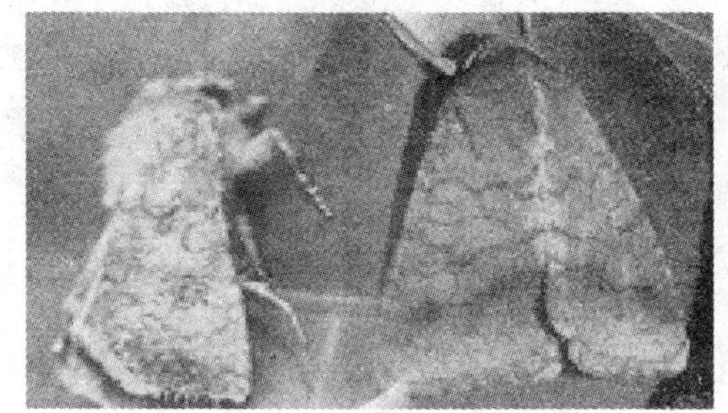

图 3—13　棉铃虫成虫

图 3—14　棉铃虫幼虫

5. 叶螨

叶螨又名红蜘蛛，俗称大蜘蛛、大龙、砂龙等，属蛛形纲、蜱螨目、叶螨科。分布广泛，食性杂，可危害 110 多种植物。玉米叶螨种类有截形叶螨、冰草叶螨、敦煌叶螨、土耳其斯坦叶螨、朱砂叶螨、细突叶螨。隶属玉米叶螨属种类有玉米叶螨，其中截形叶螨是新疆玉米叶螨优势种；土耳其斯坦叶螨和朱砂叶螨在北疆各地玉米田发生危害较普遍。冰草叶螨、敦蝗叶螨在南疆玉米田发生较普遍，且危害严重。

叶螨一般在抽穗之后开始危害玉米，发生早的年份，在玉米 6 片叶时即开始危害。红蜘蛛刺吸作物叶片组织养分，致使被害叶片先呈现密集细小的黄白色斑点，如图 3—15 所示，以后逐渐退绿变黄，最后干枯死亡。被害玉米籽粒秕瘦，造成减产。

叶螨的一生分为螨、卵、幼虫、若虫 4 个阶段。

成螨体形椭圆，体红色或锈红色，有足 4 对，如图 3—16 所示。卵圆球形，表面光滑，初产的卵无色透明，以后逐渐变为橙红色，孵化前出现红色眼点。幼虫初孵时为圆形，体色透明或淡黄，取食后体色变绿，有3对足。幼虫蜕皮后变为若虫，体形椭圆，体色由橙红变红，背面两侧斑点明显。

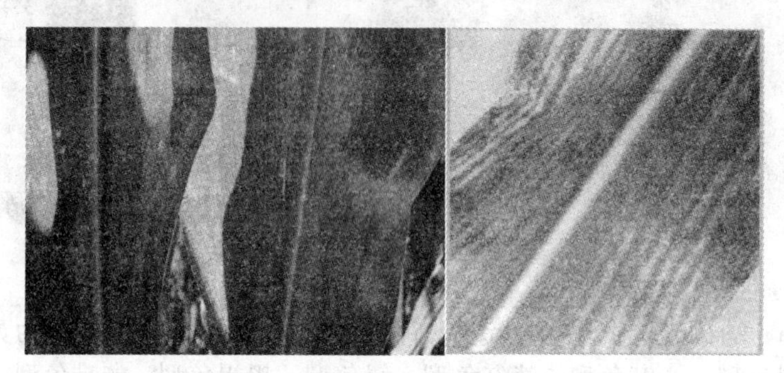

图3—15　玉米叶螨危害的叶片

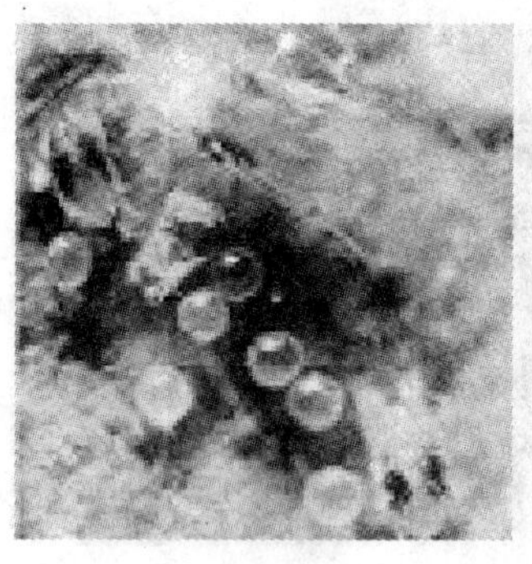
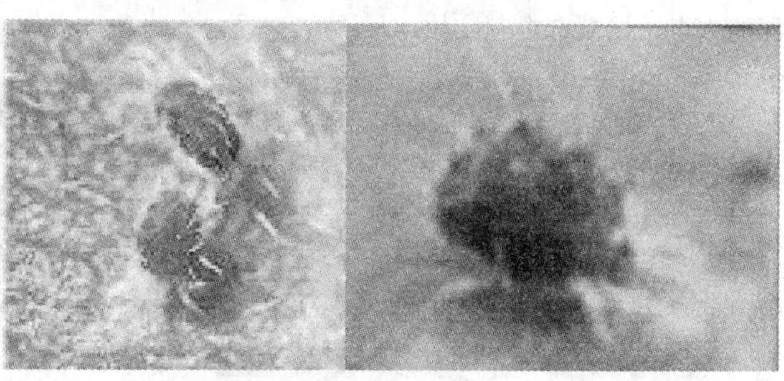

图3—16　玉米叶螨（卵、若螨）

6. 三点斑叶蝉

玉米三点斑叶蝉属于同翅目、叶蝉科、小叶蝉亚科，是新疆玉米的严重虫害。玉米三点斑叶蝉自20世纪90年代以来在北疆各地危害日趋严重，随着近年来开始大面积发展玉米制种，玉米三点斑叶蝉危害日趋凸显。

危害主要集中在中下部叶片，顶部叶片虫量少，受害轻。该虫不仅直接吸取植物汁液，分泌大量毒素，导致叶斑或整叶枯黄，而且还传播植物病毒，严重影响玉米的产量和质量。玉米三点斑叶蝉主要以成虫、若虫聚集叶背刺吸汁液，破坏叶绿素，初期沿叶脉吸食汁液，叶片出现零星小斑点，以后随着受害不断加重，斑点密集并遍及整个叶片，至6月初开始潜入玉米地为害。以后，为害较重的田块，被害叶片严重枯焦，部分组织成紫红色条斑，7月下旬以后大部分受害叶片干枯死亡。

玉米三点斑叶蝉成虫体长2.6～2.9 mm（包括翅为3.1 mm左右），体色灰白。在成虫中胸盾片上有3个大小相等的椭圆形黑斑，如图3—17所示。

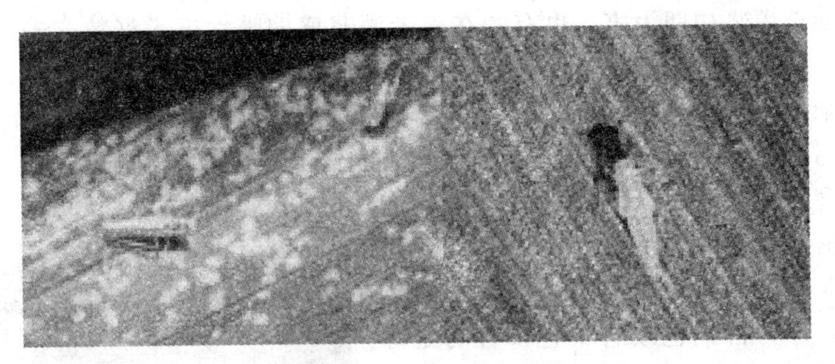

图 3—17　玉米三点斑叶蝉

7. **玉米蚜**

玉米蚜属同翅目，蚜科，俗名麦蚰、腻虫、蚁虫。危害特点：成、若蚜刺吸植物组织汁液，引致叶片变黄或发红，影响生长发育，严重时植株枯死。玉米蚜多群集在心叶，为害叶片时分泌蜜露，产生黑色霉状物。在紧凑型玉米上主要为害雄花和上层 1～5 叶，下部叶受害轻，刺吸玉米的汁液，致叶片变黄枯死，常使叶面生霉变黑，影响光合作用，降低粒重，并传播病毒造成减产。寄主为玉米、高粱、小麦、狗尾草等。

有翅胎生雌蚜体长 1.5～2.5 mm，头胸部黑色，腹部灰绿色，腹管前各节有暗色侧斑。触角 6 节，触角、喙、足、腹节间、腹管及尾片为黑色。无翅胎生雌蚜体长 1.5～2.0 mm，长卵形，灰绿至蓝绿色，常有一层蜡粉。腹管周围略带红褐色。触角长度为体长的 1/3。腹管暗褐色，短圆筒状，端部稍缢缩，如图 3—18 所示。

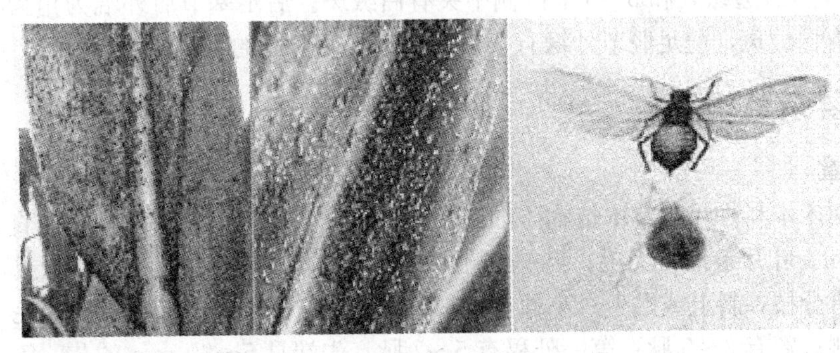

图 3—18　蚜虫

8. **白星花金龟子**

白星花金龟子又名白纹铜花金龟子，为鞘翅目，花金龟科，分布于中国的东北、华北、华东、华中等地区。干燥幼虫入药，有破瘀、止痛、散风平喘、明目去翳等功能。

成虫取食玉米、小麦、果树、蔬菜等多种农作物。成虫取食玉米花丝，多在玉米吐丝授粉期至灌浆初期为害，也有的在玉米灌浆盛期啃食玉米籽粒。成虫群集在玉米雌穗上，从穗轴顶花丝处开始，逐渐钻进苞叶内，取食正在灌浆的籽粒，严重影响鲜食玉米的产量和品质。被害玉米穗花丝脱落，籽粒被食，且害虫排出的白色稀粥状粪便污染下部叶片，影响光合作用。被害玉米严重减产，被害穗遇雨水浇淋，易引发病害。

白星花金龟子体型中等，成虫体长 17～24 mm，体宽 9～12 mm，椭圆形，背面较平，体较光亮，多为古铜色或青铜色，有的足绿色，体背面和腹面散布很多不规则的白绒斑，如图 3—19 所示。唇基较短宽，密布粗大刻点，前缘向上折翘，有中凹，两侧具边框，外侧向下倾斜，扩展呈钝角形。触角深褐色，雄虫鳃片部长、雌虫短。复眼突出。前胸背板长短于宽，两侧弧形，基部最宽，后角宽圆；盘区刻点较稀少，并具有 2～3 个白绒斑或呈不规则排列，有的沿边框有白绒带，后缘有中凹。小盾片呈长三角形，顶端钝，表面光滑，仅基角有少量刻点。鞘翅宽大，肩部最宽，后缘圆弧形，缝角不突出；背面遍布粗大刻纹，肩凸的内、外侧刻纹尤为密集，白绒斑多为横波纹状，多集中在鞘翅的中、后部。臀板短宽，密布皱纹和黄茸毛，每侧有 3 个白绒斑，呈三角形排列。中胸腹突扁平，前端圆。后胸腹板中间光滑，两侧密布粗大皱纹和黄绒毛。腹部光滑，两侧刻纹较密粗，1～4 节近边缘处和 3～5 节两侧中央有白绒斑。后足基节后外端为角齿状；足粗壮，膝部有白绒斑，前足胫节外缘有 3 齿，跗节具两弯曲的爪。

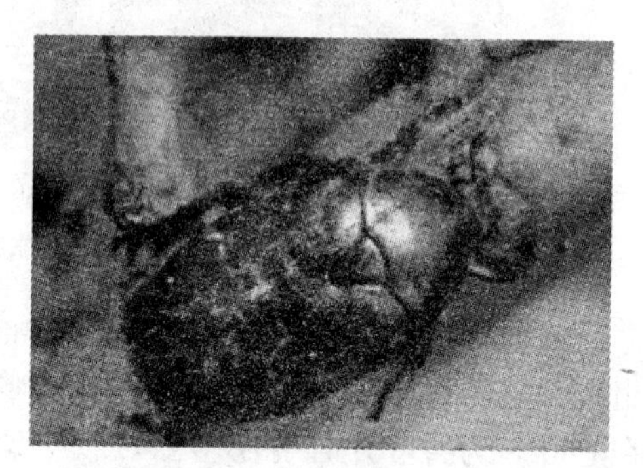

图 3—19　白星花金龟子

三、主要杂草识别

1. 稗草

稗草属禾本科一年生草本植物，如图 3—20 所示，秆丛生，基部弯曲或直立，株高 50～130 cm。叶片条形，无毛；叶鞘光滑无叶舌。圆锥花序稍开展，直立或弯曲；总状花序常有分枝，斜上或贴生；小穗有 2 卵圆形的花，长约 3 mm，具硬疣毛，密集在穗轴的一侧；颖有 3～5 脉；第一外稃有 5～7 脉，先端具 5～30 mm 的芒；第二外稃先端具小尖头，粗糙，边缘卷孢内样。颖果为米黄色卵形。种子为繁殖。种子为卵状，椭圆形，黄褐色。

稗草的共同特征：稗草的生活力很顽强，能耐寒、耐盐碱、耐干旱，遇到不利条件，可提前开花结实。稗草有很强的繁殖力，在适宜的条件下，一株可结种子数千至上万粒。在华北地区，稗草一般在 4 月下旬至 5 月上旬出苗，7 月初开始抽穗，8—10 月

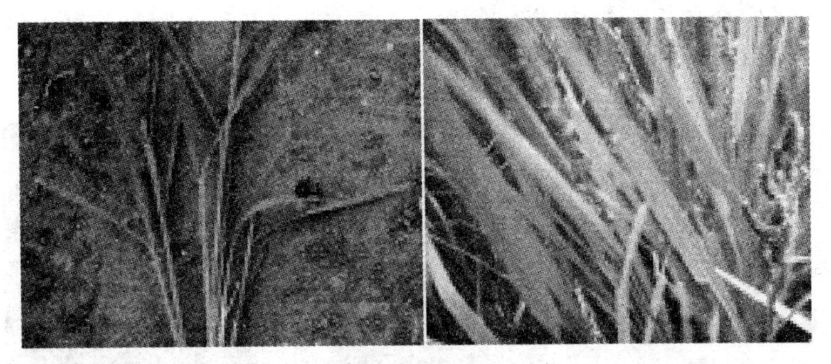

图 3—20　稗草

上旬成熟。生育期为 76～130 天。

2. 芦苇

图 3—21　芦苇

芦苇属禾本科，是宿根性水生高大草本植物。如图 3—21 所示，茎分地上茎和地下茎两种。地上茎又称竖茎，由分蘖芽或分株芽抽生，通直，中空，表皮光滑，茎壁纤维比较坚韧，高度因品种和生长条件不同而异，一般为 1.5～5 m。全茎一般共有 15～22 节，基部节间较短，节间一般长 5～25 cm。每节有一腋芽，当茎顶端被折断后，上部腋芽即萌发抽枝，继续生长。母茎基部着生分蘖，分桑上又着生二次分蘖，形成较密的株丛。地下茎又称根状茎，由地上茎的最下部节位抽生，横走土中，长短不一，其先端着生分株芽（又称更新芽），可以抽生分株。地下茎也有多节，每节上着生休眠芽。植株不论地上茎各节或地下茎各节上都生有须根。叶由叶鞘、叶片、叶舌和叶耳四部分组成。在茎上互生，叶鞘包茎，叶舌、叶耳均小，叶片斜伸，披针形或广披针形，长20～40 cm，宽 2～4 cm。成长单株由茎的顶端抽穗开花，为圆锥状花序，形似毛帚，花枝细长。小花内具雄蕊 3 枚，雌蕊 1 枚，柱头羽状两裂，花受精后结为颖果，内有细小的种子。

3. 藜

一年生草本，如图 3—22 所示，高 50～110 cm。茎直立，粗壮，具条棱及绿色或紫红色条纹，多分枝，枝条上升或开展。叶片菱状卵形至宽披针形，长 3～6 cm，宽 2.5～5 cm，先端急尖或微钝，基部楔形至宽楔形，上表面常无粉，有时嫩叶的上表面有紫红色粉，叶缘具不整齐锯齿；基生叶和茎下部叶具长柄。花两性。花簇于枝上部排列成或大或小的穗状圆锥状或圆锥状花序；花被裂 5 片，宽卵形至椭圆形；雄蕊 5 枚，柱头 2 个。胞果完全包于花被内或顶端稍露；果皮薄，与种子紧贴。种子横生，双凸镜状，黑色，具光泽，表面具浅沟纹。花、果期 5—10 月。

图 3—22　灰藜

4. 反枝苋

别名苋菜、野苋菜，苋菜属苋科，一年生草本植物，如图 3—23 所示。高 20～80 cm。茎直立，有分枝，稍显钝棱，密生短柔毛。叶互生，具长柄；叶背灰绿色，有光泽。种子繁殖。幼叶下胚轴发达，紫红色，上胚轴有毛；子叶长椭圆形；初生叶 1 片，卵形。

5. 马齿苋

图 3—23　反枝苋

马齿苋为马齿苋属，一年生草本，全株无毛。如图 3—24 所示，茎平卧或斜倚，伏地铺散，多分枝，圆柱形，长 10～15 cm，淡绿色或带暗红色。叶互生，有时近对生，叶片扁平，肥厚，倒卵形，似马齿状，长 1～3 cm，宽 0.6～1.5 cm，顶端圆钝或平截，有时微凹，基部楔形，全缘，上面暗绿色，下面淡绿色或带暗红色，中脉微隆起；叶柄粗短。花无梗，直径 4～5 mm，常 3～5 朵簇生枝端，午时盛开；苞片2～6 片，叶状，膜质，近轮生；萼片 2 片，对生，绿色，盔形，左右压扁，长约 4 mm，顶端急尖，背部具龙骨状凸起，基部合生；花瓣 5，稀 4，黄色，倒卵形，长 3～5 mm，顶端微凹，基部合生；雄蕊通常 8，或更多，长约 12 mm，花药黄色；子房无毛，花柱比雄蕊稍长，柱头 4～6 裂，线形。蒴果卵球形，长约 5 mm，盖裂；种子细小，多数，偏斜球形，黑褐色，有光泽，直径不及 1 mm，具小疣状凸起。花期 5—8 月，果期 6—9 月。

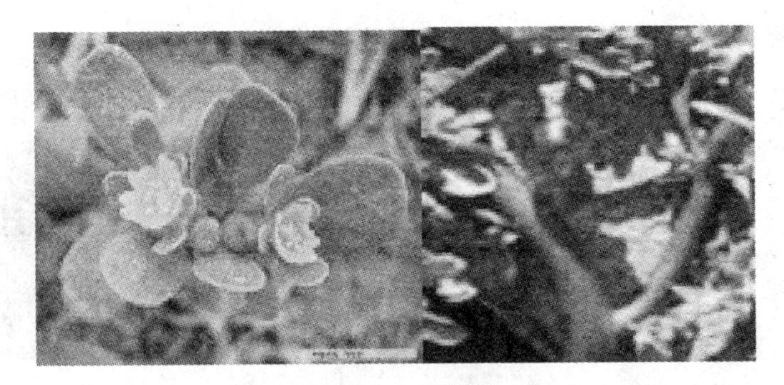

图 3—24　马齿苋

6. 扁蓄

扁蓄属蓼科，一年生草本，如图 3—25 所示，高 10～40 cm，常有白粉；茎丛生，匍匐或斜升，绿色，有沟纹，叶经生，叶片线形至披针形，长 1～4 cm，宽 6～10 cm，顶端钝或急尖，基部楔形，近无柄；托叶鞘膜质，下部褐色，上部白色透明，有明显脉纹。花 1～5 朵簇生叶腋，露出托叶鞘外，花梗短，基部有关节；花被 5 深裂，裂片椭圆形，暗绿色，边缘白色或淡红色；雄蕊 8；花柱 3 裂。瘦果卵形，长 2 mm 以上，表面有棱，褐色或黑色，有不明显的小点。花果期 5—10 月。

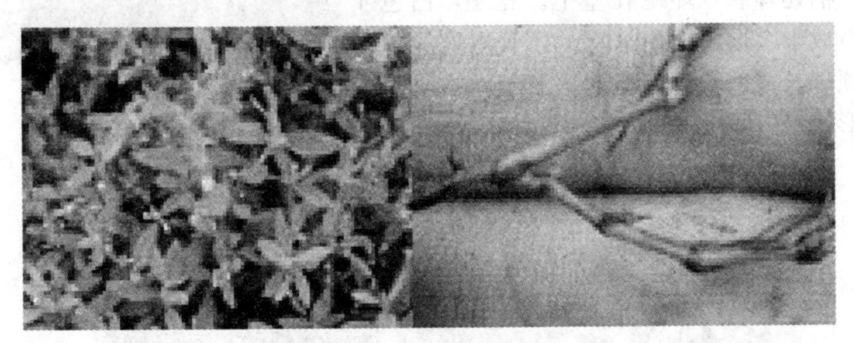

图 3—25　扁蓄

7. 地锦

地锦为大戟属，一年生匍匐草本，地上部分扁平，如图 3—26 所示。当茎破裂时有乳白色液体流出。叶片小，对称分布，卵圆形，长 4～10 mm，宽 4～6 mm。有时有紫色斑纹或有毛。叶柄短。花较小，杯形，成簇或开在叶腋中，花期从 6 月到 10 月。种子繁殖。

8. 田旋花

田旋花属旋花科多年生蔓性草本植物。叶互生具柄；叶形多变，但基部多为箭形，又称箭叶旋花。花紫红色，如图 3—27 所示。根芽或种子繁殖。

图 3—26　地锦

9. 荠菜

荠菜属十字花科越年生或一年生草本植物，芸薹属，如图 3—28 所示，萌发于多分枝的主根，叶片薄，茎自立，多分枝，茎上通常有灰色的毛。基生叶丛生，呈莲座状，具长叶柄，达 0.5～4 cm；叶片大头羽状分裂，长可达 12 cm，宽可达 2.5 cm，柄处耳状，环绕在茎上。花小，白色 4 个花瓣组成十字形，长 2～3 mm，有短爪，在细的分枝顶部长成一长束。花期从 3 月到霜期，种子为心形或三角形。

图 3—27　田旋花

图 3—28　荠菜

10. 刺儿菜

别名小蓟，属菊科多年生草本植物，如图 3—29 所示。靠根芽繁殖居多。生活力、再生力很强。每个芽均可再发育成新的植株，断根仍能成活。田间易蔓延，形成群落后难以清除。

图 3—29　刺儿菜

11. 苘麻

俗名香铃草，一年生草本植物，如图 3—30 所示。茎直立，高 30～150 cm，有柔毛。叶互生，具长柄；叶片圆心形。幼叶子叶 2，心形；初生叶 1，卵圆形，边缘有钝齿。种子繁殖。

图 3—30　苘麻

第二节　农药安全使用常识

- 掌握农药的施药方法
- 掌握安全合理使用农药的技术

一、农药的种类

农药的品种很多，目前国内生产的品种已有 150 多种，其制剂有 1 300 多种。为了使用上的方便，根据农药的用途、来源及作用方式可做如下分类。

1. 根据用途不同分类

可分为杀虫剂（杀螨剂）、杀菌剂、杀线虫剂、除草剂、杀鼠剂、杀软体动物剂、植物生长调节剂七大类。各类农药有一定的防治对象和使用范围，一般不能随意互相代替。

2. 根据化学成分和来源分类

可分为无机农药、有机合成农药、天然有机农药和微生物农药等。

3. 按作用方式分类

可分为胃毒剂、触杀剂、除草剂、保护剂（波尔多液、代森锰锌等）、治疗剂（多菌灵、甲托等）。

另外，尚有拒食剂、驱避剂、诱致剂、性诱杀剂、不育剂及拟激素剂等。

4. 按常用农药的加工剂型分类

可分为粉剂、可湿性粉剂、乳油、油剂、颗粒剂、烟剂、片剂、水溶剂。

另外，还有乳粉、浓乳剂、乳膏、糊剂、缓释剂、微粒剂、大粒剂、气雾剂等农药剂型。

二、农药名称的组成

农药的名称通常由三部分组成：第一部分是农药有效成分的含量，第二部分是原药的名称，第三部分是加工的剂型。例如，55%敌克松可湿性粉剂、70%甲基托布津可湿性粉剂、2.5%溴氰菊酯乳油、3%辛硫磷颗粒剂等。它包括化学名称、代号、通用名称和商品名称。

1. 化学名称

化学名称是按农药有效成分的化学结构，根据化学命名原则定出的。根据化学名称可以写出这个农药的化学结构。如马拉硫磷的化学名称为 OO－二甲基－S－［12－(乙氧基基) 乙羰基］二硫代磷酸酯。由于名称太长，使用很不方便，因此一般用于文献中。

2. 代号

农药在实验开发期间，为了研究方便或因保密而用代号表示一个化合物，如一六 0 五（对硫磷）、甲基一六 0 五（甲基对硫磷）。

3. 通用名称

为了农药名称规范化，避免农药名称的混乱，许多国家的标准化机构都制定了农药活性成分的统一名称，又称通用名称。中国原国家标准局 1984 年颁布了 294 种农药活性成分的中国通用名称。

4. **商品名称**

农药厂为其产品在工商管理机构登记和注册的名称为商品名称。由于同一种农药活性成分可以加工成多种制剂，所以就有了不同的名称，如吡虫啉（通用名称）杀虫剂就有许多商品名称。大功臣、一遍净、蚜虱净、金大地等都是不同生产厂家各自的商品名称。商品名称受法律保护。

三、常用的施药方法

1. **喷雾法**

喷雾法是防治大田农作物病虫草害最常用的一种施药方法。利用喷雾药械将使用的农药制剂，加水稀释至所需浓度后，喷洒到作物表面，形成药膜，达到防病治虫的目的。它又分为常规喷雾法、低容量喷雾法和超低容量喷雾法。喷雾需要喷雾设备、水源和良好的水质。

2. **喷粉法**

喷粉法是用喷粉器产生风力将农药粉剂喷撒到农作物表面。此法适用于缺水地区或保护地（蔬菜大棚内），工效较高，但露地喷粉粉剂黏着力差，飘逸性强，防治效果一般不如喷雾法。保护地喷粉时间一般应掌握在清晨或傍晚、阴天的全天，否则收不到预期的效果。缺点是易污染环境。

3. **泼浇法**

泼浇法是把定量的乳油、可湿性粉剂或水剂等，加水稀释，搅拌均匀，向植物泼浇或用水唧筒进行喷撒。主要用于小面积害虫的防治，用水量比喷雾多出 2～3 倍，不适用于多数大面积病虫草害的防治。

4. **撒施法**

撒施法适用于颗粒剂和毒土。制作毒土时，药剂为粉剂时，可直接与细潮土按一定份数混合均匀；药剂为液剂、乳油时，先将药剂加少量水稀释后，用喷雾器喷到细土上拌匀堆闷 0.5～1 h 后撒施。防治植株上的害虫应在雾水未干时进行，防治地下害虫应在雾水干后进行。剧毒农药不能做成毒土撒施。

5. **土壤处理法**

土壤处理法是结合耕翻，将农药利用喷雾、喷粉或撒施等方法施于地面，再翻入土层，主要用于防治地下害虫、线虫、土传性病害或用于处理土壤中的虫、蛹，也用于内吸剂施药，由根部吸收，传导到作物的地上部分，防治地面上的害虫和病菌。

6. **拌种法**

拌种法将一定量的农药按比例与种子混合拌匀后播种，可预防附带在种子上的病菌和地下害虫以及苗期病害。

7. 种子、种苗浸渍法

种子、种苗浸渍法是利用一定浓度的药液浸渍种子、种苗的方法，一般应用的农药为水溶剂或乳油，用于防治附带在种子苗木上的病菌。浸渍种子、种苗要严格掌握药液浓度、温度、浸渍时间，以免产生药害。

8. 毒饵、毒谷法

毒饵、毒谷法是将具有胃毒作用的农药拌上害虫、害鼠喜食的饵料、谷物，施于地面，用于防治地面危害的害虫、害鼠。配制毒谷应先将谷物炒香或煮至半熟，晾至半干后再拌药。

9. 熏蒸法

熏蒸法是利用具有挥发性的农药产生的毒气防治病、虫害的方法，主要用于土壤、温室、大棚、仓库等场所的病、虫害防治。熏蒸法具有高效、快速的特点。但要注意熏蒸结束后需要充分散气，避免人员中毒。

10. 熏烟法

熏烟法主要应用烟雾剂农药，将农药点燃后产生浓烟弥散于空气中，起到防治病虫害的作用。主要用于防治温室、大棚、仓库等密闭场所的病虫害。同样要注意熏烟结束后需要充分散气，避免人员中毒。

11. 涂抹法

涂抹法是将具有内吸性的农药配制成高浓度的药液，涂抹在植物的茎、叶、生长点等部位，主要用于防治具有刺吸式口器的害虫和钻蛀性害虫，也可施用具有一定渗透力的杀菌剂来防治果树病害。

12. 注射法

涂抹法是将农药稀释到一定浓度后，用注射器将药液注入植物体内防治病虫害。如防治果树的蛀干害虫时，常给果树挂吊瓶。

四、合理安全用药

1. 农药的使用必须遵循的原则

（1）要根据不同防治对象，选择合适的农药。

（2）根据防治对象的发生情况，确定施药时间。

（3）掌握有效用药量，做到适时施药。

（4）根据农药特性，选用适当的施药方法。

2. 合理选用农药

夏季是各种作物病虫草害的多发季节，也是参与施药人员最多、各种农药使用量最大、最易出现问题的时期，为达到安全、经济、有效的目的，应注意以下问题：

选购“放心药”。购买农药时做到“四不买”：一是无农药标签或标签残缺不全的不买；二是标签上“三证”（农药登记证、产品标准号、生产许可证）标示不全的药不买；三是外观质量不合格的不买；四是超过产品质量保证期的药不买。然后根据农药外包装认清农药种类：绿色为除草剂，红色为杀虫剂，黑色为杀菌剂，蓝色为杀鼠剂，黄色为植物生长调节剂。

3. 合理使用农药

（1）合理选用高效低毒低残留农药。农药残留是指农药使用后残存于生物体、农副产品和环境中的微量农药原体、有毒代谢物、降解物和杂质的总称。残留物的数量称为残留量，以每千克样本中有多少毫克或微克、纳克来表示。

（2）充分发挥农药的药效。必须要做到一是对症下药；二是掌握用药时期，即选择最佳施药时期；三是掌握合理的用药量。

（3）防止病虫对农药产生抗药性。抗药性是指昆虫具有耐受杀死正常群体中大部分个体的药量的能力，在其群体中发展起来的现象。为了防止病虫产生抗药性，首先要针对病虫发生的特点运用综合的防治措施，尽量减少农药的使用。必要时使用农药也要科学合理用药。必须做到：一是对症下药。严格控制用药量和用药次数，在作物一个生长季节中一种农药的使用次数不得超过 3 次。二是轮换用药。这是延缓病虫抗药性发展的重要措施。轮换的方法可以在一个生长季节内轮用，也可以在不同生长季节轮用。三是选用混合农药或加增效剂。这是克服病虫抗性的重要手段，好的混合农药不仅可以提高防治效果，还可以延缓病虫抗药性的发展。同时混合农药也一定要轮换使用，否则使用时间久了，也可能产生抗药性。

（4）掌握植物的耐药性（即承受力）合理用药。

（5）严格执行农药安全间隔期。安全间隔期为最后 1 次施药时间至作物收获时允许的间隔天数。大于安全间隔期所规定的天数收获的农产品中，农药残留量不会超过国家规定的农药最大残留限量，可以保证食用者的安全。安全间隔期与农药残留量密切相关，国家正在加强对农产品中农药残留量的检测，农药残留量超过国家标准的农畜产品禁止食用。

（6）保护有益生物。

（7）安全防护、防止农药中毒。一类是人们直接接触农药而中毒，这种情况往往中毒症状表现很快，称为急性中毒；另一类是人们长期食用带有残留农药的食物后，由于药剂的累积作用或少量的长期作用而中毒，称为慢性中毒。

农药对高等动物的毒性可分为急性毒性和慢性毒性两种。

急性毒性及症状：一次服用或接触或吸入大量药剂后，很快表现出中毒症状的毒性为急性毒性，表现为恶心、头痛，继而出汗、流涎、呕吐、腹泻，瞳孔缩小、呼吸困难，最后昏迷甚至死亡。

慢性毒性及症状：长期经常服用或接触或吸入小剂量药剂后，逐渐表现出中毒症状的毒性为慢性毒性。主要表现为“三致”，即致癌性、致畸性、致突变性。

4. 农药使用中的注意事项

（1）配药时，配药人员要戴橡胶手套，必须用量具按照规定的剂量称取药液或药粉，不得任意增加用量。严禁用手拌药。

（2）拌种要用工具搅拌，用多少，拌多少，拌过药的种子应尽量用机具播种。如手撒或点种时必须戴防护手套，以防皮肤吸收中毒。剩余的毒种应销毁，不准用作口粮或饲料。

（3）配药和拌种应选择远离饮用水源、居民点的安全地方，要有专人看管，严防农药、毒种丢失或被人、畜、家禽误食。

（4）使用手动喷雾器喷药时应隔行喷。手动和机动药械均不能左右两边同时喷。大风和中午高温时应停止喷药。药桶内药液不能装得过满，以免晃出桶外，污染施药人员的身体。

（5）喷药前应仔细检查药械的开关、接头、喷头等处螺钉是否拧紧，药桶有无渗漏，以免漏药污染。喷药过程中如发生堵塞时，应先用清水冲洗后再排除故障。绝对禁止用嘴吹吸喷头和滤网。

（6）施用过高毒农药的地方要竖立标志，在一定时间内禁止放牧、割草、挖野菜，以防人、畜中毒。

（7）用药工作结束后，要及时将喷雾器清洗干净，连同剩余药剂一起交回仓库保管，不得带回家去。清洗药械的污水应选择安全地点妥善处理，不准随地泼洒，防止污染饮用水源和养鱼池塘。盛过农药的包装物品，不准用于盛粮食、油、酒、水等食品和饲料。装过农药的空箱、瓶、袋等要集中处理。浸种用过的水缸要洗净集中保管。

5. 施药人员的选择和个人防护

（1）施药人员由生产队选拔工作认真负责、身体健康的青壮年担任，并应经过一定的技术培训。

（2）凡体弱多病者，患皮肤病和农药中毒及其他疾病尚未恢复健康者，哺乳期、孕期、经期的妇女，皮肤损伤未愈者不得喷药或暂停喷药。喷药时不准带小孩到作业地点。

（3）施药人员在打药期间不得饮酒。

（4）施药人员打药时必须戴防毒口罩，穿长袖上衣、长裤和鞋、袜。在操作时禁止吸烟、喝水、吃东西，不能用手擦嘴、脸、眼睛，绝对不准互相喷射嬉闹。每日工作后喝水、抽烟、吃东西之前要用肥皂彻底清洗手、脸和漱口。有条件的应洗澡。被农药污染的工作服要及时换洗。

（5）施药人员每天喷药时间一般不得超过 6 h。使用背负式机动药械，要两人轮换操作。连续施药3～5天后应停休1天。

（6）操作人员如有头痛、头昏、恶心、呕吐等症状时，应立即离开施药现场，脱去污染的衣服，漱口，擦洗手、脸和皮肤等暴露部位，及时送医院治疗。

6. 出现问题及时处理

（1）药效很差或产生药害时应及时将药送到农药检测单位检验，如属不合格或伪劣产品，可到工商、消协、技术监督等部门投诉或到法院起诉。

（2）发生药害及时补救，一是施肥补救，对叶面产生药斑、叶缘枯焦或植株黄化等症状的药害，可增施肥料来减轻药害程度；二是对抑制或干扰植物生长的除草剂药害，可喷洒赤霉素来缓解；三是对一些稻田除草剂药害，适当排灌可减轻药害。

（3）发生农药中毒事故，要及时采取急救措施或送医院抢救。

五、农药的购买、运输和保管

农药是防治农作物病虫害的特殊商品，因其特殊性，如果使用不当，会造成不应有的损失。因此，农药的储存与销售必须遵循以下原则：

1. 农药由使用单位指定专人凭证购买。买农药时必须注意农药的包装，防止破漏。注意农药的品名、有效成分含量、出厂日期、使用说明等，鉴别不清和质量失效的农药不准使用。

2. 运输农药时，应先检查包装是否完整，发现有渗漏、破裂的，应用规定的材料重新包装后运输，并及时妥善处理被污染的地面、运输工具和包装材料。搬运农药时要轻拿轻放。

3. 农药不得与粮食、蔬菜、瓜果、食品、日用品等混载、混放。

4. 农药应集中在生产队、作业组或专业队设专用库、专用柜和专人保管，不能分户保存。储存地点门窗要牢固，通风条件要好，门、柜要加锁。

5. 农药进出仓库应建立登记手续，不准随意存取。

六、药械清洗要点

喷雾器等小型农用药械，在喷完药后应立即进行清洗处理，特别是使用剧毒农药和各种除草剂后，更要立即将药械桶清洗干净，否则对农作物或蔬菜会产生毒害。

1. 农药类

（1）一般农药使用后，用清水反复清洗、倒置晾干即可。

（2）对毒性大的农药，用后可用泥水反复清洗，再用清水清洗，倒置晾干。

2. 除草剂类

（1）清水清洗。麦田常用除草剂如巨星（苯磺隆），玉米田除草剂如乙阿合剂等，大豆、花生田除草剂如盖草能，水稻田除草剂如神锄、苯达松等，在打完后，需马上用清水清洗桶及各零部件数次，然后将清水灌满喷雾器浸泡2～24 h，再清洗2～3遍，便可放心使用。

（2）泥水清洗。针对克无踪（俗称一扫光）遇土便可钝化，失去杀草活性的原理，在打完除草剂克无踪后，只要马上用泥水将喷雾器清洗数遍，再用水洗净即可。

（3）硫酸亚铁洗刷。除草剂中，唯有2，4－D丁酯最难清洗。在喷完该除草剂后，需用0.5%的硫酸亚铁溶液充分洗刷，而后再对棉花、花生等阔叶作物进行安全测试方可再装其他除草剂使用。

单元测试题

一、选择题

1. 玉米瘤黑粉病的主要诊断特征是在病株上形成（　　）。

A. 椭圆形病斑　　B. 膨大的肿瘤　　C. 白色霉层　　D. 黑色霉层

2. 玉米（　　）的症状是叶片上形成大型梭状（纺锤形）的病斑，一般长5～10 cm，宽1 cm左右，病斑青灰色至黄褐色，在感病品种上，病斑大而多，斑面现明显的黑色霉层。

A. 大斑病　　B. 小斑病　　C. 瘤黑粉病　　D. 丝黑穗病

3.（　　）在玉米苗期危害幼苗最严重，常切断幼苗近地面的茎部，使整株死亡，造成缺苗断垄，甚至毁种。

A. 玉米螟　　B. 蚜虫　　C. 叶螨　　D. 地老虎

4. 玉米螟的卵呈（　　）。

A. 鱼鳞状　　B. 馒头状　　C. 椭圆状　　D. 圆形

5. 叶螨的成螨体形椭圆，体红色或锈红色，有足（　　）对。

A. 3　　B. 4　　C. 6　　D. 8

6.（　　）能传播病毒。

A. 地老虎　　B. 玉米螟　　C. 叶螨　　D. 蚜虫

7. 农药厂为其产品在工商管理机构登记和注册的名称为（　　）。

A. 商品名称　　B. 通用名称　　C. 化学名称　　D. 代号

8. 农药外包装杀菌剂的颜色是（　　）。

A. 绿色　　B. 红色　　C. 黑色　　D. 蓝色

9. 农药慢性毒性主要表现为“三致”，即致癌性、（　　）、致突变性。

A. 致死性　　B. 致残留性　　C. 致残性　　D. 致畸性

10. 施药人员每天喷药时间一般不得超过（　　）h。

A. 3　　B. 4　　C. 6　　D. 8

二、判断题

1. 玉米茎基腐病的症状主要是由腐霉菌和镰刀菌引起的青枯和黄枯两种类型。 (　　)

2. 地老虎全体黄褐色。前翅亚基线及内、中、外横纹不很明显。肾形纹、环形纹明显。各围以黑褐色边，后翅白色，前缘略带黄褐色。 (　　)

3. 玉米螟在玉米心叶期幼虫取食叶肉或蛀食未展开的心叶，造成“花叶”，抽穗后钻蛀茎秆。 (　　)

4. 叶螨的一生分卵、幼虫、成螨 3 个阶段。 (　　)

5. 农药的三证是农药登记证、产品标准号、生产许可证。 (　　)

单元测试题答案

一、选择题

1. B　2. A　3. D　4. A　5. B　6. D　7. A　8. C　9. D　10. C

二、判断题

1. √　2. ×　3. √　4. ×　5. √

第4单元

玉米制种管理与基本农事操作

第一节　玉米制种的产量构成

→ 了解玉米制种的产量构成

玉米制种的产量是由母本行收获物数量（或者说收获物毛重）和合格率形成的，而玉米制种母本行收获物不单纯由母本行本身决定，父本行的花粉量决定了母本行的受粉率和结实率；母本行收获物的千粒重和种子脱粒破损率决定合格率，经销商对种子籽粒大小的要求决定了清选时使用筛片的孔径。玉米制种的产量是指玉米制种工的交售数量。筛除率为清选机筛除不合格种子的比例。杂质率为种子进入烘干塔和精选机被清除的残缺粒率。

玉米制种的产量＝母本行收获物毛重×合格率

其中：

母本行收获物毛重＝母本行收穗数×单穗粒重

单穗粒重＝单穗粒数×千粒重

单穗粒数＝穗行数×行粒数

合格率＝100％－筛除率－杂质率

总体来说，玉米制种的产量构成因素为：

玉米制种的产量＝母本行收穗数×穗行数×行粒数×千粒重×合格率

一、生育期的选择是玉米制种成败的关键

不同地域有效积温差异较大，吐丝期是影响灌浆时间长短的关键因素，吐丝期出现越早，灌浆时间越长，吐丝期出现越晚，灌浆时间越短，吐丝期不仅影响穗粒重，更影响发芽率和发芽势。

选择适宜生育期的制种组合是玉米制种成功的基础，玉米制种组合的区域最高产量纪录也是有差异的。

二、父本、母本必须实行差异化管理

大多数制种组合父本、母本存在较大差异，父本、母本播期、生长快慢、对生长环境的要求、对密度的耐受能力等均有不同，实行差异化管理才能使制种组合父本、母本

花期相遇良好，父本行的花粉量充足。

三、影响制种产量的因素

1. 播种期

播种期决定了吐丝期出现的早晚，通过调节播种期，可以拓宽对制种组合熟期的选择。早熟组合中对极端高温敏感的，可以通过调节播种期，错过极端高温敏感出现的时期；中晚熟组合，通过覆膜早播，延长灌浆时间，实现较高千粒重和最高的发芽势。

2. 生育期

一般来说，生育期较长的组合，在生物产量、穗长等方面有一定优势，容易获得较高毛重；部分中熟组合，在生物产量、穗长等方面处在中间位置，获得中等毛重；生育期较短的组合，在生物产量、穗长等方面有一定劣势，毛重较低。

3. 穗行数、行粒数、千粒重

生育期较长的组合，在穗长、行粒数、穗行数等方面有一定优势，容易获得较高毛重；部分中熟组合，在收获穗数、穗行数、千粒重等方面有一定优势，可以获得中等偏上的毛重，依靠较大的千粒重仍然可以获得较高的交售产量，个别品种也曾创造过全国产量纪录；极少数生育期较短的组合，依靠在收获穗数方面的优势和中等的千粒重，获得较理想的交售产量。

第二节　播前管理

→ 了解制种玉米播前各项准备工作

一、土壤耕作

1. 选地

（1）轮作。为防止病虫害，玉米制种应实行2～3年的轮作。

（2）玉米制种对土壤的要求。种植玉米制种的土壤土层应较厚，达到50 cm以上，没有盐碱，灌排方便，有较高的肥力，一般要求土壤含有机质1%以上，速效氮70～80 mg/kg以上，速效磷10 mg/kg以上。玉米抗盐碱能力比小麦、棉花、甜菜等作物弱，在盐碱地上种玉米很难获得高产，须先行洗盐改良，保证土壤含盐量在0.3%

以下。

(3) 玉米制种对耕层的要求。耕作层深度是玉米根系生长发育的重要基础。玉米根系发达，根数量大，分布较广，入土深度在 1 m 以下。土壤耕作层要求在 30 cm 以上。

2. 深施基肥

科学施肥，以产定肥。玉米制种需肥量大，施肥应以底肥为主，冬前结合深耕施入。其基本做法是：如图 4—1 所示，前茬收后灭茬，施有机肥 3 000～6 000 kg/666 m^2（厩肥），将计划用肥中 70%～80%的磷肥、钾肥及 20%～30%的氮肥（尿素）一次性施入。

图 4—1　施肥

3. 犁地

为了防止早春的干旱及春寒的气候条件，制种玉米应于冬前完成深耕施肥犁地，如图 4—2、图 4—3 所示。并根据当地气候情况，选择是否在立冬前冬灌，蓄水保墒。冬季雪水多、春季雨水多的地区不需要冬灌。

图 4—2　灭茬施肥后犁地

犁地的质量要求如下：

(1) 耕深要求为 25～30 cm，耕深均匀一致。

（2）耕后地表平整，无沟垄，无立垡、回垡，不重不漏，两耕幅高低误差不大于5 cm。

（3）到头到边，耕幅直，地角面积不大于18 m²，地边不超过0.35 m。对地头、地角不平的地块，先进行平地后再进行耕翻，保证不留死角。

图4—3 小麦倒茬地伏耕秋翻

4. 整地

播前通过整地做到“平、净、碎、墒、松、齐”，尤其是春翻地及前茬为玉米地，要坚持地整不好不播种的原则。

少数地块，因为冬季腾地缓慢，也可以在春季连犁带整（见图4—4、图4—5）。

图4—4 联合整地机作业

5. 土壤处理

播前根据杂草类别和土壤墒情安排土壤封闭的药剂与药量（见图4—6）。

图4—5 犁耙联合整地作业

图4—6 喷洒除草剂进行土壤封闭

二、备耕

1. 农业准备

（1）肥料准备

1）有机肥。准备各类有机肥，如推广秸秆直接还田的有机肥、秸秆过腹还田的有机肥、复合有机肥、种植绿肥以及其他有机肥。但大面积玉米制种生产上秸秆过腹还田的有机肥施用还有一些困难，目前生产上有机肥施用主要以复合有机肥、秸秆还田和种植绿肥为主。

2）备足化肥。根据玉米种植面积、土壤状况、产量高低，备足化肥。除含有氮、磷、钾大量元素的化肥外，还要准备中、微量元素化肥，如锌肥、铁肥、锰肥等。种植滴管玉米的，还要准备充足的喷滴管专用肥。

（2）农药准备

1）杀菌剂。用于防治玉米制种病害。玉米病害首先是真菌危害，其次是病毒和细菌危害。要根据多年的病害发生情况，及早选择一些高效广谱杀菌剂，用于拌种或田间防治病害。如甲基托布津、多菌灵、好力克等杀菌剂。

2）除草剂。玉米田间杂草种类比较多，要根据玉米田间杂草种类及防除对象，选择适宜的除草方式，按施药对象分为土壤封闭和茎叶处理两种。

①土壤封闭。即把除草剂喷撒于土壤表层或通过混土操作把除草剂拌入土壤中一定深度，建立起一个除草剂封闭层，以杀死萌发的杂草。除草剂的土壤处理除了利用生理生化选择性来消灭杂草之外，在很多情况下是利用时差或位差来选择性灭草的。如金都尔、氟乐灵、禾耐斯等。

②茎叶处理。把除草剂稀释在一定量的水或其他惰性填料中，对杂草幼苗进行喷洒处理，利用杂草茎叶吸收和传导来消灭杂草。茎叶处理主要是利用除草剂的生理生化选择性来达到灭草保苗的目的。如阿特拉津（莠去津）除草剂。

3）杀虫剂。依据当地玉米田主要害虫的情况，结合当年的虫情预报，推测哪种害虫有大面积发生的可能性，应适当储备一定数量的杀虫剂，如防治地老虎的药剂敌百虫、敌杀死等；防治蚜虫的药剂乐果、吡虫啉等；防治玉米螟的药剂50％辛硫磷乳油、苏云金杆菌等，防治叶螨的药剂三氯杀螨醇、克螨特等杀螨剂。

4）种衣剂。种衣剂是在拌种剂和浸种剂基础上发展起来的，用含有黏合剂的农药、肥料、微量元素等组合物包在种子外层，形成具有一定防治病虫害功能的种衣膜。种衣膜具有透水性、透气性，不影响种子生命和呼吸作用。种衣具有高效、经济、安全、残效期长和多功能等特点，可以有效防治玉米制种苗期地下害虫和病虫害。应根据当地主要病虫害发生情况，对症选择含有杀菌剂或杀菌剂、杀虫剂混合的种衣剂，如预防玉米黑穗病的种衣剂立克秀、敌萎丹等。

5）植物生长调节剂。目前玉米制种生长调节剂有控高剂、生长促进剂。控高剂主要用玉米制种健壮素用于抑制株高，增强抗倒能力；生长促进剂主要是芸苔素内酯，有多种剂型。使用上要根据玉米制种组合的药物反应、长势情况、天气情况、管理水平、土壤基础谨慎地选择应用。

（3）农膜。目前，生产上可供选择的农膜种类比较多。一般宽度为 70～220 cm，厚度为 0.006～0.015 mm；颜色上有白色透明塑料薄膜，也有黑色塑料薄膜。应根据各地种植方式、气候条件、土壤类型、地域状况，选用适宜的地膜。通常机械覆膜时，选用稍薄一点的地膜（厚度为 0.006～0.008 mm）。地膜薄，用量少，成本低，回收时难度大；地膜厚，用量多，成本高，回收容易。可根据种植面积计算地膜的数量，一般厚度在 0.007～0.008 mm，宽度为 70～90 cm 时，单膜覆盖每公顷用量约为 52.5 kg。

（4）排灌设施及装备。采取常规灌溉的，播前及时检修防渗渠系、输水管道、涵管、水闸。采取节水灌溉的，还需要检修电路、发电机、首部、地下管网、出水桩。准备地上支管、滴管带、滴管用附件。

2. 劳力调配

提前预订农事操作的劳动力，如播种、间定苗、揭膜、去雄工（也称“抽花工”）、滴管安装工、拔苞叶等，通过预定劳动力，降低临时用工短缺的风险。

3. 农用机械

玉米制种生产实现全面机械化，所需要的农用机械主要有犁地机械、整地机械、播种机械、中耕机械、施肥机械、喷药机械、去雄机械、收获机械、脱粒机械、清粮精选机械、烘干塔及节水机械。

（1）农机具

1）犁。常见的犁有二铧犁（见图 4—7）、三铧犁、四铧犁、五铧犁、翻转四铧犁、翻转五铧犁（见图 4—8）等。

图 4—7　二铧犁

图 4—8　翻转五铧犁

2）整地机械。包括如图 4—9 所示的圆盘耙和图 4—10 所示的旋耕耙（犁）。

图 4—9　圆盘耙

图 4—10　旋耕耙（犁）

3）播种机械。常用的播种机械有如图 4—11 所示的气吸式条播机，如图 4—12 所示的气吸式膜上点播机，如图 4—13 所示的鸭嘴式膜上点播机（滴管和常规两用）和如图 4—14 所示的鸭嘴式膜下点播机。

图 4—11　气吸式条播机

图 4—12　气吸式膜上点播机

4）中耕机械。中耕机械包括如图 4—15 所示的深松中耕机和如图 4—16 所示的中耕施肥机。

图 4—13　鸭嘴式膜上点播机（滴管和常规两用）

图 4—14　鸭嘴式膜下点播机

图 4—15　深松中耕机

a)　　　　　　　　　　　　　　　　b)

图 4—16　中耕施肥机

a）中耕施肥机的开沟铲　b）中耕施肥机

5）施肥机械。常见的施肥机械有如图 4—17 所示的 24 行播种机（春秋季播肥机）。

6）喷药机械。如图 4—18 所示，机械喷药可大大提高喷药的效率。

图 4—17　24 行播种机（春秋季播肥机）

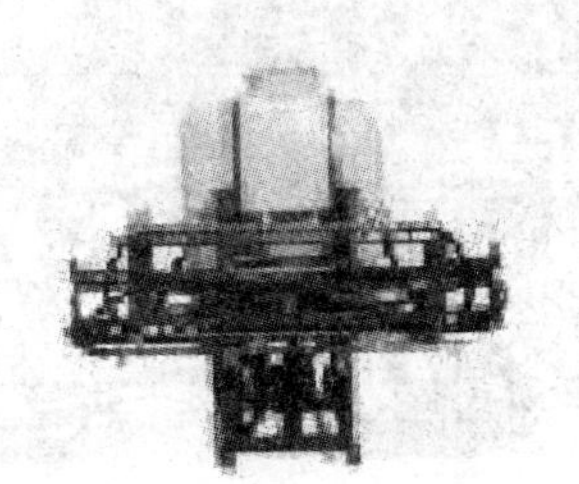

图 4—18　喷药机械

图 4—19 所示为高地隙喷药机械，在玉米成长的中后期使用，如玉米去雄后杀灭叶螨。图 4—20 所示为自走式高喷杆喷雾机。

7）去雄机械。人工去雄需要大量劳力，2007 年新疆兵团农四师 66 团引进全国首台玉米去雄机（见图 4—21），机械去雄可节省大量人力，提高去雄效率。

8）收获机械（见图 4—22、图 4—23）。

9）脱粒机械（见图 4—24）。

10）玉米清选机械（见图 4—25）。

11）节水机械（滴管首部见图 4—26、图 4—27、图 4—28、图 4—29）。

图 4—19　高地隙喷药机械（高秆作物）

图 4—20　自走式高喷杆喷雾机（高秆作物）

图 4—21　玉米去雄机

图 4—22　玉米收获机

图 4—23 玉米收获机田间作业

图 4—24 玉米脱粒机

图 4—25 玉米清选机

图 4—26 小型固定首部

图 4—27 大型固定首部

图 4—28　移动首部

图 4—29　安装了支管和滴灌带的田间

12）烘干塔（见图 4—30）。

图 4—30　烘干塔

（2）玉米机械的使用维护

1）玉米播种机使用维护。玉米播种机是一般玉米制种工都能接触到的农机具，播种质量决定了最终产量，以下介绍说明玉米播种机的使用方法及故障排除。

①玉米播种机的使用方法。玉米播种机具有播种均匀、深浅一致、行距稳定、覆土良好、节省种子、工作效率高等特点。正确使用播种机应注意掌握以下 10 要点：

a. 进田作业前的保养。要清理播种箱内的杂物和开沟器上的缠草、泥土，确保状态良好，并对拖拉机及播种机的各传动、转动部位，按说明书的要求加注润滑油，尤其是每次作业前要注意传动链条的润滑和张紧情况以及播种机上螺栓的紧固情况。

b. 机架不能倾斜。播种机与拖拉机挂接后，不得倾斜，工作时应使机架前后呈水平状态。

c. 做好各种调整。按使用说明书的规定和农艺要求，将播种量、开沟器的行距、开沟覆土镇压轮的深浅调整适当。

d. 注意加好种子。加入种子箱的种子，达到无小、秕、杂，以保证种子的有效性；种子箱的加种量至少要加到能盖住排种盒入口，以保证排种流畅。

e. 试播。为保证播种质量，在进行大面积播种前，一定要坚持试播 20 m，观察播种机的工作情况。请农技人员、当地农民等检测，确认符合当地的农艺要求后，再进行大面积播种。

f. 注意匀速直线行驶。农机手选择作业行走路线，应保证加种和机械进出方便，播种时要注意匀速直线前行，不能忽快忽慢或中途停车，以免重播、漏播；为防止开沟器堵塞，播种机的升降要在行进中操作，倒退或转弯时应将播种机提起。

g. 先播地头。首先横播地头，以免将地头轧硬，造成播深太浅。

h. 经常观察。播种时经常观察排种器、开沟器、覆盖器以及传动机构的工作情况，如发生堵塞、缠草、种子覆盖不严，应及时予以排除。调整、修理、润滑或清理缠草等工作，必须在停车后进行。

i. 保护机件。播种机工作时，严禁倒退或急转弯，播种机的提升或降落应缓慢进行，以免损坏机件。

j. 注意种子箱。作业时种子箱内的种子不得少于种子箱容积的 1/5；运输或转移至地块里时，种子箱内不得装有种子，更不能装其他重物。

②玉米播种机的故障排除

a. 排种器不排种。主要原因是传动齿轮没有啮合，或者排种轴头排种齿轮方孔磨损，需调整、维修或更换。

b. 个别排种器不工作。原因是个别排种盒内种子棚架或排种器口被杂物堵塞，应清理杂物；排种轴与个别排种槽轮的连接销折断，应更换销子；个别排种盒插板未拉开，应拉开插板。

c. 排种器排种，但个别种沟内没有种子。原因是开沟器或输种管堵塞（多发生在靠地轮的开沟器上），应清理堵塞物，并采取相应措施防止杂物落进开沟器。

d. 排种不停，失去控制。原因是离合撑杆的分离销脱落或分离间隙太小，应重新装上销子并加以锁定，或调整分离间隙。

e. 排种时断时续，播种不匀。原因是传动齿轮啮合间隙过大，齿轮打滑，应进行调整；离合器弹簧弹力太弱，齿轮滑动，应调整或更换弹簧。

2）制种玉米收获机使用维护

①作业前的准备。按照收获机使用说明书的规定对机具进行班次保养，加足润滑油，检查各紧固件、传动件等是否松动、脱落，有无损坏，各部位间隙、距离、松紧是否符合要求等。清洗空气滤清器。草屑和灰尘容易堵塞发动机空气滤清器，造成拖拉机功率下降、冒黑烟，严重时可使拖拉机启动困难、工作中自动熄火。因此，应经常清洗空气滤清器，也可另外准备滤网，每 4～6 h 清洗一次。检查各焊接件是否有裂缝、变

形，易损件是否损坏，秸秆切碎器锤爪、传动带、各部链条、齿轮、钢丝绳等有无严重磨损，并排除隐患。启动发动机，检查升降悬挂系统是否正常，各操纵机构、指示标志、照明及转向系统是否正常。接合动力，轻轻松开离合器，检查机组各工作部件是否正常，有无异常响声等。

②玉米收获机的正确操作

a. 在进入作业区域收割前，驾驶员应了解作业地块的基本情况，如地形、玉米品种、行距、成熟程度、倒伏情况，地块内有无木桩、石块、田埂、未经平整的沟坎，是否有可能陷车的地方等。应尽量选择直立或倒伏较轻的田块收获。收获前倒伏严重的玉米穗和地块两头的玉米穗，应摘下运出，然后进行机械收获作业。

b. 机组进入作业区域前，应再次试运转，并使发动机转速稳定在正常工作转速，方可开始作业，严禁超转速工作。

c. 先用低一挡试收割，在地中间开出一条车道，并割出地头，便于机组转弯。

d. 试割正常，可适当提高一个挡位作业。作业一段后，应停机检查收获质量，观察各部位调整是否适当。

e. 驾驶员应灵活操作液压手柄，使割台和切碎器适应地形和农艺要求，并避免切碎器锤爪打土，扶禾器、摘穗辊碰撞硬物，造成损坏。

f. 机组工作到地头时，不要立即减小油门，应继续保持作业部件工作运转，以使秸秆被完全粉碎。

g. 发动机冷却水温度过高时，应停车清洗散热器，并及时补充冷却水，但不要立即打开水箱盖，以免烫伤人员，应冷却一段时间或采取保护措施后，再打开水箱盖，补充冷却水。

③玉米收获机安全使用规范

a. 机组驾驶人员必须具有农机管理部门核发的驾驶证，经过玉米收获机操作的学习和培训，并具有田间作业的经验；与联合收割机配套的拖拉机必须经农机安全监理部门年审合格，技术状况良好。使用过的玉米收获机必须经过全面的检修保养。

b. 工作时机组操作人员只限驾驶员 1 人，严禁超负荷作业，禁止任何人员站在切碎器和割台等附近。

c. 机组起步、接合动力、转弯、倒车时，要先鸣笛，观察机组附近状况，并提醒多余人员离开。

d. 工作期间驾驶员不得饮酒，不允许在过度疲劳、睡眠不足等情况下操作机组。

e. 作业中应注意避开石块、树桩、沟渠等障碍，以免造成机组故障。

f. 工作中驾驶人员应随时观察、倾听机组各部位的运行情况，如发现异常，立即停车排除故障。

g. 保持各部位防护罩完好、有效，严禁拆卸护罩。

h. 经常检查切碎器锤爪完好情况，发现残缺应及时更换。

i. 严禁机组在工作和未完全停止运转前清除杂草、检查、保养、排除故障等。必须在发动机熄火机组停止运行后进行检修。检修摘穗辊、拨禾链、切碎器、开式齿轮、链轮和链条等传动和运动部位的故障时，严禁转动传动机构。

j. 机组在转向、地块转移或长距离空行及运输状态时，必须切断收获机动力。

（3）农机具的安全使用。农机具的安全使用，一是为了延长农机具的使用寿命，减少不必要的经济损失；二是为了保障农机作业人员和辅助人员的人身生命安全，避免不必要的人身伤亡事故的发生，为此，制定了许多安全防护措施。

1）强动力拖拉机是玉米制种田间作业的主要动力，现将其安全规定介绍如下：

①农机具挂接要牢靠，悬挂农具上不准站人。

②拖带农机具不准高速行驶或急转弯。

③拖带农机具通过村庄时，要有人护行，严防爬车。

④作业时农机具未升起，不得转弯。

⑤农机具升起时，若没有可靠地锁紧或垫稳，不得在其下排除故障。

⑥机车未停稳时，不得清理杂物。

⑦过沟、过埂、下坡时应低速行驶。

⑧喷洒农药时，应注意防止农药中毒。

⑨农机具的转动部分要有防护罩。

2）电动机是脱粒机、清选机、首部、烘干塔的动力，以下介绍一些安全使用电动机具的方法：

①电动机具的金属外壳，必须有可靠的接地措施或临身接地装置，万一农机具的金属外壳带电，电流就会通过地线流入地下，从而避免人身触电事故的发生。

②移动电动农机具须事先关掉电源，不可带电移动。

③电动农机具的供电线路必须按照用电规则安装，不可乱拉乱接。如果农机具离电源较远，应在农机具附近单独安装双刀开关的电熔断器，以便在发生事故时，迅速切断电源。

④使用长期未用或受潮的农机具，应在投入正常作业前进行试运行。若供电后不运转，必须拉闸断电，防止烧坏农机具和危及人身安全。

⑤电动机具发生故障须停电检修。同时，须悬挂“禁止合闸”等警告牌，或者派专人看守，以防有人误将闸刀合上。

⑥农机具操作人员要增强安全观念，严格执行操作规程。在操作时，应穿绝缘鞋，不要用手和湿布擦电气设备，不要在电线上悬挂衣物。

⑦使用单相电动机的农机具，要安装低压触电保安器。这样，在发生事故时，就能自动切断电源，使触电者脱离危险。

3）联合收割机的安全作业要求

①收割机作业前须对道路、田间进行勘查，对危险路段和障碍物应设明显的标记。

②对收割机进行保养、检修、排除故障时必须切断动力或在发动机熄火后进行，切割器和滚筒同时堵塞或发生故障时严禁同时清理或排除，在清理切割器时严禁转动滚筒。

③在收割台下进行机械保养或检修时，须提升收割台并用安全托架或垫块支撑稳固。

④卸粮时人不准进入粮仓，不准用铁器等工具伸入粮仓，接粮人员手不准伸入出粮口。

⑤收割机带秸秆粉碎装置作业时，须确认刀片安装可靠，作业时严禁在收割机后站人。

⑥长距离转移地块或跨区作业前，须卸完粮仓内的谷物，将收割台提升到最高位置予以锁定，不准用集草箱搬运货物。

⑦收割机械要备有灭火器及灭火用具，夜间保养机械或加燃油时不准用明火照明。

第三节　播种管理

→ 掌握玉米制种的播种方式和方法
→ 掌握播种的质量标准

一、适时早播

根据天气及适宜的地温选择合理的播种时间，生产上通常把土壤表层 5 cm 温度稳定超过10℃的时期视为春播玉米的适宜播期。

1. 播种方式

西北玉米制种区多使用地膜覆盖方式播种。地膜覆盖具有增温保墒，改变田间小气候和土壤理化性状，促进土壤养分分解，抑制杂草，减少病虫害，提早成熟，大幅度提高单产等作用。

玉米制种覆膜播种可以分为膜上点播、膜下播种。

（1）膜上点播。先铺膜后点（穴）播，优点是不需要人工破膜放苗，节省劳力，幼苗出土分布均匀。缺点是部分穴孔与种子错位，导致幼苗卧在膜下，见光或不见光，需人工辅助出苗才能保全苗。

根据气候特点和表层土壤质地，新疆建设兵团农四师发展了两种覆膜方式。

图 4—31　单膜覆盖播种

1）单膜覆盖播种。如图 4—31 所示，出苗前覆膜保温性较差，表层土壤黏性大时，出苗期遇雨会造成穴孔处土壤板结导致出苗困难，部分幼苗窝在被土覆盖的膜下，造成芽黄苗瘦，如果不及时解放，后期容易产生母本行中的“三类苗”，造成去雄时间延长，“三类苗”清除不及时，容易发生自交，影响制种质量，另外“三类苗”空秆多，影响产量。

2）双膜覆盖播种。如图 4—32 所示，在春季蒸发量大，表层土壤黏性大的地块，穴孔处容易形成土壤板结，多采用此法。双膜覆盖保温性好，出苗快且整齐，需要及时揭去第一层地膜（见图 4—33），出苗后如果不及时揭膜，容易发生幼苗烫伤，造成创口，为感染土传病害创造条件。揭去头层地膜后，应及时解放幼苗，辅助封实穴孔。

图 4—32　双膜覆盖播种

图 4—33　出苗后揭第一层膜

（2）膜下播种。先播种后覆膜，优点是可以充分发挥覆膜效应，保温保墒好，铺膜种子质量高，出苗快而整齐。但放苗、封孔耗时费工，放苗不及时可能出现高温烫伤苗，发生土传病害。

目前，膜下播种基本被双膜覆盖播种取代，双膜覆盖播种结合了膜上点播和膜下播种的优点，更有效地发挥地膜增温保墒的作用，实现“一播全苗”。

2. 随机车检查下种情况

（1）如图 4—34 所示，及时检查播种质量，查空穴率，超过 5%，及时叫停机车，调整鸭嘴，查看“鸭嘴”（固定穴距的穴播器）是否被堵。

图 4—34　检查播种质量

（2）整播播种深度。播种深度根据土质、土壤墒情和种子大小而定。

1）土壤质地黏重，墒情较好，可适当浅些，一般以 3～4 cm 为宜。

2）土壤质地疏松，是易于干燥的沙壤土地，可适当深些。

3）看墒调种深度，适墒播种宜浅，干土层厚应该加大限深，使种子接墒容易。

4）大粒种子，可适当深些。播种深度一般不应超过 6 cm。应当注意，在土壤墒情、肥力较好的土壤播种过浅，苗期会产生大量的无效分蘖。

3. 严格根据技术员的要求配置行比

（1）调整父本穴播器在播种机的位置，一般父本∶母本的配比为 1∶4～1∶8。

（2）标记父本。一般采取插树枝标记。如果父本、母本分期播种，膜上没有穴孔的往往是父本行，人工点播父本后再标记父本。

4. 确定株行距配置

（1）行距配置。行距配置一般要根据当地的耕作习惯、农机作业的机车的配置（拖拉机型号、轮间距等）来确定，各地的行距配置主要是为了便于机械化作业和田间管理。目前，各玉米制种生产区广泛采用的行距配置方式有两种：一是等行距，多采用 50～70 cm 等行距。这种等行距便于播种、中耕除草、开沟追肥、机械收获等作业。二是宽窄行，平均行距为 55～60 cm。

（2）株距配置。根据玉米制种组合、土壤肥力、气候确定适宜的种植密度。不同的制种组合、土壤肥力、气候条件下，制种组合生长速度、个体发育、群体发展不同，种植密度也不同，采取适宜的株行距配置，可以促进玉米植株在田间分布合理，协调个体与群体关系，充分利用光能，有利于物质积累和分配，实现最大的群体产量。保持较好的通风透水条件，又能促进个体与群体协调发展，也便于田间管理和机械化作业。

由于气候、品种、土壤肥力、种植制度的不同，各地株行距配置也不同。

二、播种的质量要求

1. 露地播种的质量要求

（1）播行端直。为保证农机操作质量和提高作业效率、保证田间管理方便、确保达到良好的生产目的，对驾驶员操作要求也很高，播种工作最好由技术熟练的老机手操作，使播行端直。

（2）下种均匀。为保证出苗早、全、齐、匀、壮，达到“五苗”要求，必须均匀，这是全田平衡增产的基础一环。出苗整齐均匀是创造高产的先决条件。

（3）深浅一致。作物播种深度必须一致，全田出苗才能均衡整齐一致，保证个体间生长发育平衡，达到玉米群体高产丰收。

（4）播量合适。作物播种量与品种籽粒大小和计划产量关系很大，过多、过少都会有弊端。播得过多，造成出苗过密，不易长成壮苗，又浪费种子，增大成本；播得过少，会引起缺苗断垄，群体植株稀少，不易达到或难以实现增产增收的目的。

（5）接行准确。农机具播种到地头换行时，必须注意控制好与邻行的距离，以保证以后的田间作业操作顺利，保证各项农事操作之间很好衔接，为全面实施机械化作业打下良好的基础。

（6）到头到边。农机作业的耕翻或整地播种等，都必须整齐划一，不留地边空头，充分利用好每一块土地，减少土地浪费，有利于作物全面均衡增产。

（7）覆土严密。播种后应及时覆土，不留“天窗”，确保全苗正常出苗，减少土壤水分蒸发，有利于保表墒和底墒。

（8）镇压紧实。机播作业后必须加以适当的镇压，有利于种子接上种沟内底墒的水分，保证出苗早又快而且整齐。如果播后不加严密镇压，会造成耕层土壤水分的大量快速流失，尤其在北方气温回升快的春季跑表墒后，种子难以正常发芽出苗。

2. 铺膜播种的要求

地膜覆盖种植玉米制种是在露地直播玉米制种的基础上增加了地膜覆盖，因此除了露地直播玉米播种质量要求外，还必须保证地膜覆盖播种的要求，才能充分发挥地膜增温保墒效应，实现一播全苗，达到苗全、苗齐、苗匀、苗壮的目标。

地膜覆盖的原则是“平、严、紧、宽”四个字，即土地平整，膜边压严，膜面压紧，采光面宽。

（1）适时铺膜早播种。地膜覆盖的最大作用是增温保墒，一般地膜覆盖可增温 2～4℃，播种时间可以比露地玉米制种提前 5～7 天，根据天气和土壤墒情，及时铺膜播种，铺膜过晚就失去了地膜的增温保墒作用。

（2）铺膜平整。地膜平展与地面紧贴，松紧度适中，过紧易拉破，过松会受风上下摆动，影响增温保墒作用。

（3）膜面干净、平展、采光面大。膜边垂直埋入土中，每边入土 6.5～7.5 cm，以增加地膜的受光面积，提高保温保墒的效果。机车作业速度应保持在 5～6 km/h 为宜，以保持膜面干净；速度过快，压膜土会撒向膜中间，影响采光效果。

（4）膜边压实，膜行要直。苗行距膜边 10 cm，膜边压土严密。膜上点播，孔穴覆土厚度为 1.5～2 cm，孔穴漏覆率小于 5%。

（5）防风揭膜。防风揭膜是地膜覆盖栽培的关键一环。机械铺膜播种时，人工辅助检查膜边是否压实的同时，在膜上每隔 5～10 m 打一条与行垂直的小土埂，土量要适中，分布要均匀。

3. 父本、母本播种的要求

无论是露地直播还是铺膜播种，父本、母本播种时都要达到以下要求：

（1）父本、母本同期播种的要求。父本、母本配比要严格按配比要求不能错行，父本播后要做标记。

（2）父本、母本分期播种的要求。播母本时，预留父本行，到播父本时，人工点播父本。

第四节　田间管理

→ 了解播后管理的主要内容
→ 掌握不同生育阶段的管理重点

一、前期田间管理

前期田间管理主要指苗期管理（出苗至拔节期）。这个阶段，母本以苗全、苗齐、苗匀、苗壮为目的，各项农事操作都围绕保苗、促根、促壮苗来进行；父本以形成多个花期为目的。

1. 人工点播父本

如图 4—35 所示，对于父本、母本分期播种的制种组合，根据技术员的要求，在规定的时间进行人工点播父本。

2. 立针破板，显行中耕

（1）如图 4—36 所示，对于黏性较重的地块，玉米立针时，需要加强破板工作，使玉米幼苗自行拱出地膜。

图 4—35　人工点播父本

图 4—36　立针破板

（2）如图 4—37 所示，对于黏性较重的地块，出苗慢，出苗不全，通过加强显行浅中耕，提高地温和土壤透气性，使母本出苗整齐，达到苗全、苗齐、苗匀的目的。

3. 间定苗

一般三叶一心时间苗，五叶一心时定苗。定苗时去掉病苗、弱苗、小苗、徒长苗、畸形苗，留生长健壮、均匀一致的中等长势的母本苗；父本苗要留大小苗，去掉中等长势的苗。

适期定苗，可以避免幼苗拥挤，相互遮光，节省土壤养分、水分，有利于培育壮苗。如图 4—38 所示，一般 4～5 叶时定苗，注意留苗母本要均匀，去弱留强、去小留大、去病留健，若缺株较多时，一侧可留双株苗，确保计划留苗密度。

图 4—37　显行浅中耕

图 4—38　定母本苗、封洞

在实践中，随着人工工资增长，经常是间定苗一遍过，往往定母本苗、封洞同时进行。

4. 中耕除草

随着气温上升，行间和膜内杂草数量增多，与玉米幼苗争夺养分，通过中耕可以消灭杂草。

通过中耕，使行间土壤疏松，膜边土壤松动，破除板结，增加土壤通气性；提高地温，加强玉米呼吸强度，增加玉米植株抗病虫害能力；切断土壤毛细管，减少水分蒸发和养分的消耗；促进土壤好氧微生物的活动，通过土壤供给养分的能力，满足玉米生长发育的要求。

图 4—39　行间和膜内杂草

苗期中耕，一般可进行 3～4 次。第一次玉米立针—显行期就可进行膜间中耕，深度为 10～12 cm，要避免压苗埋苗，如图 4—39 所示。第二次膜间中耕，苗旁宜浅，中间可深，中耕深度可达 16～18 cm。第三次中耕，中耕深度可达 20 cm 以上，如图 4—40 所示。

a)　　b)

图 4—40　中耕除草
a）农机作业　b）中耕效果

二、中后期田间管理

中后期田间管理主要指肥水管理。

1. 揭膜、中耕破板

新疆兵团农四师的玉米制种一般在 5 月底至 6 月初，玉米植株高度已经超过大中型拖拉机前轮驱动轴的高度，地膜的增温效应已经明显减弱，及时揭膜为中耕破板做好准备。

揭膜后，清理残膜，将揭去的地膜运出地块，卖给厂家。

晾晒数小时，进行中耕破板（见图 4—41），中耕深度可达 25～30 cm，一般中耕机都会加装碎土轮，为穗肥深施做足准备。

2. 开沟追肥

如图 4—42 所示，中耕破板后及时追施尿素等速效氮肥，中耕机都会带有开沟铲，将追施的速效氮肥埋入地表 20 cm 以下土壤中。

图 4—41　中耕破板

图 4—42　开沟追肥

3. **灌溉**

尿素中含有大量的缩二脲，对玉米有毒害作用，因此需要在土壤中进行一系列的化学反应，才能被玉米吸收利用，一般会在追施尿素后 5～7 天后进头水。

灌溉有两种基本方式，即常规灌溉（见图 4—43）和节水灌溉（见图 4—44）。根据天气情况、土壤质地和轮灌制度，常规灌溉每隔 12～15 天灌一次水，滴灌每隔 6～10 天灌一次水。玉米制种全生育期需要灌水 3～10 次不等，停水时间原则上根据生育期长短决定。

a)　　b)

图 4—43　玉米常规灌溉

a）大水漫灌　b）细流灌

图 4—44　玉米节水灌溉

三、质量管理

1. 去杂、去劣

去杂、去劣分为田间和收获后两步。

（1）田间去杂、去劣。田间常见的杂苗（株）有由机械混杂的混杂苗、生物学混杂的杂种苗和前茬玉米的落粒形成的自生苗，回交后代形成的怀疑苗，需要多次去除，分别在苗期、拔节期、抽雄期，由于初级玉米制种工的知识有限，对杂株的判断不一定准确，往往采取母本在间定苗时，去除大苗、白化苗、畸形苗、弱苗，留取长势均匀的中等苗，在拔节期或头水后，去除长势异常健壮的优势株或生育进程明显快的苗（见图4—45）；父本在抽雄期根据花药颜色或花丝颜色砍除杂株。

（2）晒场去杂穗。详见收获管理。

（3）不管哪个时期的去杂，种子公司都会对其进行详细、严格的检查。并有严格的要求：

1）父本去杂标准。父本的杂株必须在散粉之前拔除。若母本已有5%的植株抽出花丝，而父本散粉杂株数占父本总数的0.3%以上时，种子报废。

2）母本去杂标准。母本的杂株在去雄前完全拔除。母本的果穗要在收获后至脱粒前进行穗选，其杂穗率在1.5%以下时，才能脱粒。

图4—45　拔节—抽雄期去杂、去劣

2. 清理母本行中的三类苗

母本行中的三类苗，是指由于母本自交系本身的遗传差异性造成退化植株或播种期土壤墒度不匀造成的出苗很晚的植株及土壤肥力不均造成的迟生株，三类苗造成母本群体生育进程差异性大，去雄时段拉长，人工成本增加，容易产生自交果穗，对制种质量危害较重。因此母本去雄前，结合母本去杂，将母本行中的三类苗清除干净，可以省时、省工，提高制种质量。

3. 母本去雄

母本去雄是制种工作的中心环节，是获得高质量杂交种种子的关键。

（1）母本去雄前几天应经常检查未抽出叶片数（见图4—46）。不同的母本，自身散粉快慢不同，有些自交系雄穗苞在顶叶内就开始散粉，必须带苞去雄，且需要带2片以上；有些自交系雄穗伸出顶叶后7～10天才开始散粉，不是必须带苞去雄，为了迫使雌穗尽早膨大突出花丝，也可以选择带1～2片心叶，这类自交系上部茎节含水量较高，容易脆断，过早去雄，造成带叶过多，损失果穗形成空秆（见图4—47）或雌穗憋出时间延迟，这些自交系需要在倒3叶所在茎秆硬化后开始去雄较为合适；有些自交系雄穗伸出顶叶后3～5天即可散粉，可以选择不带苞去雄，也可以选择带1～3片心叶。

（2）摸苞去雄（见图4—48）。在去雄期间，每天上午10时前和下午5时后每天抽1遍，做到风雨无阻，逐株检查，不留残枝、死角。去雄要做到及时彻底干净，百分之百抽完。

图4—46　检查去雄带叶数

图4—47　过早去雄带叶过多，形成空秆

图4—48　摸苞去雄

1）做到一早二净。尽早去雄，实行人工摸苞去雄的方法，连同叶片心叶一起拔去，去净母本雄穗，除净残留枝梗。

2）做到二清一防。清除拔掉的雄穗和清理弱小亲本植株，防止花粉污染。拔出的雄穗要扔在地上，不要留挂在植株叶片上，以免散粉串花。去雄工作一旦开始，必须连续无间断地进行，风雨无阻，保证制种质量。

4. 砍除父本

为了保证制种纯度，提高制种产量和质量，降低种子混杂率，应当在父本授完粉15～20天，及时将父本植株砍除。

其优点是改善了母本植株的通风透光条件，提高制种产量，改善种子质量。同时也方便了种子的后期收获。

砍除父本是提高制种产量和保证质量的有效措施，应当积极推行。

四、病虫害防治

病虫害参见其他内容。病虫害防治流程如下：

1. 苗期病虫害防治（见图 4—49）

2. 拔节—孕穗期病虫害防治（见图 4—50、图 4—51）

拔节—孕穗期防治玉米叶螨一般用人工机动喷雾（见图 4—50）。

图 4—49　苗期病虫害防治

拔节—孕穗期防治玉米螟一般用毒砂灌芯（见图 4—51）。

图 4—50　人工机动喷雾

图 4—51　毒砂灌芯

3. 抽雄后病虫害防治

近年来，夏、秋季干旱，部分玉米制种地虫害发生严重，如玉米叶螨、玉米蚜，由于抽雄后植株较高，普通喷药机械无法操作，发展高地隙、高喷杆的喷药机械势在必行。

第五节　收获与储存

→ 掌握制种玉米收获储存的流程

玉米制种应分收、分晒、分脱、分选、分藏，避免在收获后机械混杂，以保证种子质量。

一、机械收获

目前，新疆的玉米制种收获主要采用机械，收获带苞叶的果穗，加装秸秆粉碎机的可将茎秆粉碎还田，需要秸秆饲喂牲畜的则不加装秸秆粉碎机。

玉米制种联合收获机有自走式、悬挂式和牵引式三种机型。目前伊犁地区以自走式为主（见图 4—52）。

图 4—52　玉米收获机械

二、收获整理

1. 拔苞叶

收获的制种果穗运到晒场后，应及时拔净苞叶和花丝（见图 4—53、图 4—54），避免果穗因含水量过大而发热霉变、损失发芽率。苞叶和花丝应及时清出晒场，避免发生火灾或污染果穗。

图 4—53　拔苞叶（一）

图 4—54　拔苞叶（二）

2. 果穗晾晒与去杂

拔净苞叶和花丝的果穗要及时摊开，在晾晒过程中，要时常翻动（见图 4—55）、去杂（见图 4—56、图 4—57），做好防雨、防潮工作（见图 4—58）。

去杂在脱粒前进行，根据不同自交系的穗型、粒型、粒色和穗轴色等性状进行穗选，除去杂穗、异形穗和病虫穗。

图 4—55　翻晒果穗

图 4—56　集中去杂穗

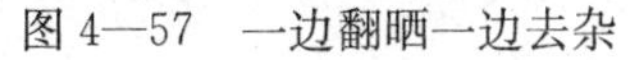
图 4—57　一边翻晒一边去杂

图 4—58　防雨防潮

3. 脱粒

收获后及时去除苞叶、花丝，同时进行最后一次去杂，去除杂穗、异形穗和病虫穗。及早晾晒，将玉米种子的水分降至安全水分以下。

去杂合格后，待种子水分低于 20%后，对果穗进行试脱粒，破碎率不高于 2%的玉米堆应及时脱粒（见图 4—59、图 4—60）。

图 4—59　小型脱粒机作业

将玉米芯交售给工厂（见图 4—61），所得收入基本与拔苞叶和脱粒费用相当。

4. 籽粒晾晒

脱粒后及早晾晒（见图 4—62），将玉米种子的水分降至委托制种的销售区域要求的安全水分以下。脱粒后，做好防雨、防潮工作。

图 4—60　中型脱粒机作业

图 4—61　将玉米芯交售给工厂

图 4—62　玉米籽粒晾晒

5. 清选

当种子水分在 12%～13%时及时清选加工，每 50 kg 定量包装，一般用中转袋包装（见图 4—63）。

图 4—63　籽粒清选、定量包装（50 kg 中转袋包装）

定量装袋后的中转袋要及时缝包，一般使用手提电动缝包机（见图 4—64）。

6. 烘干

由于秋季降温快、晒场周转及销售地安全水分要求等原因，可能需要把晾晒后的种子输入烘干塔继续脱水（见图 4—65）。

图 4—64　手提电动缝包机

图 4—65　水分未达标的种子进入烘干塔

当种子水分达到安全水分后，及时精选加工（见图 4—66）。精选后的种子定量包装入库储存。

三、临时储存

代繁品种调运需要一定周期，中转袋需要在一定的场地临时储存。一般码垛高度不超过 2 m，码垛前垫好方木，高度不得低于 20 cm，垛与垛之间应留有通道，方便场地保管、检查雨布遮盖情况（见图 4—67）。

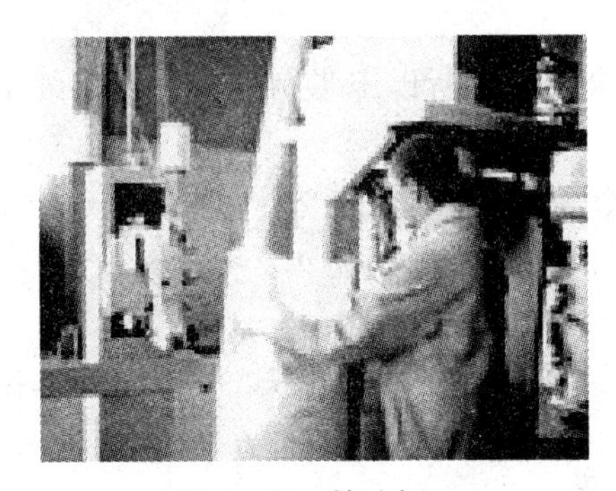

图 4—66　精选加工

图 4—67　晒场上的中转袋码垛

单元测试题

一、填空题

1.（　　）的选择是玉米制种成败的关键。

2. 玉米播种机具有（　　）、深浅一致、行距稳定、覆土良好、节省种子、工作效率高等特点。

3. 玉米制种覆膜播种可以分为膜上点播、（　　）。

4.（　　）播种结合了膜上点播和膜下播种的优点，更有效地发挥地膜的增温保墒作用，实现“一播全苗”。

5.（　　）是玉米制种工作的中心环节，是获得高质量杂交种种子的关键。

二、选择题

1. 以下不属于影响玉米制种产量的因素的是（　　）。

A. 播种期　　B. 穗行数　　C. 生育期　　D. 日照时数

2. 为保证播种质量，在进行大面积播种前，一定要坚持试播（　　）m，观察播种机的工作情况。

A. 10　　B. 20　　C. 30　　D. 40

3. 制种玉米播种机作业时种子箱内的种子不得少于种子箱容积的（　　）。

A. 1/2　　B. 1/3　　C. 1/5　　D. 1/6

4. 根据天气及适宜的地温选择好合理的播种时间，生产上通常把土壤表层（　）cm温度稳定超过10℃的时期视为春播玉米的适宜播期。

A. 5　　B. 10　　C. 15　　D. 20

5. 制种玉米播种深度一般不应超过（　）cm。

A. 3　　B. 4　　C. 6　　D. 8

三、判断题

1. 玉米制种的产量＝母本行收获物毛重×合格率，所以玉米制种的产量单纯由母本行本身决定。（　）

2. 制种玉米的吐丝期不仅影响穗粒重，更影响发芽率和发芽势。（　）

3. 玉米制种联合收获机有自走式、悬挂式和牵引式三种机型。（　）

4. 父本的杂株必须在散粉之前拔除。（　）

5. 为了保证制种纯度，提高制种产量和质量，降低种子混杂率，应当在父本授完粉一个月后，及时将父本植株砍除。（　）

四、简答题

1. 简述玉米制种膜上点播的优缺点。

2. 玉米制种田的“五苗”具体是什么？

3. 玉米制种田为什么要适期定苗？

4. 玉米制种田为什么要中耕？

5. 玉米制种使用地膜覆盖方式播种有哪些优点？

单元测试题答案

一、填空题

1. 生育期　2. 播种均匀　3. 膜下播种　4. 双膜覆盖　5. 母本去雄

二、选择题

1. D　2. B　3. C　4. A　5. C

三、判断题

1. ×　2. √　3. √　4. √　5. ×

四、简答题

答案略。

ZHIYE JINENG PEIXUN JIANDING JIAOCAI

第二部分

玉米制种工（中级）

第5单元

玉米制种生长发育规律

第一节　玉米制种生长发育进程

→ 了解玉米制种的生长发育进程

一、玉米制种世代的概念

目前世界上玉米的通用商品种以单交种为主，由两种不同玉米自交系杂交组配形成的品种称为玉米单交种。如图 5—1 所示，玉米单交种生产中，一种玉米自交系只提供精子，不负责生产种子，称为父本自交系；另一种玉米自交系需要去除雄花，负责提供雌花和获得杂交种种子，称为母本自交系。母本的雌配子单向接受父本精子（花粉），完成受精作用，卵细胞受精产生受精卵，发育成胚，极核发生双受精作用产生受精极核，发育成胚乳，受精完成后，母本的雌穗分泌生长激素，子房在生长激素的控制下迅速膨大，灌浆结束后形成玉米果实，因为玉米的胚与胚乳紧密结合，没有单独的种子，所以玉米果实就是玉米种子。

玉米籽粒的果皮色受胚乳控制，父本的果皮色往往影响杂交种的果皮色，生产中把

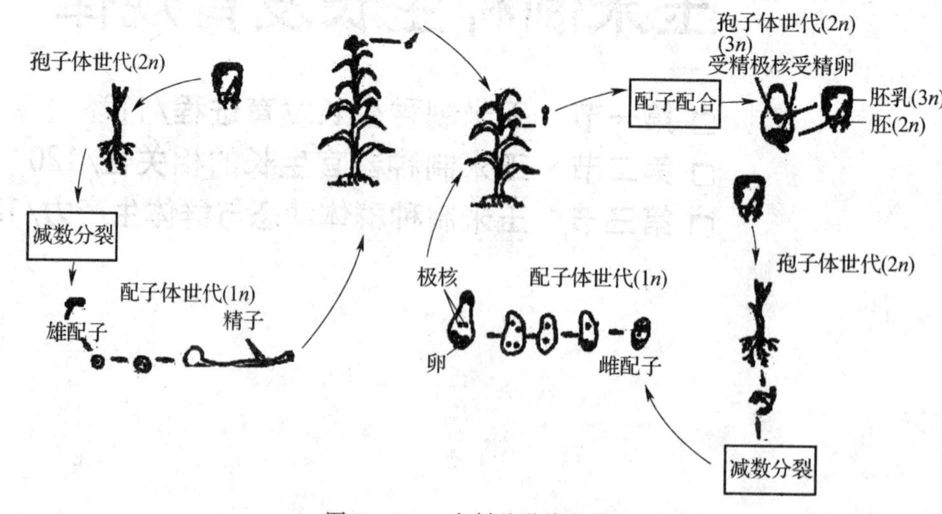

图 5—1　玉米制种世代交替图

这一现象称为花粉直感，生产中也可以据此考察是否发生自交或隔离是否安全。

二、玉米制种生长发育进程的基本概念

1. 生长和发育的概念

（1）生长。玉米的生长，是指从种子萌发经过幼苗时期，长成枝叶茂盛、根系发达的植株，获得种子的全过程，包括个体、器官、组织和细胞在体积、重量和数量上的增加。其特点是一个不可逆的数量化过程。营养器官（如根、茎、叶）的生长，通常用大小、长短、粗细、轻重和多少来表示。

玉米的生长方式有顶端生长、加粗生长、居间生长、均匀生长。生长一般局限于一定的区域（如根尖、茎尖），几乎是终生生长。

（2）发育。玉米在生长的过程中不断分化出各种细胞、组织、器官，在形态、结构和功能上发生着本质性的变化。细胞、组织和器官的分化形成过程称为发育，分化过程是一个不可逆的质变过程。如幼穗分化、花芽分化、维管束发育以及气孔分化等。

生长和发育是同时进行的，互为基础。例如叶的长、宽、厚、重的增加称为生长，而叶脉、气孔等组织和细胞的分化称为发育。

2. 玉米制种生长的一般进程

玉米制种生长的一般进程主要是指S形生长过程，是指玉米制种的器官、个体和群体的生长通常是伴随着时间的延长呈S形的曲线变化，同时玉米制种对养分的吸收积累也符合S形的曲线变化。它一般分为4个时期：缓慢增长期、快速增长期、减慢增长期、缓慢下降期。

三、玉米器官成长过程

1. 种子的萌发和幼苗的形成

（1）玉米的种子。玉米是单子叶植物，种子是由子房发育而来的果实，胚将来发育成植株，胚乳中储存养分的多少关系到种子发芽和幼苗初期生长的强弱，所以选用粒大、饱满、整齐一致的种子，对保证全苗、壮苗有着十分重要的意义。

（2）玉米种子的萌发过程

1）吸胀。玉米种子吸收水分达到饱和的过程称为吸胀。种子吸胀后，种皮变软，胚和胚乳体积增大，酶活动加强，呼吸作用旺盛，把储存物质分解成可溶性物质，运往胚根、胚芽、胚轴等部位，供胚生长之用。胚乳为胚提供营养物质和能量。胚根、胚芽的细胞分裂，胚各部分细胞的伸长扩大，表现为迅速生长，一般情况下胚根先生长，然后胚芽生长。

2）萌动。胚根露出白嫩的根尖称为萌动。

3）发芽。胚根与种子等长，胚芽达到种子长度的1/2称为发芽。

4）种子留土萌发。玉米单子叶出土，而种子留土萌发。

（3）幼苗的形成

1）在田间条件下，胚根生长成种子根或主根，胚轴将来发育成连接根和茎的部分，胚芽则生长发育成茎叶等，最后形成具根、茎、叶的幼小植物——幼苗。

2）种子萌发和幼苗形成的过程，都是由异养转向自养方式的过程。

（4）种子发芽的条件。种子萌发所需要的外界条件是充足的水分、适宜的温度、足够的氧气。

1）水分。水分是种子萌发所不可缺少的条件，不同的种子吸水量不同，一般是含淀粉多的种子吸水量较少，含蛋白质、脂肪较多的种子吸水量较多。玉米种子吸水量为种子重量的137%。

①种子吸水后，种皮软化，利于透水透气；体积膨胀，将种皮撑破，让胚能吸收大量的氧气并便于胚根及胚芽的自由伸出。

②种子内储存的营养物质必须溶解在水里，才能被吸收利用。

③水能改变原来的休眠状态。种子吸水后，细胞和组织里有了充足的水，才能改变原来的休眠状态，恢复其基本的生活机能，细胞也随之恢复了分裂能力。

2）温度。种子吸足了水分，还要有适宜的温度才能萌发。温度不但是种子开始萌动的主要因素，也是决定种子萌发速度的首要条件。温度在种子萌发中的作用主要是促进酶的活性。种子内储存的营养物质（如淀粉、脂肪、蛋白质等）都不溶于水，因此，必须转化成溶于水的物质（如葡萄糖、脂肪酸、氨基酸等）才能被胚吸收。这种转化作用必须有酶的参加，而酶的活动必须有适宜的温度。

玉米发芽的最低温度是6～7℃，在这个温度下发芽缓慢，种子在土中时间长；发芽最适温度为10～12℃；发芽最快温度为25～30℃。在适宜的温度范围随着温度升高，发芽速度增快，但是在高温下发芽受阻。在生产中，玉米制种采取覆膜播种，5 cm深度的地温稳定在6～7℃作为适期播种期。土壤不同深度的温度差异较大，特别是白天的温度，例如春播时3 cm、5 cm与10 cm土温的差别很大，所以播种深度对发芽与出苗的快慢影响很大。

3）氧气。种子萌动后，胚的呼吸作用加强，酶的活动加快，代谢活动旺盛，需氧量大，因此需要有足够的空气，吸收其中的氧气，呼出二氧化碳，并产生大量的热。若没有空气，大多数种子将因缺氧而死亡。相对而言，含油量多的种子需要较多的氧气，含油量少的种子需要较少的氧气。

总的来说，水是酶活动的前提，又是溶解和运输物质的介质；温度是酶促反应的必要条件，在一定范围内，温度越高，反应速度越快；氧是形成酶的重要条件，许多分解和合成反应必须有氧的参加才能进行。

（5）种子的寿命和种子的休眠

1）种子的寿命。种子的寿命是指种子从采收到失去发芽力的时间。在一般储存条件下，玉米为2年，在低温、密封、干燥条件下储存，可以延长种子的寿命。而鉴别种子生活力的方法有三苯基氯化四唑法（活种子胚呈红色，死种子不着色）、靛蓝洋红染色法（活种子不着色，死种子着色）以及紫外线荧光照射法（活种子呈蓝色、紫蓝色，死种子呈黄色、褐色或无色）等。

2）种子的休眠。种子的休眠是指在适宜的发芽条件下，玉米种子停止萌发的现象。其原因主要是种子收获后，胚组织在生理上尚未成熟；种子中含有某种抑制发芽的物质，如脱落酸、酚类物质以及某种有机酸等。

2. 根的生长

（1）玉米根的组成。玉米根是须根系，由胚根和节根组成，节根又分为次生根和气生根。一般把胚根和第一次层节根一起统称为初生根。在初生根、次生根和气生根上都可以产生分枝。玉米的根系有1条种子根（胚根），初生根产生3～7条侧根，较细，在幼苗期到生育中期起吸收养分、水分的作用，种子根的功能期大约到第6叶期为止；初生根的数量与基因型、种子成熟度和发芽时的外界环境条件有关。次生根（节根）数量不定，起吸收养分的作用，位于地面上的是气生根，起抗倒伏和辅助吸收养分的作用。初生根与次生根交错分布，共同构成玉米强大而密集的根系。

（2）根系的生长。玉米根系在土壤中的分布受土质、土壤容重、土壤含水量、盐胁迫、土壤肥力、品种、种植密度等的影响。玉米根的生长表现为重量和长度的生长。一般而言，根系的生长速度有较明显的“慢—快—慢”的规律。

1）玉米根系的生长。先横向生长，拔节后转向纵向发展，到孕穗或抽穗期达到最大值，以后下降。一般来说，在10～40 cm耕层内的玉米根量占玉米总根量的50%～60%；50～60 cm土层占25%以上；80～100 cm土层也都在10%以上。就范围而言在20～60 cm的耕层范围之内，根量占总根量的70%～85%。

2）影响根系生长的因素。主要有基因型、土壤阻力、土壤水分（向水性）、土壤温度（适宜土温20～30℃）、土壤养分（趋肥性，磷钾肥可以促进根系生长）和土壤空气（向氧性）等。在低温条件下所生长的根系，呈白色、多汁、粗大、分枝少、皮层生存较久；相反，在高温干旱条件下，呈褐色、汁液少、细小而分枝多、木栓化程度高，皮层破坏较早。

3. 茎的生长

（1）茎的组成及分枝产生的原因。玉米的茎秆由节和节间组成，节上着生叶片，每个节位的叶腋处都有一个腋芽，除植株顶部5～8节的叶芽不发育以外，其余腋芽均可发育；最上部的腋芽可发育为果穗，基部茎节短而密集于近地面处，形成若干个节构成的节群，着生的腋芽在适宜的条件下生长成为新茎，称为分蘖或分枝。

一般来说，玉米产生分蘖的能力较弱，但是由于品种特性、种植密度、药害、虫害等原因会产生大量分蘖：

1）品种特性。

2）种植密度。稀着主茎高，密着则相反，这主要是由营养面积决定的。

3）玉米植株的顶端生长点均受到抑制，植株矮化并产生大量分蘖。

①苗后除草剂产生的药害。

②化学控制造成的药害。

③苗期高温、干旱且表土肥力较高。

（2）茎的生长。茎的生长是靠每个节的居间分生组织细胞分裂和细胞体积扩大（主要的）来完成的。玉米植株高度差异很大，低则在 1 m 以下，高则达到 10 m 左右。

4. 叶的生长

（1）玉米叶片结构。玉米叶片具有表皮、叶肉和叶脉三种基本结构。

1）表皮。叶片的上下表面都覆盖着一层表皮组织，排列着长细胞和短细胞，长细胞不仅角质化，并且充满硅质，短细胞为硅质细胞，常为单个的硅质体所充满，玉米叶片往往质地坚硬。

上下表皮上还有纵行排列的气孔。在叶脉之间的上表皮中还有薄壁的大型泡状细胞，其内壁在横切面上都凸进叶肉组织之内，体积很大，在天气干旱时，失去水分，体积收缩，因而能使叶子向上卷成筒形，借以减少水分的蒸发。

2）叶肉。细胞间隙较小，但其孔下室很大。

3）叶脉。玉米叶片的叶脉都是平行的。每一条叶脉含有一根维管束。在维管束的外围有一、二层细胞围绕着，形成维管束鞘。维管束鞘是由一层大的薄壁细胞组成，细胞较大，排列整齐，较发达，含较大叶绿体，外侧紧密毗连着 1 圈叶肉细胞，组成“花环形”结构，在进行光合作用时，可以将呼吸释放出的 CO_2 再行固定还原，大大提高了光合效能，称为高光效植物。因此玉米为四碳植物。

（2）叶片的决定因素和功能期

1）叶片的决定因素。叶片起源于茎尖基部的叶原基，在茎尖分化形成生殖器官之前，可不断分化叶原基，因此在茎尖周围通常包围着大小不同、发育程度不同的多个叶原基和幼叶。

品种的遗传特性以及环境条件等决定了主茎叶片数的多少，主茎叶片数的多少又与茎节数有着直接的关联。

2）叶的功能期。叶从开始输出光合产物到失去输出能力所持续的时间称为叶的功能期。玉米叶的功能期一般是从叶片定长到叶片的 1/2 变黄所持续的天数。叶片功能期的长短主要由叶位及栽培技术条件等因素决定。

在生产上常用叶面积指数来表示群体绿叶面积的大小。叶面积指数＝总绿色叶面积/单位土地面积。生产实践证明，中国玉米制种高产群体最适叶面积指数为 4～6。

（3）影响叶生长的因素。主要有温、光、水、矿物质营养等；较高的气温有利于叶片长度和面积的增加；较低的温度则有利于叶片宽度和厚度的增加；光照强有利于叶宽度和厚度的增加，反之光照弱则有利于叶长度和面积的增加；缺水叶片小而厚，反之则叶片大而薄；氮素促进叶面积增大，钾肥既可促进叶面积增长又能延缓叶片的老化，磷在生长前期增加叶面积，但在后期又能加快叶片的老化。

另外，叶的形态在一定程度上受分化时生长锥的大小作用，叶原基分化后在同样环境条件下，生长锥越大的叶越大。

5. 花的发育

（1）玉米花器的构造。玉米的花器为单性花，雌雄同株异位，雄花顶生而雌花腋生，玉米属于常异花授粉，天然异交率在95%以上（少数会有同株同花的现象，称为返祖现象），所以玉米的制种田要进行隔离。

1）雄花为圆锥花序又称雄穗，或称“天花”，由主轴和若干分枝构成，具多数穗形总状分枝，每1分枝上着生若干雄小穗。雄小穗成对着生，1有柄，1近无柄。每1雄小穗具2枚颖片和2朵雄花。每朵雄花由1枚外稃、1枚内稃和3枚雄蕊组成。

2）雌性花序是一个变态的侧枝，为肉穗状花序又称雌穗，为多数鞘状苞片所包藏。在花序上，雌小穗成对排列，共8～30行（常见的玉米自交系多为14～20行），每1雌小穗具2枚颖片、1枚不育花和1枚能育雌花。不育花通常仅具1枚外稃，能育雌花由1枚外稃、1枚内稃和1枚雌蕊组成。雌蕊的柱头呈细长丝状，顶端成不等的二叉，俗称花丝。不同部位的花丝抽伸的时间和速度不同。基中部1/3处的花丝伸长最快，最先伸出苞叶，顶部花丝最晚伸出。最后抽伸的花丝已到散粉后期，花粉量不足易造成缺粒秃顶。

（2）花器官分化

1）雄穗分化过程

①生长锥未伸长期。

②生长锥伸长期。这一时期延续5～7天。生长锥伸长，基部出现分枝突起，中部出现小穗原基裂片。

③小穗分化期。这一时期可以延续6～7天。每个小穗基部又迅速分裂为成对的两个小穗突起，大的在上，发育为有柄小穗；小的在下，发育为无柄小穗。

④小花分化期。每个小穗进一步分化出两个大小不等的小花突起。在小花突起的基部形成三个雄蕊原始体，中央形成一个雌蕊原始体，称为雌雄蕊形成期，此后雄蕊生长，雌蕊退化。

⑤性器官发育形成期。雄蕊原始体迅速生长，花粉母细胞进入四分体时期。随后花粉形成并充实内容物植株进入孕穗期。此期可以延续10～11天。

2）雌穗分化过程。雌穗分化比雄穗晚10～15天，雌穗由腋芽发育而成的肉穗状花序，穗轴粗大、节密，每节成对排列着两个无柄小穗，每个小穗着生着两朵小花，一般下位花退化，上位花结实，由此籽粒着生为偶数排列。

①生长锥未伸长期。生长锥呈光滑的圆锥体，生长锥基部分化出节和缩短的节间，即将来形成的穗柄，每节上的叶原始体以后发育为苞叶。

②生长锥伸长期。该时期可延续 3～4 天。生长锥显著伸长，长大于宽。随后生长锥基部出现节和叶的突起，在这些突起的叶腋间，形成小穗原基（裂片）。以后突起退化消失。

③小穗分化期。此期延续 3～4 天。生长锥进一步伸长，出现小穗原基。每个小穗原基又分裂为两个小穗突起，形成并列的小穗。

④小花分化期。每个小穗突起进一步分化为大小不等的两朵小花突起（上位花原基和下位花原基），在小花突起的基部外围出现三角形排列的 3 个雄穗突起，中央形成 1 个雌穗原始体，称为雌雄蕊形成期。在小花分化末期，雄蕊退化。此期是决定穗粒数和整齐度的关键时期。

⑤性器官发育形成期。此期延续 6～9 天。雌穗花丝逐渐伸长，顶端出现分裂，花丝上出现绒毛，子房体增大。随后胚囊母细胞发育成熟，整个果穗急剧增大，不久花丝吐出苞叶。雌穗花丝开始伸长期正值雄穗花粉粒进入内容物充实期。

3）决定雌穗中花数与粒数的因素及雌穗花粒败育的原因

①决定雌穗中花数与粒数的因素。遗传与外界条件两种因素决定花数与粒数，决定每穗花数的主要因素是遗传性，环境是次要的；决定每穗粒数的主要是外界条件，遗传性是次要的。

每个雌穗可发育的花数：早熟品种 600 朵，中熟品种 800 朵、晚熟品种 900～1 000 朵。导致花粒败育的主要因素是败育籽粒，其次是未受精花，最后是发育不完全花。其中发育不完全花占 3%～5%，败育花粒、未受精花占 5%～11%，败育籽粒占 24%～42%（秕粒）。

②玉米雌穗花粒败育的原因

a. 水分不足。特别是在开花期缺水影响更大。

b. 营养不足。一般田、低产田易出现，可以通过增加肥料投入改善。

c. 光合能力减弱。密度过大导致光照条件差。

d. 低温危害。夏季低温多雨的年份，开花灌浆在低于 18℃时受阻。

e. 授粉不良。未吐丝或吐丝未受精。

（3）开花。成熟的雄雌蕊露出来的现象即为开花。

1）开花顺序

①雄穗开花又称散粉。雄穗主轴中部小花最先开放，然后是顶端部分开花，最后是下部的花开放；雄穗侧枝的开花顺序，则是从上而下开放。小穗中每对小花的开放不同

步，上部小穗的下位花和下部小穗的上位花同时开放。

②雌穗开花的标志是从苞片中抽出花丝，又称吐丝。通常是雌穗基部以上1/3处的雌花柱头先抽出来，然后是下部、上部花的柱头抽出，顶部花的柱头最晚抽出，常常因为没有授粉而形成秃尖。

伸出苞叶的花丝茸毛较多，有利于接受花粉，花丝的任何部位都可接受花粉完成受精过程，子房受精后花丝颜色变深，后逐渐枯萎，未授粉的花丝可持续生长15天左右。花丝活力维持时间长而雄穗散粉时间短，花粉活力极易丧失，玉米制种生产当中应当特别注意花期相遇问题。

2）开花时间。玉米开花时间与温度、湿度、密度和品种等因素有关，玉米1天24小时均能开花散粉。

①单株玉米的雄穗从开始开花到散粉结束，需5～10天，一般在开花后第3天进入盛期，第5天达到高峰，3～5天开花最多，约占全部花的60%，7天后盛花期株数明显减少，单株玉米散粉10天后开花株极少，随着群体密度增大，单株散粉期缩短，一天内开花最盛时间是上午9—11时（当地时间），中午和下午一般开花很少。由于植株之间存在一定的差异，整个群体的散粉持续时间一般可达到15～25天。玉米制种通过多期父本的播种，人为制造差异性，使父本群体散粉盛期维持在6～12天，全面覆盖母本的吐丝期，充分保证授粉过程的完成，从而使母本植株上收获的籽粒产量远远大于自交系亲本生产中获得的籽粒产量。1天内散粉的最盛时间是（当地时间）上午4—10时。新疆为北京时间8时30分—13时，玉米制种地粉量较多。

②单株雌花从开始吐丝到花丝停止伸长，一般为2～5天，有时可长达7天，其中第2～4天，大部分雌花已开放，柱头已基本抽齐。随着群体密度增大，单株吐丝期缩短，群体内个体间差异性明显，大量出现吐丝期延后的个体，即玉米制种田中的“三类苗”。

（4）授粉。成熟后的花粉依靠外力作用从父本雄穗雄蕊花药传到母本雌穗的雌蕊柱头上的过程即授粉。此期延续6～9天。玉米为风媒花，花粉粒轻，大风天气可被送至500 m以外。因此，玉米制种地必须设置隔离区。

1）授粉方式。玉米制种的授粉方式是母本植株单一接受父本花粉，一般来说，玉米雌穗花丝伸出苞叶1～2 cm长，玉米雌穗有了接受花粉、玉米精子游进子房产生受精卵的能力，俗称吐丝期。由于单株玉米的雄穗通常比雌穗早抽出4～5天，玉米制种的母本植株进入吐丝期，雄穗已经有了散粉能力，具备1%～5%的同株自花授粉率，和100%的异株异花授粉率，因此玉米制种要求母本的雄穗抽出顶叶前去尽母本群体“天花”。

少数亲本自交系，雌穗花丝伸出苞叶4～7 cm长，玉米雌穗才能有接受花粉的能力，这样的组合，一般父本与母本总叶数相同或稍少，仍然被要求同期播种。

2）花粉和柱头的生活力

①花粉的生活力。玉米花粉的生活力与当时的气候状况有很大关系。一般玉米田间的花粉生活力可维持 5～6 h，24 h 后生活力丧失。当气温为 25～30℃、相对湿度为 60%时，生活力可保持 10 h 左右；当气温低、相对湿度为 80%时，生活力可保持 24 h 以上；当温度高于 32℃、相对湿度低于 30%时，花粉生活力很快丧失。就一天来说，每天（当地时间）上午 8—10 时散出的花粉生活力最强，而此时也正是玉米散粉最多的时候。在新疆，一般气温较高的晴天，北京时间 10 时 30 分晨露散尽，田间粉量明显增多，12 时后相对干燥，田间粉量明显减少，有少许云朵的较凉爽的微风天气情况下，全天粉量较多。散粉期增加田间灌溉可以有效增加空气的相对湿度，降低田间气温，大大提高花粉生活力，增加授粉受精概率。

②柱头的生活力。一般花丝抽出后就有授粉的能力，个别自交系花丝长度在 3～5 cm 以上才能接受花粉，柱头的生活力可以保持 10～15 天。一般的自交系花丝的柱头在抽出的最初 1～2 天生活力最强，少数自交系花丝的柱头抽出后的 3～5 天生活力最强，所以玉米制种进入吐丝盛期后的 2～5 天，授粉结实率最高，6～9 天后授粉结实率逐渐降低。干热风往往使柱头凋萎，丧失生活力。

（5）受精

1）受精。授粉后，雄性和雌性的性细胞相互融合过程即受精。

2）受精的判断。花粉附着在花丝上后，精子在 4～6 h 内，游进子房，产生受精卵，花丝停止伸长，花丝从外观上看，有明显的抑缩点，浅色的花丝抑缩点呈黄色、黄褐色，深色的花丝抑缩点呈深褐色或不易察觉，花丝失去水分，手感变糙，并逐步变为黑褐色。拔去苞叶和花丝，可以看见有明显的亮点，是子房膨大的结果。

（6）影响花器官分化、开花授粉和受精的因素

1）营养条件。要有足够的养分，但氮素过多，会影响幼穗分化。

2）温度。玉米幼穗分化的适温为 24～26℃，开花授粉的适温为 25～28℃。

3）水分。玉米抽穗开花期是需水最多的时期，对土壤水分十分敏感，如水分不足，气温升高，空气干燥，抽出的雄穗在 2～3 天内就会“晒花”，造成有的雄穗不能抽出，或抽出的时间延长，造成严重的减产，甚至颗粒无收。高温干旱时，雌穗花丝授粉能力减弱，雄穗花粉生活力下降，生存时间短，从而导致结实率低。

4）天气。天气晴朗有微风，有利于开花授粉和受精；阴雨天会洗去柱头分泌物，花粉吸水过多会膨胀破裂，对传粉不利。

四、玉米制种生长发育进程

玉米制种生长发育进程有三种表述方式，即生育期、生育时期和物候期，某一品种是否能在本区域制种则需要考察气候生长期（无霜期）、玉米制种有效活动积温。

1. 生育期

玉米从播种到收获的时间称为大田生育期，玉米从出苗至成熟的天数称为记载生育期，大田生育期是玉米制种从播种到收获种子的适期天数。

生育期表示熟性的早晚，熟性是由遗传（对光照和温度的反应）特性和所处的环境（光照和温度等）条件互相作用所决定的。

玉米生育期的长短与品种、播种期和温度等有关。不同品种的生育期不同（如早熟、中熟和晚熟品种），早熟品种生育期短，晚熟品种生育期较长；播种期早的生育期长，播种期迟的生育期短；温度高的生育期短，温度低的生育期长。在相同的环境条件下，同一种品种的生育期是相对稳定的，而在不同的环境条件下，同一种品种的生育期会发生变化，其变化主要由于营养生长期影响，对于生殖生产而言是相对稳定的。

一般来讲，早熟品种生长发育快，主茎节数少，叶片少，成熟早，生育期短，同时单株生产力也低；而晚熟品种相反。就群体而言，早熟品种适合密植，晚熟品种适合疏植，早熟品种的群体产量并不一定比晚熟品种的产量低。

玉米受到逆境的影响而缩短其生育期提早成熟的现象称为早衰；相反，玉米因肥水过量而延长其生育期不能正常成熟的现象称为贪青晚熟。

2. 生育时期

生育时期是指在玉米的一生中，受遗传因素（自身量变和质变的结果）和环境条件因素的影响，在植株外形特征和内部生理特性上会发生不同的阶段性变化，不同阶段会出现某一形态特征并持续一段时间，这一系列的变化称为玉米制种的生育时期（也称生育阶段），各种生育时期可以根据需要细分，如成熟期可细分为乳熟、蜡熟和完熟期。

（1）出苗期。幼苗出土高约 2 cm 的日期。

（2）三叶期。植株第三片叶露出叶心 3 cm。

（3）拔节期。植株雄穗伸长，茎节总长度达 2～3 cm，叶龄指数 30 左右。

（4）小喇叭口期。雌穗进入伸长期。雄穗进入小花分化期，叶龄指数 46 左右。

（5）大喇叭口期。雌穗进入小花分化期、雄穗进入四分体期，叶龄指数 60 左右，雄穗主轴中上部小穗长度达 0.8 cm 左右，棒三叶甩开呈喇叭口。

（6）抽雄期。植株雄穗尖端露出顶叶 3～5 cm。

（7）散粉期。植株雄穗开始散粉。

（8）吐丝期。植株雌穗的花丝从苞叶中伸出 2 cm 左右。

（9）籽粒形成期。果穗中部籽粒体积基本建成，胚乳呈清浆状，也称灌浆期。

（10）成熟期

1）乳熟期。果穗中部籽粒干重迅速增加并基本建成，胚乳呈乳状后至糊状。

2）蜡熟期。果穗中部籽粒干重接近最大值，胚乳呈蜡状，用指甲可划破。

3）完熟期。果穗中部籽粒干硬，籽粒基部出现黑色层，乳线消失，并呈现出品种固有的颜色和光泽。

一般大田或试验田，以全田 50%以上植株进入该生育时期为标志。

3. 物候期

物候期是指玉米制种生长发育在一定外界环境条件下所表现出来的形态特征，人为地制定一定具体指标，以便科学地指导玉米制种的生育进程。一般将玉米的物候分为 6 个时期。

（1）出苗。播种后种子发芽出土高约 2 cm。

（2）拔节。当雄穗分化到伸长期，靠近地面用手能摸到茎节，茎节点长 2～3 cm。

（3）抽雄。玉米雄穗顶端从顶叶抽出 2～3 cm。

（4）开花。雄穗开始开花散粉。

（5）吐丝。雌穗花丝开始露出苞叶。

（6）成熟。玉米苞叶变黄而松散，籽粒尖冠出现黑层。

以上断定标准为个体植株的标准；对于群体而言，10%达到该标准称为始期，50%以上称为盛期。

4. 气候生长期（无霜期）

气候生长期是指日平均气温稳定通过 0℃的天数。气候生长期的始日定义为 5 日滑动平均气温≥0℃的日期，终日定义为 5 日滑动平均气温＜0℃的日期。气候生长期以天数表示。通常情况下，全国以及北方、南方和青藏高原分别是 300 天、260 天、360 天和 230 天以内。

5. 玉米制种有效积温

高于 10℃的活动积温减去秋季低于玉米制种籽粒灌浆的下限温度（玉米制种籽粒灌浆的下限温度为日平均气温 16℃）那部分无效积温。

第二节　玉米制种器官生长的相关性

→ 了解玉米制种器官生长的相关性知识

一、营养生长与生殖生长相关性

营养生长期以根、茎、叶等营养器官的生长为主。营养生长和生殖生长并进期是指从幼穗分化开始到结束。生殖生长期以花和种子等生殖器官的生长为主。

1. 营养生长是生殖生长的基础，没有一定的营养生长期，就不会有生殖生长的开始，因此营养生长的好坏直接关系到生殖生长的优劣和产量的高低。玉米的幼穗分化在6叶后开始。

2. 营养生长和生殖生长并进期矛盾大，要协调发展。在并进期，营养生长和生殖生长存在竞争关系。

3. 在生殖生长期，营养生长并没有结束，要适当协调。要防止贪青倒伏，也要防止早衰现象。

二、营养器官在植物生长中的相互影响

1. 地下部分与地上部分的相互关系

玉米制种的地上部分包括茎、叶、花、果实（种子）等，玉米制种的地下部分以根系为主，地下部的生长与地上部的生长相适应，根深则叶茂，壮苗先壮根，这就是它们之间的相关性。

（1）地下部分与地上部分存在着大量物质交换。

（2）不同品种、不同生育时期的根冠比是不同的。例如玉米制种苗期的根冠比比较大，以后逐渐减小。

（3）环境条件不同，栽培条件不同。例如，干长根，湿长苗；氮长茎叶，磷促进根系生长。

2. 顶芽与腋芽的相互关系

一般情况下有顶端优势，顶芽生长存在优势能抑制腋芽生长，但当顶叶伸出，顶端优势不再发生作用，倒6叶腋或倒7叶腋，腋芽出现生长优势，形成雌穗。

3. 营养器官间的同伸关系

（1）地上部营养器官依次发育。玉米地上部营养器官的发育按叶片、叶鞘、节间顺序依次进行，当n叶片至伸长末期时，n叶鞘开始伸长，n叶鞘至伸长末期时，n节间开始伸长。n叶伸长末期，n叶鞘处于始伸期，$n-2$节间处于始伸期。叶片伸长持续6～22天，叶鞘持续7～14天，节间持续10～14天，随着生节位而异。

1）叶片、叶鞘和节间之间的关系。第n叶叶片、第$n-1$叶叶鞘、第$n-2$叶至$n-3$叶节间表现为同伸器官。在叶片之间，第n叶展开，第$n+1$叶迅速伸长，第$n+2$叶开始伸长，第$n+3$叶等待伸长。

2）地上部分与根系之间的关系。玉米生育初期，两者保持$n-3$的关系，随后出

叶速度加快，大约每出 2 叶则长出 1 层节根。

（2）根系生长与其他器官的关系

1）根系的生长与地上部的生长相适应。

2）节根条数与穗粒数、穗粒重正相关。

3）节根的条数与大喇叭口期至蜡熟期的光合生长率呈正相关。

（3）茎的生长与其他器官的关系

1）着生果穗部茎节与果穗生长相一致。

2）基部茎节粗度和根系生长呈正相关。

三、器官生长发育同伸关系在生产上的应用

（1）器官同伸关系的应用

1）可以衡量玉米制种的生育进程。

2）可以进行玉米制种长势、长相的田间诊断。

3）可以衡量环境条件对玉米制种生育进程的影响，为玉米制种模式化栽培提供参考依据。

（2）叶龄模式在生产上的应用。叶龄、叶龄余数、叶龄指数等都是玉米制种外部形态指标，容易掌握。因为叶龄模式栽培法是根据品种、肥力水平、种植制度、产量指标，将农业技术措施事前计划好，在玉米制种达到一定的叶龄时实施，最终达到高产优质的目的。

（3）叶片生长与植株生长、与其他器官的关系及农事管理的关系。第 n 片叶的生长影响第 $n+2$ 片叶的生长发育及影响第 $n+4$ 片叶附着器官的生长发育，以 21 叶的玉米为例，主穗一般在倒 6 叶腋或倒 7 叶腋着生即第 15～16 叶，第 13～14 叶的生长影响主穗发育主要指穗长，第 11～12 叶的生长影响第 13～14 叶的生长发育，大喇叭口期也是雌穗进入小花分化期、雄穗进入四分体期，第 9～10 叶的生长影响第 11～12 叶及雌穗、雄穗的生长发育，所以第 9～10 叶时期是追肥最佳时期，第 11～12 叶期是“水肥临界期”——玉米一生中需求量最大且不可延迟投入的时间段。

（4）幼穗与营养器官之间的关系

1）叶龄法。是以叶片数为指标，在幼穗分化开始后，基本上是每出 1 片叶，幼穗分化推进 1 期。

2）叶龄余数法。某一品种一生的总叶片数减去已抽出的叶数。

3）叶龄指数法。某一时期已抽出（或已展开）叶数占总叶数的百分数。

（5）穗分化进程在生产中的指导意义。雄穗生长锥伸长，标志着玉米植株进入营养生长和生殖生长并进阶段，即叶片分化总数已确定，茎节开始伸长。雌穗生长锥伸长，叶龄指数 40 时，标志玉米株高增长出现转折，生育进入旺盛时期，吸收肥水强度大，

是追施穗肥的关键时期。雌穗小花分化期，叶龄指数60时，决定雌穗可分化小花的数目，此时期追肥增产的效益最大。玉米穗分化的主要时期与叶龄的关系见表5—1。

表5—1　　玉米穗分化的主要时期与叶龄的关系

穗分化发育时期			相应叶龄	叶龄指数
分期	雄穗	雌穗		
1	伸长		5.4	27%
2	小穗原基		7.1	35.5%
3	小穗分化		8.1	40.5%
4	小花分化	伸长	9.1	45.5%
5	雄长雌退	小穗分化	11.1	55.5%
6	四分体期	小花分化	12.3	61.5%
7	花粉粒形成	雌长雄退	13.6	65.1%
8	花粉粒成熟	花丝始伸	15.4	77%
9	抽雄	果穗增长	18.2	91%
10	开花	抽丝	20	100%

第三节　玉米制种群体动态与群体生产力

→ 了解玉米制种群体生态和群体生产力知识

玉米制种生产是群体的生产，玉米制种的产量是群体的产量，虽然群体是由众多单一个体组成的却不是个体的简单累加，个体的产量高不代表群体产量高，合理的群体既要庞大的数量又要使单一个体增产潜力比较充分地发挥，这样群体优势和个体产量潜力才能得到比较充分的发挥，因此生产中既要求个体的健壮发育又要求群体的稳健和合理发展，即创造一个合理的群体结构。

一、玉米制种群体结构

1. 同一块土地上的所有玉米制种个体的总和称为群体。群体中各个单株的大小、分布、长相及其动态变化等称为玉米制种群体结构。

玉米制种群体的大小主要指全田理论留苗株数、母本理论留苗株数、母本收获株数、母本收获穗数、叶面积指数和根系发达程度等。

玉米制种群体的分布主要指玉米制种群体的水平分布（包括株距、行距和密度等）、垂直分布（包括叶片大小、叶倾角和叶方位角、层次分布、植株高和穗位高度等）两个方面。

玉米制种群体的长相主要指玉米制种群体的叶片姿态、叶色、生长整齐度和封垄早晚等。

玉米制种群体的动态变化主要指玉米制种群体中的全田理论留苗株数、母本收获株数、母本收获总穗数、叶面积指数、群体高度和整齐度的动态变化及干物质积累的动态变化等。

2. 玉米制种合理的群体结构指玉米制种群体的大小、分布、叶色、长势、长相及其动态变化适合玉米制种本身特性和当地环境条件，且能保证群体中的个体发育健壮和群体稳健合理的发展，群体通风透光良好，光能利用充分，最终产量较高的玉米制种群体结构。

二、玉米制种个体与群体的关系

1. 玉米制种群体的组成因素和自动协调

（1）玉米制种田间个体通过株距、行距、田块行长、田块带距、玉米制种密度等因素共同组成玉米制种的群体。

（2）玉米制种群体的内生环境和外生环境。玉米制种的群体外生环境，是指群体外大环境对群体的影响；群体内生环境，是指群体对群内个体光、温、气、水供应的影响，影响群体内的光照特别是冠层下部的光照、影响群体内温度和湿度、影响群体内空气流通和 CO_2 的供应量，另外随着种植密度的增加，群体的叶片交错分布形成可以减少漏光和土壤水分的蒸发。

2. 玉米制种个体和群体之间的辩证关系

（1）个体和群体之间既互相联系又互相制约。

（2）合理的种植密度有利于个体和群体协调发展。

（3）利用群体自动调节，采用栽培技术来提高玉米制种产量。

（4）群体内部比个体所处的环境、光合作用更为复杂。

不同密植与玉米产量间的关系如图 5—2 所示。

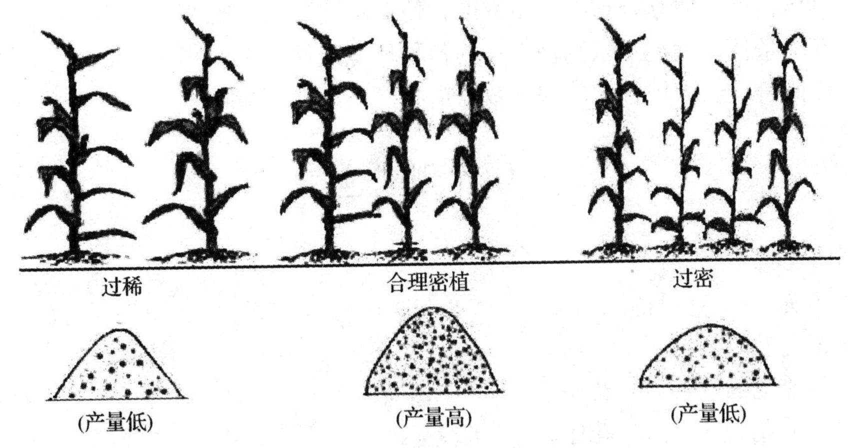

图 5—2　不同密植与玉米产量间的关系

三、群体生产力

1. 群体产量

（1）群体生产力。是指玉米制种群体生产有机物的能力。

（2）群体能量产量。是指玉米制种群体在一定的生育期内和一定的土地面积上所积累的生物量，是群体内个体产量的总和，即由群体的个体通过光合作用和呼吸作用，利用日光能、水分、二氧化碳和矿物质养料组合成全部的个体体重或体积的总和。

（3）群体生物产量。玉米制种群体在一定的生育期内和一定的土地面积上能量产量减去群体内个体呼吸作用量的总和。有时特指玉米制种群体在一定的生育期内和一定的土地面积上干物质量的总和。

（4）群体籽粒产量。玉米制种群体在一定的生育期内和一定的土地面积上母本植株获得籽粒粗种子的总和。

（5）光温产量潜力。在某一区域玉米制种群体在一个种植季节内和一定的土地面积上收获粗种子的理论数值。

（6）最高产量纪录。某一玉米制种组合在一个种植季节内和一定的土地面积上收获净种子的最高纪录。

（7）试制产量。在某一区域某一玉米制种组合在一个种植季节内和一定的土地面积上收获净种子的最高纪录。

（8）现实产量。在某一区域某一玉米制种组合在一个种植季节内和一定的土地面积上收获净种子的数量。

2. 影响群体生产力的因素

（1）玉米制种父母本组合。选用高光效亲本组合。

（2）群体密度。建立合理的群体密度，使母本达到临界密度。

（3）环境条件。满足玉米制种生长的各种环境条件。

（4）田间管理。采用合理的综合栽培措施。

单元测试题

一、填空题

1. 玉米为（　　）性花。
2. 玉米的花雌雄（　　）株。
3. 玉米雄花为（　　）花序。
4. 玉米雌花为（　　）花序。
5. 玉米雄穗中轴中部和（　　）部的花先开。
6. 玉米雄穗中（　　）部的花最后开放。
7. 雌穗开花的标志是从苞片中抽出（　　）。
8. 玉米为（　　）授粉作物。

二、判断题

1. 玉米雄穗侧枝的开花顺序是从上而下开放。（　　）
2. 雌穗顶部花的柱头最后抽出。（　　）
3. 玉米如果遇到干旱，吐丝期可延迟。（　　）
4. 玉米通常仍有 40%的自花授粉率。（　　）
5. 当气温为 25～30℃、相对湿度为 60%时，玉米花粉生活力可保持 10 h 左右。（　　）
6. 玉米柱头抽出的最初 8～10 天，生活力最强。（　　）
7. 玉米一般出籽率在 50%左右。（　　）
8. 玉米一般千粒重为 30 g 左右。（　　）
9. 高油玉米品种含油率最大可以达到 4%。（　　）
10. 白玉米授予黄玉米的花粉，白玉米当代就变为黄玉米。（　　）

三、单项选择题

1. 雌穗开花通常比雄穗开花要迟（　　）天。

A. 4～5　　B. 7～8　　C. 11～12　　D. 15～20

2. 柱头的生活力可保持（　　）天。

A. 10～15　　B. 20～30　　C. 25～30　　D. 20～35

3. 极早熟品种所需要的积温一般为（　　）℃。

A. 1 800～2 000　　B. 2 000～2 500　　C. 2 500～3 000　　D. 3 000～3 200

四、多项选择题

1. 关于玉米自花授粉率错误的回答是（　　）。

A. 1%～5%　　B. 20%～30%　　C. 40%～50%　　D. 50%～60%

E. 70%～80%

2. 玉米育种目标的确定因素包括（　　）。

A. 穗部性状　　B. 植株性状　　C. 优质　　D. 叶片颜色

E. 花丝颜色

3. 花粉容易丧失活力的温度是（　　）℃。

A. 19　　B. 20　　C. 25　　D. 35

E. 32

4. 下列因素中属于数量性状的有（　　）。

A. 穗数　　B. 穗长　　C. 穗粗　　D. 花药颜色

E. 花丝颜色

5. 下列属于植株性状的是（　　）。

A. 紧凑型　　B. 半紧凑型　　C. 平展型　　D. 出苗率

E. 发芽率

6. 下列属于穗部性状的是（　　）。

A. 穗型　　B. 粒型　　C. 穗行数　　D. 叶片夹角

E. 叶片宽度

7. 自交系的粒行数范围错误的是（　　）。

A. 16～20　　B. 5～6　　C. 8～9　　D. 23～25

E. 3～4

单元测试题答案

一、填空题

1. 单　2. 同　3. 圆锥　4. 肉穗　5. 上　6. 下　7. 柱头　8. 异花

二、判断题

1. √　2. √　3. √　4. ×　5. √　6. ×　7. ×　8. ×　9. ×　10. √

三、单项选择题

1. A　2. A　3. A

四、多项选择题

1. BCDE　2. ABC　3. DE　4. ABC　5. ABC　6. ABC　7. BCDE

第6单元

玉米制种栽培措施和技术

第一节　玉米制种播种技术

→ 了解玉米播种技术

播种是按计划密度将种子播入一定深度的土壤中，并加以覆土镇压。播种包括播种期、种子的选择、种子处理、合理密植、播种方式和播种量的确定等内容。

一、播种期的确定

玉米制种适期播种不仅可以保证发芽所需的各种条件，而且能使各个生育时期处于最佳的生育环境，避开低温、阴雨、高温、干旱、霜冻和病虫等不利因素，获得高产优质的种子。

播种期的确定主要考虑气候条件、品种特性、病虫害发生规律等因素。

1. 气候条件

玉米制种对温度的要求和灾害性天气出现时段是确定适宜播期的主要因素。

2. 品种特性

晚熟品种宜早播，早熟品种宜晚播。

3. 病虫害发生规律

调节玉米制种播种期，错开病虫发生季节，是防病治虫的农业措施之一。调节播种期、错开病虫害发病季节，如玉米早播，有利于避免地下害虫（蛴螬、地老虎）和后期玉米螟的危害，并减轻病害的发生。

二、种子的选择

优良的玉米自交系种子应具备以下条件：

1. 生活力强

种子的生活力用种子的发芽势和发芽率表示。发芽势表示种子发芽出苗的整齐程度。发芽率是指能正常发芽的种子占供试种子的百分数。玉米亲本种子的田间出苗率直接影响制种田收获穗数，GB4404.1—2008 规定发芽率≥85%，事实上田间出苗率普遍超过了 92%。

2. 粒大饱满

粒大饱满说明灌浆充分，后熟程度高，容易实现苗期幼苗的苗齐、苗匀、苗壮。

3. 整齐度高

用整齐一致的种子播种，幼苗生长整齐健壮，植株发育均匀，群体易调控，农事操作简单，用工量少，产量较高。

4. 纯度净度高

GB 4404.1—2008 规定玉米自交系大田制种用种纯度≥99%。

5. 无虫蛀粒、霉变粒

种子外部及内部没有感染病害，没有被害虫蛀蚀，也没有病虫潜伏其中。

三、种子播种前处理

1. 清选

种子清选就是在播前清除空、瘪、病虫粒，杂草种子及其他杂质；玉米自交系种子清选的方法有风选、筛选和人工粒选。

2. 晒种

播前晒种1～2天，可促使种子后熟，打破休眠，提高种子的发芽率。但在水泥地上晒种要薄摊勤翻，防止暴晒，以免影响发芽率。

3. 种子处理

（1）药剂拌种。可杀灭种子内外和出苗初期的病菌及地下害虫。常用的杀菌剂有多菌灵、粉锈宁、克菌丹、托布津、福美双、拌种双等。杀虫剂有呋喃丹、氧化乐果、辛硫磷乳油等。拌药后的种子可立即播种，也可储存一段时间后播种。

（2）种子包衣。种子包衣是国内外普遍采用的种子处理技术。种子包衣剂的主要成分是农药、微肥、生长调节剂和微生物等，再加上成膜剂、稳定剂等。包衣剂的成分可根据玉米制种、土壤病虫害情况配置。种子包衣剂能有效控制由种子和土壤传播的病菌及害虫的危害，并提供玉米制种苗期生长的养分，促进种子发芽出苗。

四、合理密植

1. 确定合理密度的原则

合理密度的确定，要根据品种类型、环境因素及生产条件、栽培技术水平、目标产量和经济效益等综合决定。

（1）品种类型。植株高大、分枝（分蘖）性强、单株生产潜力大的类型，种植密度要稀，反之宜密。早熟品种，生育期短，个体生长量小，单株产量潜力低，应发挥群体的优势增产，种植密度应大些；晚熟品种宜稀。不同的株型应采用不同的密度。株型紧凑的品种，叶片上举，分枝紧凑，群体消光系数小，适宜的叶面积系数大，宜密；平展型品种，株型松散，密度宜稀。

（2）气候条件。玉米从高纬度引种到低纬度地区，生育期缩短，提早成熟，宜密；反之，密度宜稀。多雨寡照地区的品种引种到干旱少雨、日照充沛的地区，个体潜力变大，密度宜稀；反之，宜密。

（3）肥水条件及栽培水平。土壤肥沃、施肥水平高的地块，个体生长良好，密度宜稀；土壤贫瘠、肥源不足，施肥量少的田块，个体发育差，生长不良，应适当增加密度。灌溉条件好的地块，玉米制种生长较好，密度宜稀；反之，无灌溉条件的地块，密度可适当增加。根据播种期，密度应作相应调节，适期早播的，早春干旱低温少雨，节间伸长较慢，植株较矮小，密度宜密；播期较晚的，苗期温度较高，植株长势好，植株较高大，密度宜稀。

（4）种植方式。不同种植方式，密度应有差异。条播、穴播植株相对集中，密度太大，个体之间矛盾突出，密度要稀；采用宽窄行播种方式，密度可适当提高。

（5）地形。狭长地块或梯田，通风透光条件好，密度宜密；反之，密度宜稀。

（6）病虫草害。病虫草害危害严重的地块，为保证密度和群体，播种量应适当增加；反之，密度宜稀。

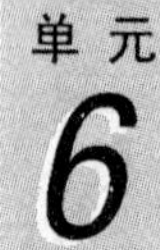

2. 种植密度

种植密度是指玉米制种群体中单一个体平均所占营养面积的大小。它决定了群体的大小，影响着群体结构。

3. 合理密植是实现高产的基础

（1）合理密植能使产量构成因素协调。密度的高低决定了一定面积上的株数。密度太小，收获的株数少，尽管个体产量高，群体产量不会高；密度过高，群体与个体的矛盾突出，个体产量低，也不能高产。合理密植可使产量构成因素协调。

（2）合理密植可建立适宜的群体结构。理想的群体结构是高产的基础，而合理的群体取决于密度及措施的调控，合理密度是群体调节的基础。

（3）合理密植能保证适宜的叶面积。要提高群体的物质生产量，就必须适当增加叶面积和提高光合强度。在一定范围内，密度越大，总叶面积越大，光合产物越多。当密度超过一定值时，群体过大，下部叶片光照不足，群体光合速率降低，影响群体物质产量。

4. 株行配置方式

（1）株行配置方式就是种植形式，行间和株间的距离配置，是群体中个体占据空间的形式，反映了群体的均匀性。确定种植方式的原则如下：

1）充分有效地利用光能。

2）充分利用土壤的营养和水分。

3）方便农事操作。

(2) 主要的株行配置方式

1) 条播或穴播。

2) 行间的距离配置，宽窄行法和等行距法等。

3) 株间的距离配置，等株距或宽窄等株距，一般穴播能实现等株距。

5. 实现合理密植的方法

(1) 播种量。玉米制种一般采用穴播机播种，穴播是在条播的基础上发展起来的播种方式，在行内按一定距离，株距均匀地穴播数粒种子，出苗后按计划留苗密度进行间苗。优点是能保证密度，种子入土深浅一致，出苗整齐，用种量少，便于集中施肥。缺点是费工。播种前要计划好行距、株距，根据行距、株距调整播种机，每穴放 2～4 粒种子。根据种子质量、粒重和田间出苗率等计算播种量。计算公式如下：

$$播种量(kg/hm^2)=\frac{每\ hm^2\ 计划留苗密度\times 千粒重\times(2\sim 4)}{净度\times 发芽率\times 田间出苗率\times 1\,000\times 1\,000}$$

式中：种子的千粒重 (g)、发芽率等，播种前通过种子检验求得。出苗率可根据常年出苗率的经验数字或通过试验求得。

实现精量播种的地区，播种量计算公式如下：

$$播种量(kg/hm^2)=\frac{每\ hm^2\ 计划留苗密度\times 千粒重}{净度\times 发芽率\times 田间出苗率\times 1\,000\times 1\,000}$$

(2) 间苗、定苗。玉米制种无论是采用条播还是穴播，实际播种量往往要比计划密度多 2～4 倍，播种出苗后要适时间苗、定苗，根据计划确定留苗密度。由于玉米种子属于留土出苗种子，因此间苗、定苗适期为 4～5 叶期。

6. 播种深度

在土壤墒情适中的范围内，应提倡浅播。玉米的播种深度以 3～5 cm 为宜。

五、播种方式

地膜覆盖栽培就是利用聚乙烯塑料薄膜，在玉米制种播种前或播种后覆盖在农田上，配合其他栽培措施，以改善农田生态环境，促进玉米制种生长发育，提高产量和品质的一种保护性栽培技术。西北地区玉米制种普遍采用地膜覆盖栽培。

1. 地膜覆盖的效应与作用

农田地膜覆盖能使土壤充分获取并蓄积太阳能，抑制土壤水分蒸发，提高地温，从而改善土壤理化性状，优化农田生态环境。

(1) 增温效应。一般早春地膜覆盖比露地土表日均温提高 2～5℃。地膜覆盖春播玉米制种从播种到收获，随着大气温度的升高和叶面积的增大，增温效应逐渐减小；地膜覆盖农田的地温变化，有随土层加深逐渐降低的明显趋势；不同气候条件下增温效应有明显差异，晴天增温多；覆盖度大，增温保温效果好；东西行向增温值比南北行向高；地膜覆盖中心地温比四周高，高垄覆膜比平作覆膜增温高。

（2）保墒效应。地膜覆盖切断了土壤水分与大气交换的通道，抑制了土壤水分向大气的蒸发，使大部分水分在膜下循环，土壤水分较长时间储存于土壤中，具有保墒作用。同时，由于盖膜后土壤温度上下层差异加大，使较深层的土壤水分向上层运移积聚，具有提墒作用。因此，覆膜土壤耕层含水量比露地明显提高，且相对稳定。但地膜覆盖也阻隔了雨水直接进入土壤，增加了降水的径流，一般情况下，农田覆盖度不宜超过80%。

（3）保土效应。地膜覆盖后可防止雨滴直接冲击土壤表面，可抑制杂草，减少了中耕除草及人、畜、机械田间作业的碾压和践踏，同时地膜覆盖下的土壤，受增温和降温过程的影响，使水汽膨缩运动加剧，有利于土壤疏松，容重减少，孔隙度增加。也避免了因灌溉、降雨等引起的土壤板结和淋溶，减少了土壤受风、水的侵蚀。因膜下的土壤能长时期保持疏松状态，水、气、热协调，为根系生长创造了良好条件。

（4）对土壤养分的影响。地膜覆盖后，由于土壤水、热条件好，土壤微生物活动增强，有利于土壤有机质矿化，加速有机质分解，从而提高了土壤氮、磷、钾有效养分的供应水平。但由于地膜覆盖玉米制种生长旺盛，消耗土壤养分多，往往会发生玉米制种生育后期脱肥现象，所以地膜覆盖栽培必须增施有机肥，并注意后期施肥。

（5）对近地表环境的影响。地膜覆盖后，由于地膜的反光作用，使玉米制种叶片不仅接受太阳直接辐射而且还接受地膜反射而来的短波辐射和长波辐射的作用，特别是中下部叶片光照条件得到改善，有利于提高群体光合作用。反光地膜（银色和银灰色）的反光作用比透明地膜更高。

地膜覆盖栽培对发展玉米制种具有重要作用。

1）可有效提高单产，可使玉米制种增产15%～30%。

2）可有效提高地温和积温，通过地膜覆盖后玉米制种生育期积温增加200～300℃，生育期延长15天以上，有利于扩大玉米制种高产组合的适种区域。

3）可有效提墒和保墒，有利于一播全苗。

4）有利于增强抗灾能力，玉米制种播种期和苗期春旱、低温、冷害、风沙等自然灾害频繁发生，地膜覆盖后增强玉米制种抵御自然灾害的能力。

5）可减少春季土壤水分蒸发，减轻盐碱危害。

2. 地膜覆盖栽培基本技术

（1）地膜选择。当前生产上使用的地膜主要是聚乙烯地膜。地膜的规格选择应该依据株距配置进行，等行距60 cm的选择90 cm宽的地膜，平均行距55 cm的选择80 cm宽的地膜；也可以根据目的选用有色地膜、特殊地膜。

（2）施足基肥。地膜覆盖地温高，土壤微生物活动旺盛，有机质分解快，玉米制种生长前期耗肥多，为防止中后期脱肥早衰，在整地过程中应充分施入迟效性有机肥，基肥施入量要高于一般露地田30%～50%，注意氮、磷、钾肥的合理配比，在中等以上肥力地块，为防止氮肥过多引起玉米制种前期徒长，可减少 10%～20%氮肥用量。

（3）播种与覆膜。根据播种和覆膜工序的先后，有先播种后覆膜和先覆膜后打孔播种两种方式。先播种后覆膜的优点是能够保持播种时期的土壤水分，利于出苗，播种时省工，利于用条播机播种；缺点是放苗和围土较费工，放苗不及时容易烧苗。先覆膜后打孔播种的优点是不需要破膜引苗出土，不宜高温烧苗，干旱地区降雨之后可适时覆膜保墒，待播期到时，再进行播种，缺点是人工打孔播种比较费工，如覆土不均或遇雨板结易造成缺苗。两种方式应根据劳力、气候、土壤等条件灵活运用。育苗移栽可采用先覆膜后打孔定植的方法。

（4）精量播种。随着现代农业和精细控制技术的发展，精量播种机省去了间苗环节，达到苗全、苗壮和节约种子的目的。精细播种的种子质量要有绝对保证，以免造成缺苗。

（5）田间管理。地膜覆盖栽培必须抓好如下田间管理环节：

1）检查覆膜质量。覆膜后为防地膜被风吹破损，在膜上每隔 5～10 m 打一条与行垂直的小土埂，土量要适中，分布要均匀，并经常检查，发现破损及时封堵。

2）及时放苗出膜、疏苗定苗。穴播玉米制种，当幼苗出土时，要及时打孔放苗，防止膜空错位的穴位膜下高温伤苗，引苗出膜，封实穴孔，减少膜下杂草丛生。一般在幼苗具有 4～5 片真叶时可进行定苗。

3）灌水追肥。地膜覆盖栽培，玉米制种生育期中灌水要比常规栽培减少，一般前期要适当控水、保湿、蹲苗、促根下扎、防徒长，中后期蒸腾量大，耗水多，应适当增加灌水，结合追施速效性化肥，防早衰。

4）加强病虫害防治。地膜覆盖栽培时，由于农田光、热、水条件改善和玉米制种旺盛生长，除个别病虫害有所减轻外，大部分病虫害均加重，应及时有效地防治。

（6）地膜回收。聚乙烯地膜在土壤中不溶解，土壤中残留的地膜碎片，对土壤翻耕、整地质量和后茬玉米制种的根系生长及养分吸收都会产生不良影响，容易造成土壤污染，所以，玉米制种收获时和收获后必须清除地膜碎片。

第二节 玉米制种营养调节技术

→ 了解各项玉米制种营养调节技术

一、玉米制种需肥和土壤供肥规律

玉米制种需肥较大，土壤中的自然供给量往往不能满足玉米制种生长发育的需要，必须通过施肥来弥补土壤天然肥力的不足，以满足玉米制种生长发育各阶段所需的营养。植株获得这些元素主要是由根系从土壤中吸取，少部分可由叶片从根外追肥中获得。

16 种元素对玉米制种正常生长发育至关重要，是必需营养元素，其中碳、氢、氧 3 种非矿物质元素从空气和水中获得，氮、磷、钾、硫、钙、镁、硼、锌、钼、铁、锰、铜、氯等元素需要从土壤中吸收，按生长发育需求量可以分为大量元素（氮、磷、钾）、中量元素（硫、钙、镁）、微量元素（硼、锌、钼、铁、锰、铜、氯）。各种必需营养元素中，无论缺少哪一种元素，都会导致玉米自交系发育不良、减产甚至绝收。

在现实生产中，人们偏重对大量元素的补充，忽视中量元素、微量元素的补充，久而久之会造成未施用元素的相对亏缺，某种（或某些）未补充的相对亏缺的元素有可能会成为产量限制因素。随着产量水平的提高，氮、磷、钾等大量元素的施用量越大，其他元素的相对亏缺程度越大，其增产作用越来越明显。高产是在多种元素综合作用的基础上获得的，应当注意元素之间的平衡施用。

因此，只有了解玉米制种生长发育规律、玉米亲本的各个生育时期的营养生理特性、土壤供肥能力、肥料性质和各种养分相互之间的作用关系，才能科学使用肥料，达到高产、高效、优质的目的。

1. 玉米制种需肥特点

（1）营养元素的功能

1）非矿物质元素。碳、氢、氧 3 种元素通过光合作用和合成代谢，形成脂肪、纤维素、淀粉等有机物质。

2）大量元素

①氮元素。氮是构成蛋白质的主要成分，蛋白质又是原生质的主要组成部分，是一切生物组织生长和发育所必需的物质。氮也是叶绿素的组成部分，在许多维生素中，特别是硫胺素、核黄素、吡哆醇、泛酸、烟酰胺等都含有大量的氮。核酸、磷脂、生物碱、配糖体等有机物也多是以氮为主组成的。

②磷元素。磷是构成磷脂、核苷酸、核蛋白的主要元素，核蛋白是原生质和细胞核的组成部分。

③钾元素。钾在植物体中几乎完全是游离态的，对碳水化合物的合成和转移有重要作用。

玉米制种各器官中氮、磷、钾的含量不同，氮在花粉、籽粒、雄穗中含量较高。在玉米制种生长过程中，以土壤吸收的氮素被叶片中进行的光合作用同化为简单的有机氮化物，当籽粒形成时，叶中含氮有机物质向籽粒内运转，以复合蛋白质的形式储存起来。磷在花粉、茎和籽粒中含量最高，大部分是有机态，出苗后磷过多时，以无机态形式积聚在植株内。钾在花粉、茎秆、穗柄中含量较高。

3）中量元素。钙是细胞质膜和细胞壁的重要组成成分，镁是叶绿素的组成成分，硫是蛋白质的组成成分。中量元素同时还是某些酶的活化剂或酶的成分，参与淀粉、糖、脂肪合成和代谢以及维生素（维生素 A 和维生素 C）的合成，有促进合成的作用。

随着产量的不断提高和改善品质的要求，玉米制种对中量元素的需求日益增多，对于已出现缺乏中量元素的症状，要对症施用含钙、镁、硫等中量元素的肥料。

4）微量元素。铁是某些酶的组成成分，参与呼吸作用、光合作用，是组成叶绿体的成分；锰参与光合作用，是组成叶绿体的成分，有稳定叶绿体结构的作用；锌参与生长素的合成，是某些酶的组成成分，参与光合作用、呼吸作用；铜是许多氧化酶的组成成分，参与调节植物体内的呼吸作用；钼是硝酸还原酶和固氮酶的组成成分，对氮的固定和硝酸盐的同化必不可少；硼在植物体内参与糖的运转和代谢，也和分生组织保持分裂活性密切相关；氯维持着各种生理平衡，参与水的光解反应。

新疆的土壤盐碱化程度高，除氯外，一般微量元素有效含量较低，适量增施微量元素锌对玉米制种的增产效果显著。

（2）营养元素的吸收规律

1）玉米制种的一生对各类营养元素需求量各有不同。在大量元素中，氮（N）的吸收量最多，钾（K）次之，磷（P）又次之；中量元素的硫与微量元素的锌吸收量虽然相对较少，但对玉米的生长发育及产量形成比较敏感。

2）在大量营养元素中，春播玉米制种在不同生育时期，对养分的需求量不同，对氮（N）、磷（P）、钾（K）的吸收速度也有显著的差异。

①玉米制种不同生育期养分吸收量不同（见表 6—1）。

表 6—1　春播玉米制种不同生育期养分吸收占全生育期养分吸收总量的百分数

玉米制种	生育时期	N	P	K
春播玉米	苗期	0.25%	0.08%	0.25%
	拔节期	9.04%	4.21%	10.89%
	抽雄期	34.38%	19.48%	35.6%
	授粉期	32.11%	28.45%	49.75%
	乳熟期	14.78%	23.77%	0.54%
	成熟期	9.44%	24.01%	2.87%

②一般趋势来说，生长初期吸收量少，生长发育旺盛期吸收量大，接近成熟时吸收也逐渐减少。

a. 氮。玉米苗期生长较慢，植株矮小，对氮的吸收量较少；拔节用于开花期正值雌雄穗形成发育时期，生长快速，对氮的吸收量大；籽粒灌浆期是产量形成时期，对氮的吸收量较大；成熟期，对氮的吸收量较少，主要用于维持茎叶的功能。

b. 磷。玉米苗期生长较慢，植株矮小，对磷的吸收量较少，主要用于建成根系；拔节后对磷的吸收量大，主要用于建成性器官和维系庞大的根系。

c. 钾。玉米苗期生长较慢，植株矮小，对钾的吸收量较少；拔节后对磷的吸收量增大；抽雄至开花期正值雌雄穗形成和授粉受精时期，对钾的吸收量大；灌浆前基本已吸收全部的钾，灌浆期间钾元素负责加快光合产物和根茎处的储存物质向籽粒运输。

3）不同生育期吸收氮、磷、钾的速度不同。总的趋势是生长初期生长较慢，营养吸收慢，强度小；生长发育旺盛期营养吸收快，强度大；接近成熟时养分吸收逐渐减慢。

①玉米制种幼苗期生长慢，植株小，吸收的养分少，拔节期以前养分的吸收量只占吸收总量的5%左右，但植株对磷、钾反应特别敏感，虽然需要数量不多，但不能缺乏，要求施足基肥，施好种肥，满足此期的养分需求，培养优质壮苗。

②拔节期至抽穗期。此期是玉米果穗形成的重要时期，也是养分需求量最高的时期，这一时期吸收的氮占整个生育期的1/3，磷占1/2，钾占2/3。此期如果营养供应充足，可使玉米植株高大，茎秆粗壮，穗大粒多。

③抽穗开花期。此期植株生长基本结束，由营养生长转向生殖生长。植株对氮肥的吸收量占整个生育期的1/5，对磷肥的吸收量占总需肥量的1/5，对钾肥的吸收量占总需肥量的1/3。

④灌浆至成熟期，籽粒灌浆时间较长，吸收养分速度缓慢，吸收量也少，须供应适量的肥水，使之不早衰。

因此，玉米制种应根据这一特点，尽可能在需肥高峰期之前施肥。在玉米制种的整个生育过程中，吸肥高峰在拔节、孕穗、开花期。因此，常采用攻秆肥、攻穗肥、攻粒肥的“三攻”追肥法。

（3）玉米的营养临界期和营养最大效率期。磷的临界期在幼苗期及三叶期；氮的临界期在养分生长向生殖生长转变期，即小喇叭口期，对养分需求并不大，但养分要全面，比例要适宜。这个时期营养元素过多过少或者不平衡，对玉米生长发育都将产生明显不良影响；钾的临界期在出苗后30天左右。玉米营养最大效率期在大喇叭口期到抽雄期，这是玉米养分吸收最快最多的时期，这期间玉米需要养分的绝对数量和相对数量都最大，吸收速度也最快，肥料的作用最大，此时肥料施用量适宜，玉米增产效果最明显。

2. 土壤供肥特点

玉米制种对营养元素的吸收，主要是通过根系完成的，根据玉米制种对土壤营养元素吸收利用的难易程度，养分分为速效性养分和迟效性养分。

一般来说，速效养分仅占很少部分，不足全量的1%。速效养分和迟效养分的划分是相对的，两者总处于动态平衡之中。在自然土壤中，养分主要来源于土壤矿物质和土壤有机质，还有大气降水、坡渗水和地下水。在耕作土壤中，养分还来源于施肥和灌溉。

（1）土壤中氮的形态与转化

1）土壤中氮的形态

①无机态氮。铵离子和硝酸根，在土壤中的含量变化很大，为1～50 mg/kg。

②有机态氮。腐殖质和核蛋白大约占全氮的90%，植物不能利用；简单的蛋白质容易发生矿质化过程；氨基酸和酰胺类是无机态氮的主要来源。

③气态氮。空气中的氮。

2）土壤中氮的转化

①有机态氮的矿质化过程。包括氨化作用、硝化作用和反硝化作用。

②铵的固定。包括2∶1型的黏土矿物（如伊利石、蒙脱石等）对铵离子的吸附，以及微生物吸收、同化为有机态氮两种形式。

（2）土壤中磷的形态与转化

1）土壤中磷的形态

①有机态磷。核蛋白、卵磷脂和植酸盐等，占全磷总量的15%～80%。

②无机磷。根据溶解度分为三类：

a. 水溶性磷。一般是碱金属的各种磷酸盐和碱土金属，含量仅为0.01～1 mg/kg。在土壤中不稳定，易被植物吸收或变成难溶态。

b. 弱酸溶性磷。主要是碱土金属的$CaHPO_4$和$MgHPO_4$，存在于中性和微酸性土壤中，不溶于水而溶于弱酸溶液中，植物可吸收利用，含量为几十 mg/kg。水溶性和弱酸溶性磷为速效磷。

c. 难溶性的无机磷化合物。难溶性的无机磷化合物占无机磷的绝大部分，植物很难利用。在中性和碱性土壤（石灰性土壤）中以磷酸钙、磷酸镁、磷酸八钙、磷灰石等形式存在；在酸性土壤中，以磷酸铁、磷酸铝、磷铁矿和磷铝石等形式存在。

2）转化

①磷的有效化过程。土壤中的迟效难溶性的无机磷在碳酸和有机酸的作用下，可转化为速效磷；迟效的有机磷在微生物的作用下，进行水解逐渐释放出可被微生物和植物吸收利用的磷酸（根）。

②磷的固定。在石灰性土壤中，速效磷容易和钙形成磷酸三钙，如钙数量较多，可

进一步形成磷酸八钙以及磷灰石等难溶性盐；在酸性土壤中，与氢氧化铁、氢氧化铝胶体形成磷酸铁和磷酸铝。土壤 pH 值在 6.5～7.5 时，磷的有效化程度较高。

（3）土壤中钾的形态与转化

1）土壤中钾的形态。根据对植物的有效性分为以下几种：

①水溶性钾。土壤溶液中的钾。

②交换性钾。土壤中的含量为几十到几百 mg/kg。

③缓效性钾。在 2∶1 型黏土矿物中固定的钾和黑云母中的钾。

④难溶性钾。原生矿物如钾长石、白云母中的钾，占全钾含量的 95%以上。

2）转化

①钾的有效化过程。难溶性的钾和缓效性钾在微生物以及有机酸的作用下，释放出来。施用硅酸盐细菌肥料能直接分解钾长石。

②钾的固定。进入黏土矿物的晶穴中。

（4）土壤中微量元素的形态与转化

1）形态

①矿质态。主要是存在于原生矿物和黏土矿物中，很难溶解。

②交换态。主要是各种阳离子及其羟基离子，少量为交换性阴离子，含量一般不超过 10 mg/kg。

③水溶态。在水溶液中，含量低。

④络合态。与有机配位体形成络合物，比较稳定。

2）转化。与土壤的 pH 值有关。在石灰性土壤中，铁、锌、锰、铜、硼容易形成难溶性的盐类，有效性低，在酸性土壤中有效性较高。

3. 影响施肥的环境条件

在耕作性施肥后，营养元素的转化和玉米制种对营养元素吸收利用受气象因素和土壤条件的影响。

1）气候条件。气候条件对肥效的影响是综合的。温度、降雨量、光照、湿度、霜期等气候因素都能影响土壤养分的转化及玉米制种对养分的吸收，其中温度、光照、降雨量的影响最大。

①温度。温度不仅会影响玉米制种的生长，还会影响土壤养分的有效性及玉米制种根系对养分的吸收能力。温度太低或太高时，玉米代谢受到影响，水分和养分吸收减少。在一定温度范围内，随着温度的升高，玉米制种代谢加强，根际分泌有机酸和磷酸酶的能力增强，提高了根系对养分的吸收，特别是对磷元素吸收。玉米制种吸收养分的最适根际温度为 25～30℃。

气温低，应适当增加施肥量，特别是磷、钾肥。此外，还要多施有机肥，特别是马粪、羊粪等热性肥料。北疆玉米制种区的玉米在生长前期气温低，土壤有效养分含量少，要施适量的速效氮肥，促进玉米早生快发。

温度对肥料本身也有影响。温度高时，有机肥料分解快，此时可用半腐熟的有机肥料，施用时间也不宜过早，以免养分损失；温度低时，有机肥分解慢，此时应使用腐熟的有机肥和速效化肥，或适当提早施用。温度升高会使铵态氮分解挥发程度加剧。夏季气温高，晴天的中午不要施用易挥发的氨水、碳酸氢铵等肥料，以免增加挥发，灼烧玉米植株，降低肥效。这类肥料最好在阴天或傍晚施用。

②光照。光照强弱影响光合作用，进而影响根系活动，从而影响玉米制种对养分的吸收；同时，光照不足，玉米制种蒸腾减弱，养分吸收也随之减少。氮能促进玉米制种生长，增加叶面积和叶片蛋白质及叶绿素的含量，有效促进光合作用，提高光能利用率，并将光能和呼吸作用产生的能量转变为化学能储存起来。钾能促进玉米制种对碳水化合物的同化进程。有机物分解放出的大量二氧化碳也能增强玉米制种的光合作用。因此，合理施肥可促进玉米制种的生长，提高光能的利用率。光照影响玉米制种的光合作用，而光合作用的产物碳水化合物中的木质素、纤维素等主要用于植株形态的建成。因此，光照不足必然影响玉米制种植株的生长和对养分的吸收。据研究分析，当光照量为自然光照的26%时，氮、磷、钾的吸收量降低30%～40%。若光照不足，应酌情增加施肥量，特别是钾肥，以促进碳水化合物的合成和转化、输送，防止玉米制种倒伏。若光照充足，则应适当多施肥料，特别是氮肥。

③降雨量。降雨量对土壤养分的影响很大。化肥的溶解、养分的移动、有机肥料的分解及根系对养分的吸收都需要水分。气候干旱时施肥必须结合灌溉，否则肥效很差。

2）土壤条件。玉米施肥除少量作根外追肥，绝大部分是施入土壤后再被玉米制种吸收的。因此，土壤性质与施肥关系密切。

①土壤有机质。土壤有机质含量对土壤的结构、供肥保肥性、微生物的活动都有直接影响。一般有机质含量高的土壤结构好，保肥保水能力强，微生物活动旺盛，供肥性能好。这类土壤的施肥好控制，各种化肥都可以施用，用量稍多些也不会引起玉米疯长，肥分损失也较少；用量稍少点，土壤养分供应也较强，对玉米产量影响不大，化肥的效果发挥较好。有机质含量在2.5%以上的为高量，1%～2.5%的为中量，1%以下的为低量。

新疆土壤受干旱气候的影响，有机质积累少，消耗快，肥力不高，农田土壤有机质平均含量约为1.09%，北疆为1.29%，南疆仅为0.85%，普遍缺氮、少磷，北疆北部和伊犁河谷地区的玉米制种高产田，有机质含量一般在2%以上。新疆玉米制种产区土壤肥力较低，应补充氮、磷肥料。

②土壤养分。田间试验研究结果分析证明，土壤碱解氮<20 mg/kg，速效磷<10 mg/kg时，玉米生长发育将受到严重影响。增施氮、磷肥，都有显著的增产效果。

碱解氮>80 mg/kg，速效磷>30 mg/kg 时，一般施用氮、磷肥料增产不明显。根据最小养分限制律的原则，应在测试土壤肥力、合理配方的基础上，确定氮、磷比例，才能达到既经济又高产的目的。

玉米制种产区多年来依靠增施氮肥使产量不断提高，从土壤中带走了大量磷等，对磷肥补充相对较少，近年来，单靠增施氮肥增产的效果不如以前，说明土壤中氮、磷比例失调。在施氮的基础上，应合理搭配磷肥。土壤有效养分含量是经常变化的，单靠化学测定的结果确定土壤是否缺肥是有局限性的。因此，必须结合生产实践和田间试验全面诊断，才能得出可靠的结果，制订出合理的施肥计划并科学组织具体实施。

③土壤类型

a. 沙质土。沙质土的主要肥力特征为蓄水力弱、养分含量少、保肥能力差、土温变化快，但通气性、透水性好，易于耕作。

沙质土土壤含沙粒多，土壤粒间孔隙大，小孔隙少，排水快，保水性能差，抗旱能力弱，通气性好，有利于好气性微生物的活动，有机质分解快，肥效快、猛而不稳，前劲大、后劲不足。早春，沙质土的温度回升快，在晚秋，遇到寒潮则降温快，易受冻害。因此，沙质土要注意选择耐旱品种，在肥水利用和管理上，多施未腐熟有机肥改土，化肥施用应少量多次，后期勤追肥，保证水源及时灌溉，尽量勤浇水，但要防止灌水量过多而导致漏水、漏肥。沙土地应注意中后期的施肥，防止玉米制种脱肥早衰，多施有机肥，用大量泥沙和半腐熟的有机肥作基肥，并要深施，应掌握适量、分次、深施的原则。

b. 黏质土。黏质土粒间孔隙狭细，总孔隙度多，蓄水量大，水分的垂直下渗和排水极为困难（黏粒吸水膨胀，可阻塞细孔），通透性差。黏质土矿物质养分含量丰富，不易被雨水或灌溉水淋洗损失。通气不畅，好气性微生物活动受到抑制，有机质分解缓慢，因而容易积累，故保肥力强。

玉米生长发育前期养分供应不足，后期养分供应充分，这类田块属于有后劲而前劲不足的晚发田。早春，土壤升温慢，发芽和前期生长缓慢，在受到短期寒潮侵袭时，黏质土降温也较慢，玉米制种受冻害较轻。早春低温要重视叶面肥及早期追肥，促进早发，后期要适当控制用量，防止疯长和贪青晚熟，追肥次数可少些，每次用量可多些。

有机质含量低的黏土土壤，要增施有机肥，注意排水，在适宜的含水量条件下精耕细作，以改善其结构和耕性。

c. 壤质土。壤质土是介于沙质土和黏质土之间的一种土壤质地类型。壤质土供肥平缓，肥效稳而长，供肥保肥都比较好，有利于玉米的生长，对一般玉米制种生长来说是理想的土壤。

d. 灰漠土。灰漠土剖面由表土结皮片状层、紧实层、石膏聚盐层和母质层四个基本层段组成。在有水源灌溉和耕种施肥历史长久的地段，剖面上可形成厚度不等的熟土层。灰漠土中粉沙、黏粒含量比较高，黏粒集中在紧实层。土壤有一定的碱化现象，重碳酸盐在土壤表层结皮，碱化度为10%～20%，高者达40%～60%。pH值为8.5～10.0，呈碱性至强碱性，通常紧实层碱性最强。部分灰漠土中盐分含量偏高，盐分多为以氯化物为主或硫酸盐为主的混合型。灰漠土表土层的有机量为6～15 g/kg，一般无活性腐殖质，腐殖质大都以矿质紧密结合态存在。

④土壤酸碱度。玉米喜好中性和弱酸性土壤，适宜的pH值为6.6～7.0，但在pH值为5～8时也可以种植，土壤酸碱度直接影响土壤微生物的活动和营养物质的转化，从而影响有效养分含量。土壤的pH值为6.5～7.5时，各种养分的有效性都较高。一般氮素在土壤pH值为6～8时，有效性较高；磷在土壤pH值为6～7.5时，有效性较高，交换性钾、钙、镁一般在土壤的pH值大于6时较多，酸性条件下硼、锰、锌的有效性较大，一般随着土壤的pH值增高有效性递减，在西北碱性土壤中硼、锰、锌、铁等元素有效性降低，玉米植株可能呈现此类元素的缺素症。

土壤酸碱度与氮肥施用也有关系。新疆土壤的pH值一般较高，属于碱性土壤，施用酸性及生理酸性肥料，可以中和土壤的碱性，提高土壤肥力。在碱性土壤上可以多施有机肥或施用石膏改良土壤，以提高肥效。盐碱土最适宜施用有机肥，而不应施用含有Na^{+}及Cl^{-}的化肥。盐碱土使用化肥时要选用有效成分高的种类，用量宜少，并分次施用，不宜用氮肥、钾肥作种肥，以免进一步提高土壤盐分而影响玉米制种发芽，宜采用根外追肥可取得较好的增产效果。碱性土壤施用铵态氮肥时必须深施，尤其是碳酸氢铵等挥发性强的氮肥。

土壤酸碱度还直接影响玉米制种对养分的吸收，从而影响肥效。土壤特性直接影响玉米制种对营养物质的吸收，也影响肥料在土壤中的变化及施肥效果。

⑤土壤水分状况。营养元素只有在溶解状态下才能在土壤中移动和被玉米制种吸收；水分还关系到土壤微生物活动和有机物的矿化等。干旱使玉米制种根系发育差，生长缓慢；土壤水分过多，氧气供给不足，影响根系呼吸，养分容易淋失。两者均对玉米制种养分吸收不利，使肥效下降。

⑥土壤养分含量、供肥、保肥性能。土壤养分含量、供肥、保肥性能对施肥效果影响很大。除黑土和栗钙土含氮较多外，其他多数土壤都不同程度地缺氮；除东北黑土和四川紫色土含磷较高外，多数土壤缺磷；土壤钾含量相对较多，除黄、红壤显著缺钾外，只有局部地区土壤有缺钾现象。土壤保肥性能与土壤类型有关，沙质土保肥性差，施肥应少量多次；黏质土保肥性好，每次施肥量可适量增加，次数可相应减少。

⑦土壤熟化程度。土壤熟化一般是指在人为因素影响下，通过耕作、施肥、灌溉、排水和其他措施，使土壤的土地构造被改变；减弱或消除土壤中存在的阻碍玉米制种生长的因素；协调土体水、肥、气、热等诸多方面发生的急剧变化等，从而为玉米制种高产稳产创造有利的土壤条件。一般生产发展情况下，土壤熟化措施都是有目标性、针对

性的，所以往往改变土壤物化性质的时间很快。因此，土壤熟化过程具有快速、定向两大特点。

土壤熟化程度不同，肥料的用量、用法都应不同。熟化程度低的土壤必须在增施有机肥料的基础上适时、适量地施用氮、磷、钾等各种化肥，以保证对玉米制种养分的供应。熟化程度较高的土壤，在有机肥数量有限时可适当少施。通过各种技术措施，使土壤的耕性不断改善，肥力不断提高的过程，即为生土变熟土的过程。熟化的土壤土层深厚，有机质含量高，土壤结构良好，水、肥、气、热诸肥力因素协调，微生物活动旺盛，供给玉米制种水分、养分的能力强。

4. 养分作用规律

施肥的有效性除受环境影响外，还会受养分作用规律的影响，只有运用好养分作用的规律，才能经济合理地施肥。

（1）养分归还（补偿）学说。玉米制种生长发育需要吸收各种养分，形成产量的养分有40%～80%来自土壤，不能把土壤看成一个取之不尽、用之不竭的“养分库”，要获得持续的产品或更高的产量，必须向土壤补充养分元素，依靠施肥可以把玉米制种吸收的养分“归还”土壤，确保土壤能力。

（2）最小养分律。玉米制种生长所需养分种类和数量有一定的比率，如果其中某种养分元素不足，尽管其他养分元素充足，生长仍受此最少养分元素的限制。增加最缺少养分元素的供应量，玉米制种生长即获显著改善。施肥时应注意肥料的平衡，判断土壤中哪种养分元素最缺乏，并及时补充才能得到较好的效果。

（3）同等重要律。对玉米制种来讲，不论是大量元素还是微量元素，都是同样重要、缺一不可的，即缺少某一种微量元素，尽管它的需要量很少，仍会影响某种生理功能而导致减产，如玉米缺锌导致植株矮小而出现花白苗。

（4）不可代替律。各营养元素在玉米制种生长发育中都有各自一定的功效，相互之间不能替代。如缺磷不能用氮代替，缺钾不能用氮、磷配合代替。缺少什么营养元素，就必须施用含有该元素的肥料进行补充。

（5）报酬递减律。在低产情况下，产量会随施肥量的增加而成比例增加，当施肥量超过一定量后，单位施肥量的报酬会逐步下降。因此，施肥要有一个合适的量，超过限量，不但无益，甚至有害。

（6）因子综合作用律。玉米制种产量高低是由影响玉米制种生长发育诸因子综合作用的结果，但其中必有一个起主导作用的限制因子，产量在一定程度上受该限制因子的制约。为了充分发挥肥料的增产作用和提高肥料的经济效益，一方面，施肥措施必须与其他农业技术措施密切配合，发挥生产体系的综合功能；另一方面，各种养分之间的配合作用，也是提高肥效不可忽视的问题。

（7）养分互作。两种肥料同时施用对玉米制种的效应大于每种肥料单独施用时玉米制种效应的总和，称为养分的协同作用；两者的共同效应小于两者单施效应之和，称为养分的拮抗作用。这是因为两种养分离子在植物体内有一定的比例范围，超出此范围对玉米制种生长会产生不良影响，如大量施钾有可能导致缺镁，铁与锰及钙与氢之间也有拮抗作用。施肥时应尽量避免肥料同用时的拮抗作用。

二、施肥技术种类

随着人口数量的剧增，对土壤产出的要求增加，人们为了追求产量，往往向土壤中大量施肥，可是传统的施肥技术并没有给人们带来丰厚的回报，施用肥料中的养分当季只有一部分被吸收利用，同时不合理的施肥技术，造成肥料利用率下降，甚至造成肥害，因此迫切需要改进和提高施肥技术。

1. 经验施肥技术

目标产量施肥法是一种经验施肥技术，根据玉米制种的单产水平对养分的需要量、土壤养分的供给量、所施肥料的养分含量及其利用率等因素进行估测。施肥量计算如下：

$$\text{玉米制种肥料需要量}=\frac{\text{玉米制种的总吸收量}-\text{土壤养分供应量}}{\text{肥料中某养分含量}\times\text{利用率}}$$

$$\text{玉米制种的总吸收量}=\text{目标产量}\times\text{每产品养分需要量}$$

肥料的当季利用率受肥料种类、玉米制种、土壤、栽培技术等影响，需要根据本地区的试验数据提出。中国当季肥料利用率的大致范围为：氮肥 30%～60%，磷肥 10%～25%，钾肥 40%～70%。影响化肥利用率的还有化肥用量本身，随着化肥用量的增加，化肥的利用率下降了，在施肥中应加以考虑。

2. 测土施肥技术

测土施肥技术是一项比较科学的肥料施用技术，通过植物营养诊断和土壤测试进行推荐施肥。土壤测试技术分为三类。一是土壤养分丰缺指标法，其特点是用合适的提取剂提取土壤有效养分进行养分测试，再根据农作物相对产量水平把土壤有效养分含量划分成不同等级，再按不同等级提出推荐施肥量；二是平衡法，其特点是按照产量需要的养分数量，用土壤养分含量和肥料进行平衡，另外，再补充一部分肥料培肥地力；三是土壤诊断法，根据高产所需地力水平提出高产土壤养分吸收量补施肥料，不使地力下降。

（1）植物营养诊断。植物营养诊断包括组织分析营养诊断和玉米制种生长诊断。

1）组织分析营养诊断是对来自特定部位、特定生育阶段的植株样品，对其体内某一养分元素测定含量，也可称为植物组织分析。植物组织分析的结果可用临界值法、标准值法、综合诊断施肥法（DRIS 法）确定是否需要施用该元素。

2）玉米制种生长诊断是根据玉米制种的生育状态、长势、长相、叶色进行诊断。

缺素诊断和生育诊断是生长诊断的两种主要方法。缺素诊断是通过玉米制种表现出的植株症状判断玉米制种是否缺乏某种元素。叶色诊断是缺素诊断的发展，主要用于植株氮素营养状况的判别。生育诊断是根据玉米制种群体的长势、长相和生育进程，决定栽培管理的时机，判断是否需要肥水管理措施。这种诊断手段可用于肥水措施时机的选择，用量的多少还需要结合经验或测土施肥来确定。

3）玉米制种缺素症症状

①缺氮。幼苗矮化、瘦弱、叶丛黄绿；叶片从叶尖开始变黄，沿叶片中脉发展，形成一个V形黄化部分；致全株黄化，后下部叶尖枯死且边缘呈黄绿色；缺氮严重的或关键期缺氮，会造成果穗小，顶部籽粒不充实，蛋白质含量低。缺氮是因有机质含量少，低温或淹水，特别是中期干旱或大雨易出现缺氮症。

②缺磷。幼苗期敏感，植株矮化；叶尖、叶缘失绿呈紫红色，后叶端枯死或变成暗紫褐色；根系不发达，雌穗授粉受阻，籽粒不充实，果穗少或歪曲。低温、土壤湿度小易于发病，酸性土、红壤土、黄壤土易缺有效磷。

③缺钾。下部叶片的叶尖、叶缘呈黄色或似火红焦枯，后期植株易倒伏，果穗小，顶部发育不良。一般沙土含钾低，易出现缺钾，沙土、肥土、潮湿或板结土易发病。

④缺镁。幼苗上部叶片发黄，叶脉间出现黄白相间的褪绿条纹，下部老叶片尖端和边缘呈紫红色；缺镁严重的叶边缘、叶尖枯死，全株叶脉间出现黄绿色条纹或矮化。土壤酸度高或受到大雨淋洗后的沙土易缺镁，含钾量高或因施用石灰致含镁量减少土壤易发此病。

⑤缺锌。缺锌严重的幼苗出土后在2周内显症，叶片具浅白条纹，后中脉两侧出现1个白化宽带组织区，中脉和边缘仍为绿色，有时叶缘、叶鞘呈褐色或红色，是土壤或肥料中含磷过多所致。酸碱度高、低温、湿度大或有机肥少的土壤易发生缺锌症。锌肥具体施用方法如下：

a. 拌种。土壤有效锌含量在0.66 mg/kg以下，1 kg种子拌入硫酸锌8～12 g；土壤有效锌含量在0.8 mg/kg以上，1 kg种子拌入硫酸锌6g。拌种时将硫酸锌溶于水中，喷在种子上拌匀，晒干后即可播种。

b. 浸种。用0.1%硫酸锌溶液，浸泡8h；低于0.1%，浸泡12h为宜。

c. 喷施。每公顷用0.2%～0.5%硫酸锌溶液50～75kg在幼苗期、孕穗期分别喷一次。

d. 基肥。每公顷用1.5～2kg硫酸锌加细土10～15kg，拌匀施入土中。

⑥缺硫。植株矮化、叶丛发黄，成熟期延迟，与缺氮症状相似。酸性沙质土、有机质含量少或寒冷潮湿的土壤易发此病。

⑦缺铁。上部叶片叶脉间出现浅绿色至白色或全叶变色。碱性土壤中易缺铁。

⑧缺硼。嫩叶叶脉间出现不规则白色斑点，各斑点可融合成白色条纹；严重的节间

伸长受抑或不能抽雄及吐丝。干旱、土壤酸度高或沙土易出现缺硼症。

⑨缺钙。当土壤缺钙时，幼苗叶片不能抽出或不展开，有的叶尖黏合在一起呈梯状，呈轻微黄绿色或引致矮化。土壤酸度过低或矿质土壤，pH 值在 5.5 以下，土质在 48 mg/kg 以下或钾、镁含量过高易发生缺钙症。

⑩缺锰。幼叶脉间组织慢慢变黄，形成黄绿相间条纹，叶片弯曲下披，有别于缺镁。pH 值大于 7 的石灰性土壤或靠近河边的田块，锰易被淋失。

（2）我国的测土施肥技术。我国的测土施肥技术又称测土配方施肥，是以土壤测试和肥料田间试验为基础，根据作物需肥规律、土壤供肥性能和肥料效应，根据本地区土壤普查和多点肥料试验结果，在合理施用有机肥料的基础上，做到“缺什么、补什么，缺多少、补多少”，科学、合理地运用肥料种类、数量及施肥时期和方法。测土施肥技术包括测土、配方、施肥三方面的内容，分为田间试验、土壤测试、配方设计、校正试验、效果评估五个环节。

三、玉米制种配方施肥技术

1. 玉米制种配方施肥的步骤

（1）大田玉米制种肥料效应田间试验

1）试验目的。肥料效应田间试验是获得各种玉米制种最佳施肥品种、施肥比例、施肥数量、施肥时期、施肥方法的根本途径，也是筛选、验证土壤养分测试方法、建立施肥指标体系的基本环节。通过田间试验，掌握各个施肥单元不同玉米制种优化施肥数量，基肥、追肥分配比例，施肥时期和施肥方法；摸清土壤养分校正系数、土壤供肥能力、不同玉米制种养分吸收量和肥料利用率等基本参数；构建玉米制种施肥模型，为施肥分区和肥料配方设计提供依据。

2）试验设计。肥料效应田间试验设计取决于试验目的。对于一般大田玉米制种施肥量研究，规范推荐采用“3414”方案设计，在具体实施过程中可根据研究目的选用“3414”完全实施方案、部分实施方案或其他试验方案。

“3414”是指氮、磷、钾 3 个因素、4 个水平、14 个处理。4 个水平的含义：0 水平指不施肥，2 水平指当地推荐施肥量，1 水平（指施肥不足）＝2 水平×0.5，3 水平（指过量施肥）＝2 水平×1.5。如果需要研究有机肥料和中、微量元素肥料效应，可在此基础上增加处理。

（2）土壤测试。土壤测试是制定肥料配方的重要依据之一。随着玉米制种高产组合不断涌现，施肥结构和数量发生了很大的变化，土壤养分库也发生了明显改变。通过开展土壤氮、磷、钾及中、微量元素测试，可了解土壤供肥能力状况。

1）土壤取样。通过土壤样品采集化验，可了解土壤中的养分丰缺、障碍因子存在情况及其原因，为合理施肥决策提供依据。因此，样品采集是否有代表性，决定测土配方施肥质量的好坏。

土壤样品采集分为三个步骤，即采样前准备、采样和采样后样品处理。

①采样前准备

a. 普通测土配方施肥采样。无特殊要求，准备采样必需的工具，如铁铲、布、塑料袋、标签纸。

b. 大面积测土配方施肥采样。应用本区采样资料，收集各级土壤图、常年生产情况、设计并印制调查内容表格等。收集资料，主要用于了解本区内土壤分布规律、农业生产发展现状，制订符合实际情况的采样计划，包括采样具体地点、采样线路、采样数量等。

②采样

a. 采样田块。先将采样地点的土壤类型、肥力等级相同区域，每 6～12 hm^2 划分为一个采样单元。在采样单元内，选相对中心位置的典型地块为采样地块，面积为 0.06～0.612 hm^2。

b. 采样时间。在玉米制种收获后或播种施肥前采集，一般在秋后。一些特殊要求根据目的而定，例如，了解玉米制种各生育时期肥力变化，在玉米制种收获后采样；了解土壤养分变化和玉米制种高产规律，在各生育时期定期采样；解决生产过程中所出现的问题则随时采样。

c. 采样深度。粮、油、糖、菜等作物根系主要分布在耕作层，应采取耕作层土样；耕作层和心土层区分不明显，采土深度为 0～20 cm；果树、棉花、油菜、甜菜、玉米制种等根系分布较深的作物，采土深度为 0～40 cm；研究养分在土体中的分布规律，采用分层取样。

d. 采样点数。通常采集样品是少量的，而化验结果是要反映大面积土壤情况的，如果所采的样品没有代表性，即使化验再准确也无实用价值。因此，不能在采样地块中单一点采样，而必须多点采样、混合均匀。采样点数量，根据地形地貌、肥力均衡性和采样地块的大小而定。地形地貌较复杂的要多采些，肥力差异较大的地块相应要比肥力均匀的田块多采一些，田块大的要比田块小的多采一些。一般地块面积小于 0.6 hm^2，采 5～10 个点；面积为 0.6～2.6 hm^2，采 10～15 个点；面积大于 2.6 hm^2 采 15 个点以上。部级试点的样品，不能少于 7 个点。

e. 采样点分布。原则是分布均匀，不能过于集中，要避开田边、路边、沟边、肥堆边和前茬作物施肥处等特殊部位。根据地块大小、地形地势、肥力均匀等因素来确定，有对角线、棋盘式和蛇形三种方法。

f. 采样。每个采样点的取土深度及采样量应均匀一致，土样上层与下层的比例要相同，采样工具应垂直于地面入土，深度相同。采样时，选用小铁铲取土，先挖一个与铲一样宽、与耕作层或取样要求深度相同深的土坑，将土坑一面铲成垂直面，然后从垂直面铲取 1～2cm 厚的土样。要特别注意的是，如测定微量元素的样品，必须用不锈钢或非金属取土工具采样。

g. 样品质量。样品最终质量要求为 0.5～1kg。在采样过程中，采取的混合样一般都大于该重量，所以，要去掉部分样品，将所有采样点的样品摊在塑料布上，除去动植物残体、石砾等杂质，并将大块的样品破碎、混匀，摊成圆形，中间画十字分成四份，然后对角去掉两份。若样品还多，将样品再混合均匀，再反复进行四分法，直至样品最终质量为 0.5～1 kg（试验用的样品 2 kg）为止。

h. 装袋。采集的样品放入统一的样品袋，用铅笔写好标签，内外各一张。标签内容包括编号、采样地点、采样深度、地块位置（部分测土配方施肥要求填经纬度）、农户、采样时间、采样人等。

i. 相关内容调查了解。其目的是为正确地作出施肥决策提供参考，主要内容有耕地生产性能、历年施肥水平、历年采用品种、生理性病害、农田生态、成土条件、生产设施、作物长势等。

③采样后样品处理

a. 晾干。样品采集后，未能及时化验或未能送到化验室化验的样品，应及时摊开于塑料布上，在通风、干燥、避免阳光照射和不靠近肥料、农药处自然晾干。需晾干的样品较多时，必须将一张标签纸放在样品中，另一张标签纸和样品袋用样品及塑料布压住。样品晾干后，按采样的装袋方法装袋，待送化验单位分析化验。

b. 送样。样品数量较多时，要按编号次序装箱，内外附上送样清单。同时，填写好送样单。送样单的内容包括统一编号、原编号、采样地点、地块位置（填经纬度）、地块编号、要求分析化验项目和提交报告日期、送样单位、送样人、送样日期、通信联系方式等。

2）样品制备

①新鲜土样的制备。某些土壤成分，如低价铁、铵态氮、硝态氮等在风干过程中会发生显著变化，必须用新鲜样品进行分析。为了能真实反映土壤在田间自然状态下的某些理化性状，新鲜样品要及时送回室内进行处理和分析。如需要暂时储存时，可将新鲜样品装入塑料袋，扎紧袋口，放在冰箱冷冻室进行速冻固定。新鲜样品可先用粗玻璃棒将样品弄碎混匀后迅速称样测定。

②风干土样的制备。将风干后的样品平铺在制板上，用木棍或粗玻璃棍碾压，将植物残体、石块等侵入体和新生体剔除干净，细小已断的植物须根可用静电吸引的方法清除。压碎的土样全部通过 2 mm 孔径筛，可测定 pH 值、盐分、有效养分等项目。

将通过 2 mm 孔径筛的土样用四分法取出一部分继续研磨，使之全部通过 0.25 mm 孔径筛，可测定有机质、全氮等项目。如测定矿物质成分等项目还需研磨，使之通过 0.149 mm 孔径筛。

3）养分测定

①土壤有机质的测定。土壤有机质直接影响土壤的保肥性、保墒性、缓冲性、适耕性、通气性和土壤温度。土壤有机质含量的高低代表土壤供肥潜力的大小及耕地的肥沃程度，是土壤肥力高低的重要指标之一。因此，在土壤常规分析中都要测定有机质的含量。

土壤有机质测定普遍使用的方法是油浴加热——重铬酸钾容量法。其特点是设备简单，操作简便快捷，再现率好，适用于大批量分析。

当土壤有机质含量小于1%时，平行测定结果的相差不得超过0.05%；含量为1%～4%时，不得超过0.10%；含量为4%～7%时，不得超过0.30%；含量为10%时，不得超过0.50%。

②土壤全氮的测定。氮素是作物必需的重要元素之一。土壤氮素含量高低是土壤肥力的重要指标。土壤中氮素的总储量（即全氮）及其存在状态将影响作物的产量。测定土壤全氮含量，不但可以作为氮肥施用的重要参考，而且可以作为评价土壤肥沃程度的重要指标，并据此制定氮肥合理施用的有效技术措施。

在平衡施肥中，全氮的测定通常采用半微量凯氏法。

③土壤碱解氮的测定。土壤碱解氮也称土壤有效氮，它包括无机的铵态氮、硝态氮和土壤有机氮中易被分解的部分氨基酸、酰胺、易水解的蛋白质等。土壤碱解氮含量与土壤有机质含量呈正相关。试验研究和生产实践表明，土壤碱解氮的含量可以反映出近期土壤氮素的供应水平，对于合理施用氮肥具有重要的指导意义。

土壤碱解氮的测定通常采用的是碱解扩散法，适用于测定各种类型土壤的碱解氮含量。它不仅能测定土壤中氮的供应程度，还能看出氮的供应情况和释放效率，是一种比较理想的方法。

④土壤有效磷的测定。土壤有效磷也称土壤速效磷，它包括水溶性磷和弱酸溶性磷。土壤有效磷的测定采用碳酸氢钠——钼锑抗比色法（也称 Olsen 法），适用于对石灰性土壤及中性土壤的测定，即用0. 50 mol/L 碳酸氢钠溶液浸提土壤有效磷。碳酸氢钠可以抑制溶液中 Ca^{2+} 的活性，使某些活性较大的磷酸钙盐被浸提出来，同时也可使活性磷酸铁、磷酸铝盐水解而被浸出，浸出液中的磷不致次生沉淀，并可用钼锑抗比色法定量。

⑤土壤速效钾的测定。常用乙酸铵提取、火焰光度法测定，即以中性的1 mol/L 乙酸铵溶液为浸提剂，NH^{4+} 与土壤胶体表面的 K^+ 进行交换，连同水溶性钾一起进入溶液。浸出液中的钾可直接用火焰光度计进行测定。

（3）配方设计。肥料配方设计是测土配方施肥工作的核心。通过总结田间试验、土壤养分数据等，划分不同地块施肥分区；同时，根据气候、地貌、土壤、耕作制度等的相似性和差异性，结合专家系统经验，提出不同作物的施肥配方。

(4) 校正试验。为保证肥料配方的准确性，在每个平衡施肥点设置配方施肥、本地习惯施肥、空白施肥三种处理方法，以本地玉米制种主栽品种为研究对象，对比配方施肥的增产效果，校验施肥参数，验证并完善肥料配方，改进测土配方施肥技术参数。

(5) 效果评价。农民是测土配方施肥技术的最终执行者，也是最终受益者。检验测土配方施肥的实际效果，应及时获得农民的反馈信息，不断完善管理体系、技术体系和服务体系。同时，为科学地评价测土配方施肥的实际效果，必须对一定的区域进行动态调查。

2. 基于田块的肥料配方设计

基于田块的肥料配方设计，首先要确定氮、磷、钾养分的用量，然后确定肥料组合，通过提供配方肥料或发放配肥通知单，推荐指导农民使用。肥料用量的确定方法主要包括养分平衡法、肥料效应函数法、土壤养分丰缺指标法和土壤与植株测试推荐施肥法。

(1) 养分平衡法。由于不同地区玉米制种种植的气候、土壤条件及施肥技术不同，玉米制种平衡施肥的各种参数也不同。不同土壤的基础肥力不同，经济合理的施肥量和最高产量的施肥量也不同。

1) 基本原理与计算方法。根据玉米制种目标产量需肥量与土壤供肥量之差估算目标产量的施肥量，通过施肥补足土壤供应不足的那部分养分，其计算公式为：

$$施肥量(kg/hm^2)=\frac{目标产量所需养分总量-土壤供肥量}{肥料中养分含量\times肥料当季利用率}$$

养分平衡法涉及目标产量、玉米制种需肥量、土壤供肥量、肥料利用率和肥料中有效养分含量五大参数。土壤供肥量即为“3414”方案中处理1的玉米制种养分吸收量。目标产量确定后因土壤供肥量的确定方法不同，形成了地力差减法和土壤有效养分校正系数法两种。

地力差减法是根据玉米制种目标产量与基础产量之差来计算施肥量的一种方法。其计算公式为：

$$施肥量(kg/hm^2)=\frac{(目标产量-基础产量)\times单位经济产量养分吸收量}{肥料中养分含量\times肥料利用率}$$

基础产量即为“3414”方案中处理1的产量。

土壤有效养分校正系数法是通过测定土壤有效养分含量来计算施肥量。其计算公式为：

$$施肥量(kg/hm^2)=\frac{玉米制种单位产量养分吸收量\times目标产量-土壤测试值\times0.15\times土壤有效养分校正系数}{肥料中养分含量\times肥料利用率}$$

2) 有关参数的确定

①目标产量。目标产量可采用平均单产法来确定。平均单产法是利用施肥区前三年平均单产和年递增率为基础确定目标产量，一般玉米制种的递增率为10%～15%，其计算公式为：

$$目标产量(kg/hm^2)=(1+递增率)\times 前3年平均单产$$

②玉米制种需肥量。通过对正常成熟的玉米制种全株养分的分析，测定各种玉米制种每百千克经济产量所需养分量，乘以目标产量即可获得玉米制种需肥量，其计算公式为：

$$作物目标产量所需养分量(kg)=\frac{目标产量}{100}\times 每100\ kg产量所需养分量$$

③土壤供肥量。土壤供肥量可以通过测定基础产量、土壤有效养分校正系数两种方法估算。

通过基础产量估算（不施肥处理区），以不施肥区玉米制种所吸收的养分量作为土壤供肥量，其计算公式为：

$$土壤供肥量(kg)=\frac{不施养分区农作物产量}{100}\times 每100\ kg产量所需养分量$$

通过土壤有效养分校正系数估算，将土壤有效养分测定值乘一个校正系数，以表达土壤“真实”供肥量，其计算公式为：

$$土壤有效养分校正系数=\frac{缺素区玉米制种地上部分吸收该元素量(每公顷)}{该元素土壤测定值(mg/kg)\times 0.15}$$

④肥料利用率。一般通过差减法来计算，利用施肥区玉米制种该元素的吸收量减去无肥区作物体内该元素的吸收量占施用土壤中肥料养分总量的百分率，其计算公式为：

$$肥料利用率=\frac{施肥区玉米制种吸收养分量-缺素区玉米制种吸收养分量}{肥料施用量\times 肥料中养分含量}$$

⑤肥料养分含量。供施肥料包括无机肥料与有机肥料。无机肥料、商品有机肥料含量按其标明量，不明养分含量的有机肥料养分含量可参照当地不同类型有机肥养分平均含量获得。

（2）肥料效应函数法。根据“3414”方案田间试验结果建立本地玉米制种的肥料效应函数，直接获得本地玉米制种的氮、磷、钾肥料的最佳施用量，为肥料配方和施肥推荐提供依据。

（3）土壤养分丰缺指标法。通过土壤养分测试结果和田间肥效试验结果，建立本地玉米制种土壤养分测试结果指标，提供肥料配方。土壤养分丰缺指标可采用“3414”部分实施方案，“3414”方案中的处理1为空白对照（CK），处理6为全肥区（NPK），处理2、4、8为缺素区（即PK、NK和NP）。土壤养分丰缺指标是田间试验收获后计算产量，用缺素区产量占全肥区产量的比例，即相对产量的高低来表达土壤养分的丰缺情况。相对产量低于50%的土壤养分为极低，50%～75%的为低，76% ～95%的为中，大于95%的为高。对其他田块，通过土壤养分测定，就可以了解土壤养分的丰缺状况，提出相应的推荐施肥量。

(4) 土壤与植株测试推荐施肥法。该技术综合了目标产量法、养分丰缺指标法和作物玉米制种营养诊断法的优点，对于大田玉米制种，在综合考虑有机肥、前茬作物秸秆还田和管理措施的基础上，根据氮、磷、钾和中、微量元素的不同特征，采取不同的养分优化调控与管理策略。其中，氮素推荐根据土壤供氮状况和玉米制种需氮量，进行实时动态监测和精确调控，包括基肥和追肥的调控；磷、钾肥通过土壤测试和养分平衡进行监控；中、微量元素采取因缺补缺的矫正施肥策略。该技术包括氮素实时监控，磷、钾养分恒量监控和中、微量元素养分矫正施肥技术。

1) 氮素实时监控施肥技术。根据不同土壤、不同玉米制种、不同目标产量确定玉米制种需氮量，以需氮量的30%～60%作为基肥用量。具体基施比例根据土壤全氮含量，同时参照当地丰缺指标来确定。一般在全氮含量偏低时，采用需氮量的50%～60%作为基肥；在全氮含量居中时，采用需氮量的40%～50%作为基肥；在全氮含量偏高时，采用需氮量的30%～40%作为基肥。30%～60%基肥比例可根据上述方法确定，并通过“3414”田间试验进行校验，建立当地不同玉米制种的施肥指标体系。有条件的地区可在播种前对0～20 cm土壤无机氮（或硝态氮）进行监测，调节基肥用量，其计算公式为：

$$基肥量(kg/hm^2)=\frac{(目标产量需氮量-土壤无机氮)\times(30\%\sim60\%)}{肥料中养分含量\times肥料当季利用率}$$

土壤无机氮（kg/hm^2）＝土壤无机氮测试值（mg/kg）×0.15×校正系数

氮肥追肥用量推荐以玉米制种关键生育期的营养状况诊断或土壤硝态氮的测试为依据，这是实现氮肥准确推荐的关键环节，也是控制过量施氮或施氮不足、提高氮肥利用率和减少损失的重要措施。测试项目主要是土壤全氮含量、土壤硝态氮含量或玉米最新展开叶叶脉中部硝酸盐浓度。

2) 磷、钾养分恒量监控施肥技术。根据土壤有（速）效磷、钾含量水平，以土壤有（速）效磷、钾养分不成为实现目标产量的限制因子为前提，通过土壤测试和养分平衡监控，使土壤有（速）效磷、钾含量保持在一定范围内。对于磷肥，基本思路是根据土壤有效磷测试结果和养分丰缺指标进行分级，当有效磷水平处在中等偏上时，可以将目标产量需要量（只包括带出田块的收获物）的100%～110%作为当季磷肥用量；随着有效磷含量的增加，需要减少磷肥用量，直至不施；随着有效磷的降低，需要适当增加磷肥用量，在极缺磷的土壤上，可以施到需要量的150%～200%。在2～3年后再次测土时，根据土壤有效磷和产量的变化再对磷肥用量进行调整。对于钾肥，首先需要确定施用钾肥是否有效，再参照上面方法确定钾肥用量，但需要考虑有机肥和秸秆还田带入的钾量。一般大田玉米制种磷、钾肥料全部做基肥。

3）中、微量元素养分矫正施肥技术。中、微量元素养分的含量变幅大，玉米制种对其需要量也各不相同。主要与土壤特性（尤其是母质）、玉米制种种类和产量水平等有关。矫正施肥就是通过土壤测试，评价土壤中、微量元素养分的丰缺状况，进行有针对性的因缺补缺的施肥。

3. 施肥原则

合理施肥是玉米制种获得高产的保证。玉米制种在整个生育期都需要营养，但在不同生育时期吸收养分的绝对和相对量是不平衡的，肥料效果受多种因素的影响，合理施肥必须根据玉米制种组合需肥特性、土壤肥力、气候特点、肥料种类和特性确定施肥时间、数量、方法和各种肥料的配比，做到看天、看地、看苗，综合考虑。合理施肥需遵循用养结合、按需施用、提高效益的原则。

（1）有机肥为主，化肥为辅

1）合理施用化肥，补充大量元素。

2）氮、磷、钾配合平衡施肥。在化肥施用上，以氮肥为主、磷钾肥配合，磷钾肥对增强玉米抗倒性、减少玉米秃尖、提高籽粒品质具有较好的作用。

3）增加施用有机肥。有机肥不仅能更大限度地满足玉米制种的生长需求，还能改善土壤性状，调节土壤水、肥、气、热等。秸秆和油渣还田是培养土壤肥力的好方法。新疆土壤有机质积累少，消耗快，肥力不高。北疆玉米产区农田土壤有机质为 1.29%，明显缺氮、少磷。为培肥地力，应增施有机肥，做好秸秆还田。

（2）基肥为主，种肥、追肥为辅

1）重视施足基肥。

2）播种时带好种肥。

3）适时分期施用追肥。

（3）适当补充中、微量元素。

4. 施肥时期和方法

（1）基肥。拔节至抽雄期玉米制种生长迅速，是穗分化的关键时期，需要大量的养分供应才能增加穗器官分化，因此，玉米制种应该重视基肥。基肥应以有机肥为主，有机肥、无机肥相结合。基肥的用量应占总施肥量的 60%～70%，化肥作基肥时，可结合犁地全层施于 30～40 cm 土层，应氮、磷、钾结合，将氮肥总量的 1/3～1/2、磷肥总量的 2/3，钾肥总量的 100%混合施入土中，进行全层施肥。

播前整地时施入的肥料称为基肥。基肥可以是农家肥料，也可以是化肥，两者混用，效果更佳。农家肥料所含的养分齐全，但分解缓慢。玉米制种生育期间不断地从土壤中吸收养分。基肥的施用方法、种类、施用数量各地有所不同。

1）基肥的种类。家畜、家禽的粪便，各种沤制堆肥、绿肥、土杂肥等都是作基肥的农家肥料，有机质含量高，三要素养分齐全，肥效时间长，对提高土壤肥力和玉米制种产量有很大作用。在各种家畜粪尿中，以猪、羊粪较好，其有机质、氮、磷、钾含量高，增产效果大。但是，各种家畜粪的肥效与家畜饲料种类、垫圈时掺土多少、腐熟程度有密切关系，积肥时要重视肥料质量。

绿肥是含有机质较多的肥料，氮、磷、钾齐全，分解腐熟快。用绿肥作基肥改良土壤，可提高玉米制种产量。

2）基肥的施用量。玉米制种施用基肥的数量，因肥料种类和质量而异。化肥作基肥时，磷肥占总磷量的2/3，氮肥占总氮量的1/3～1/2。土杂肥每公顷2～3 t，新鲜绿肥2～3 t。施基肥越多，玉米制种增产幅度也越大。

春玉米区一般在头年秋施基肥，撒施地面后，立即耕翻。复播、套种玉米因抢种时间短，施基肥面积较小。秋施基肥因有较长时间分解，一般比春施基肥的增产效果好。

（2）种肥。播种时，把肥料施在种子附近，或随种子同时施下，以供种子发芽和幼苗生长所需养分，称为种肥。种肥对玉米制种苗期生长发育有良好的作用，尤其在土壤瘠薄、基肥用量少或未施基肥的地块必须施用种肥，以弥补基肥的不足，为壮苗打下良好的基础。化学肥料作种肥，一般应以速效氮、磷复合化肥为主，一般用磷酸二铵作种肥，每公顷75～120 kg。

1）种肥的种类。玉米制种种子出苗后，初生根系较少，吸收养分的能力较弱，因此，应选用含速效养分多的肥料作种肥，以利玉米制种根系的吸收利用。

①有机肥料。主要有腐熟的羊粪、油渣等，晒干碾细后作为种肥。

②化肥。应以磷肥为主，搭配适量氮肥。作种肥的磷肥有三料磷肥、过磷酸钙等。氮肥主要有尿素、硝酸铵等。而磷酸二铵是氮磷复合肥，它以磷为主，是理想的种肥。

2）种肥的施用数量和方法。种肥的施用数量，应当根据当地的土壤肥力，基肥施用数量等情况而定。如果土壤肥力高，施基肥数量多或前茬是绿肥地，可以少施或不施种肥。如果土壤肥力低，基肥施得少或未施基肥，种肥则应多施。玉米制种幼苗期较长，为了促壮苗，种肥应多施一些。

腐熟的有机肥料作种肥，每公顷用量为450～750 kg。化学肥料作种肥，应以磷肥为主，配合一定数量的氮素化肥，氮、磷比为1：2，土壤严重缺磷时可增加到1：3。一般每公顷将三料磷肥90～120 kg、尿素45～60 kg混合作为种肥。若用磷酸二铵作种肥，每公顷120～150 kg就可以了。

种肥应施在播种行侧5～10 cm，比种子深3～5 cm处。种子要与肥料严格分开，尤其是铵态氮肥如尿素，对玉米种子发芽有毒害作用，切忌与种子混播。

（3）追肥。玉米制种出苗后生长期间施用的肥料称为追肥。玉米制种植株高大，生育期较长，单靠施基肥、种肥还不能满足全生育期对养分的需要，因此，在生育期间需要补充一定量的养分以获得高产。通常在穗分化期间到抽雄吐丝期是需肥的高峰期，适量及时追肥能获得高产。根据追肥总量和玉米全期生长发育的需要来定玉米全生育期的追肥次数。追肥应施入地表 20 cm 以下土层，尿素深施可防止氮素挥发，提高氮肥利用率。

追肥施用的肥料种类、数量、次数、时期和方法因土壤肥力和玉米制种生育状况而定。

1）追肥的种类。玉米制种追肥应以速效性氮素化肥为主，缺磷的土壤可配合一定数量的磷肥，使氮磷比达到平衡。以油渣、畜粪、禽粪等有机肥料作追肥时，必须经过充分腐熟后才能发挥肥效作用。

生产上常用的化肥主要有尿素、磷酸二铵、三料磷肥、过磷酸钙等。当土壤缺磷时，将氮磷肥配合施用，对玉米生长发育和提高产量效果好。

2）追肥的数量。确定玉米追肥的数量，应该做到经济合理，以施用最少的肥料，获得较高的产量为原则。

在一定的土壤肥力状况下，产量随追肥量的提高而增加，但是，当肥料达到某一限度时，肥料的增产效益便开始下降。因此，制订施肥计划时，事先要测土再配方，因地制宜在大面积上进行均衡施用，以降低成本，提高总产量。

追肥的数量，因土地肥力、产量指标和品种类型而定。在中等肥力下，每公顷追施尿素 375～600 kg，三料磷肥或磷酸二铵 150～225 kg，再加上全部钾肥。

3）玉米制种的追肥次数和时期。玉米制种全生育期的追肥次数，根据追肥总量和玉米全期生长发育的需要来定。一般追肥 1～2 次，追一次时，应在小喇叭口期以前，此时正值雌穗小穗分化初期，北疆中晚熟玉米此时展开叶 11 片，时间约在 5 月 28 日，结合灌第一水，开沟施肥。分两次追肥时，第二次在抽雄前。丰产田可进行第三次追肥，时间在乳熟初期。

4）玉米制种生产上采用的“三攻”追肥法。

①攻秆肥。玉米制种定苗后至拔节期间所施用的追肥称为攻秆肥。当幼苗发黄、茎秆细弱时，则应追施攻秆肥。攻秆肥的数量不宜过多，一般占总追肥量的 20%～30%。攻秆肥以速效性氮肥为主。

土壤底墒要足，施攻秆肥才能发挥肥效。如果土壤水分不足，应在追肥后立刻灌水，中耕松土，以提高肥料利用率。

②攻穗肥。玉米抽雄前所施用的肥料称为攻穗肥。这个时期正值玉米雌穗小花分化时期，是营养生长和生殖生长并进时期，需要的养分和水分最多，是决定果穗大小、粒数多少的重要时期。生产实践证明，不论是春玉米还是夏玉米，不论是“瘦地”还是“肥地”，重施攻穗肥都能获得显著的增产效果。攻穗肥可以占总追肥量的 60%～70%，其余的肥料可作为攻粒肥或攻秆肥施用。

③攻粒肥。玉米授粉前后所施用的肥料称为攻粒肥。这个时期玉米已进入籽粒形成期，此时对营养的吸收虽然比前阶段缓慢，但仍然需要吸收大量的养分。如养分供应不

足，后期往往脱肥早衰，造成秃顶、缺粒、粒重降低。追施粒肥可以延长果穗位以上叶片功能期，形成更多的有机物质运往果穗，减少秃顶，增加粒重。攻粒肥主要是氮肥，施肥量占总追肥量的10%。

(4) 微量元素的补充应该以根外追肥为主。中微量元素是玉米制种生长过程中必不可少的成分。随着产量水平的提高，氮、磷、钾以外的其他矿质元素的增产作用越来越明显。中微量元素肥料的施用应坚持"缺啥补啥，缺多少补多少"和"经济有效"的原则，作基肥与其他化肥拌匀基施都有增产作用。

如锌能促进光合作用，使玉米茎粗增加，叶色彩浓绿，而新疆土壤一般有效含锌量在1 mg/kg，有的地区仅为0.8 mg/kg。锌肥可作为基肥、种肥施用，用量为5.25～9.75 kg/hm^2，或用0.05%～0.1%浓度的溶液在苗期喷叶。微量元素的补充应尽量采用叶面喷施、浸种、拌种以减少土壤固定，在方法上以根外追肥为主，根据缺素状况选择合适的富含微量元素的叶面肥。

(5) 随水施肥。随水施肥就是将肥料溶入灌溉水并随同灌溉（滴灌、渗灌等）水施入田间或作物根区的过程。滴灌随水施肥，是根据作物生长各阶段对养分的需求和土壤养分的供给状况，准确地将肥料补加和均匀施在作物根系附近，并使根系直接吸收利用的一种施肥方法。

滴灌随水施肥技术是近几年随着滴灌技术的应用发展起来的一种综合性栽培技术。滴灌随水施肥技术是利用滴灌设施最低限度地供给玉米制种需要的养分、水分，使其限定在玉米制种根域25 cm左右，并能随意控制水分、肥料，满足玉米制种的生长需要。

在玉米制种的不同生育阶段，将所需的不同养分配比的肥料和水，分多次小量供给，肥、水均匀地浸润地面25 cm左右，使玉米制种根系发达。也可根据玉米制种需要，使肥、水浸润更深、更广。滴灌的肥、水利用重力和毛细管现象，向玉米制种根部的下方及外部浸润，在玉米制种根系周围形成圆锥形湿润带，持续供给玉米制种生长所需的水和养分。

1) 随水施肥的特点。传统的施肥体系方式多凭感觉和经验确定施肥种类和施肥量，难以做到适时、适量，一般情况下容易造成超量施肥，产生的盐积累难以根治，或肥水不足而难以保证作物正常生长需要。采用滴灌随水施肥技术，除使用有机肥外，不需要使用其他化肥作基肥，完全通过随水施肥方式为作物施肥，维持理想的土壤水分、通透性，克服了传统灌溉方法造成的农田过湿、缺氧、烂根或干燥、盐积累等缺点。

滴灌随水施肥是将通过营养诊断和测土施肥技术所确定的肥料溶于灌溉水中，通过滴灌带将其送到作物根系区域的施肥技术。它能适时、适量地供给作物肥料、水分，减少盲目性。对作物仅供给必要的水、肥，既保证了作物稳定生长，又节约了大量的肥料和水，这样能避免因养分积累造成生长障碍和连作障碍。此外，滴灌随水施肥还能减少肥水流失，降低生产成本，防止环境污染，形成可持续的环保生产体系。

滴灌随水施肥可保证土壤中肥、水适度的纵向和横向扩展，使土壤中肥、水含量均衡，维持理想的根围环境，使须根发达，减少根系压力，容易控制作物生长，增加产量，并节省了追肥所需机械、人力，提高肥料利用率和肥效，实现节本增效的目的。

2）玉米制种田随水施肥的养分在土壤中的分布。实际测定结果表明，苗期随水滴灌的氮素，主要集中在10～20 cm的土层，最大分布深度为60 cm。在中后期滴施的氮素中，NO^{3-}主要分布在10～20 cm的土层，分布半径为30 cm；NH^{4+}主要分布在0～10 cm的土层，分布半径为15 cm。随水滴灌的磷肥，则主要集中在0～10 cm的土层，分布半径为10 cm。

3）滴灌专用肥的特点。新疆地区土壤多呈碱性，因此，随水施肥所用的肥料主要是滴灌专用肥。

①滴灌专用肥为酸性肥料，其pH值小于6.0，可减少水及土壤中碱性物质对肥效的影响。

②滴灌专用肥可与各种中性和酸性农药、植物生长调节剂混用。

③滴灌专用肥水溶性好（≥99.5%），各营养元素间无拮抗现象，含杂质及有害离子（如钙、镁等）少，不易造成滴头堵塞而使农田肥水不均匀及肥效降低。

④滴灌专用肥养分分配比例根据作物营养诊断和测土配方结果进行灵活调整，并可根据需要添加中、微量元素，为作物供给全价营养。

第三节　玉米制种水分调节技术

→ 了解玉米生长对水分的要求
→ 掌握玉米制种灌溉制度和灌溉技术
→ 根据玉米制种灌溉制度进行合理灌溉

一、玉米制种亲本生长对水分的要求

玉米制种在适宜的土壤水分和肥力水平下，正常生长发育需要器官组织组成水分，植株蒸腾、株间蒸发也需要耗水。玉米制种田水分的消耗主要由四部分构成：一是组织构成；二是玉米制种植株蒸腾消耗；三是玉米制种植株间土壤或田间的水分蒸发，又称棵间蒸发；四是水分向根系吸水层以下土层的渗漏。

一般情况下，玉米制种田土壤渗漏不严重，玉米制种通常不考虑渗漏水量，而且构成植株体的水量非常少，只将田间蒸发量和植株蒸腾量之和（田间腾发量）作为需水量。所以一般玉米制种需水量等于植株蒸腾量与蒸发量之和。

玉米制种田间需水量的多少及变化，取决于气候条件（如日照、土温、空气湿度、风速、气压、降水等）、玉米制种品种组合、土壤性质以及栽培条件。这些因素对玉米制种田间需水量的影响是相互联系、错综复杂的。不同玉米制种品种组合在不同地区、不同年份的田间需水量大不相同，同一玉米制种在不同地区、不同年份和栽培条件下也不同。一般情况是干旱年份比湿润年份多，干旱、半干旱地区比湿润地区多，生长期长、叶面积小的多，耕作粗放的比耕作精细的多。

同一玉米制种组合不同生育阶段对水分的要求也是不同的，这对制定合理的灌溉措施有重要意义。一般在玉米制种生育前期，因植株幼小，需水量较少，且以棵间蒸发为主；至生育中期随着茎叶的迅速增长生长旺盛，需水较多，且以玉米制种蒸腾为主；生育后期，随着籽粒逐渐成熟、叶片逐渐衰亡，需水量又减少。在玉米制种全生育期中对水分亏缺最敏感、需水最迫切、对产量影响最大的时期称为需水临界期。玉米制种的需水临界期均在生殖器官发育至开花期。

1. 玉米制种亲本生长与水分的关系

（1）水分在玉米制种亲本生命活动中的作用。水是玉米进行正常生理活动必不可少的物质，在光合、呼吸、有机物质的合成和分解、运转过程中，没有水分参与，这些生理生化过程就不能正常进行。

（2）水分对玉米制种亲本生长发育的影响

1）对生育进程的影响。在适宜的土壤水分范围内，植株营养器官和生殖器官发育进程协调，生育期稳定；而水分过多或干旱胁迫则导致生育进程减慢，生育期延长。尤其是在干旱胁迫下营养器官生长缓慢，雌、雄穗发育失调，生育进程明显推迟。

2）土壤水分状况对玉米植株营养体生长有明显影响。

3）玉米生殖器官发育对水分的反应比营养器官更敏感，干旱胁迫明显影响果穗长度、粗度、结实小花数及穗粒数。

4）对干物质积累量的影响。土壤相对持水量在80%以下时，拔节前单株干物质积累量无明显差异，拔节后随土壤水分的增加而增加，大喇叭口期以后更明显。

5）水分对植株性状整齐度的影响。玉米不同生育阶段因干旱胁迫均会导致株高、穗位高、穗长等性状整齐度降低。苗期阶段干旱胁迫对株高整齐度影响最大；穗期阶段对穗位高、穗长整齐度影响最大；花粒期阶段对穗粒重整齐度影响最大。

6）对产量及产量构成因素的影响。水对玉米产量的形成有重要的影响。生育期间的土壤水分状况直接或间接引起产量及产量因素的变化。播种至出苗消耗水分少，苗期需水少，耐旱性较强；拔节后茎秆生长较快，需水增多；抽雄开花期，需水最多，是需水临界期；灌浆结实期，需水量逐渐减少。

2. 玉米制种亲本的需水规律

（1）播种至出苗。从播种发芽到出苗需水量少，充足适宜的墒情是保证玉米制种出全苗的主要因素，田间持水量保持在60%～70%。

（2）苗期。玉米制种从出苗到拔节的幼苗期间，要求水分不要太多，对干旱的忍耐力较强。苗期不浇水，适当干旱，还有利于蹲苗促壮，田间持水量保持在60%较合适。

（3）拔节孕穗期。此期是营养生长与生殖生长并进时期，生长加快，应适当保证玉米制种亲本的水分要求，田间持水量应保持在70%～80%。

（4）大喇叭口期至灌浆高峰期。此时期约一个月，是需水量最多的时期，特别是吐丝前后是水分敏感期。此时对土壤水分十分敏感，对水分要求达到全生育期中的最高峰，故该时期为玉米需水临界期。田间持水量应达到80%。这时如果水分不足，气温升高，空气干燥，抽雄后两三天就会“晒花”或雄穗抽不出，或抽雄延迟，易造成授粉结实不良，导致空秆、缺粒，造成严重减产。

（5）灌浆后期至成熟。进入乳熟期后，需水量逐渐减少，土壤田间持水量维持在60%以下，以利于籽粒脱水和加速成熟，但过于干旱会影响粒重的提高。

二、缺水与过量灌溉的诊断

1. 干旱诊断

（1）土壤指标。在生产中，人们往往根据土壤湿度来决定灌溉时期，即根据土壤含水量来确定是否要灌溉，这是一个比较简便的参考指标。一般玉米制种生长较好的土壤含水量为田间持水量的60%～80%。例如，团粒结构良好的粉沙壤土的田间持水量的70%，适合植物生长的这种土壤的含水量应为12%～16%。土壤含水量指标的数值因不同玉米制种、生长阶段和土壤条件等因素而异。

在考虑土壤水分的情况下，还应考虑灌溉的对象——玉米制种的情况，这样才能根据玉米制种本身的变化来确定灌溉的适宜时期。

（2）玉米形态指标。人们在长期的生产实践中，总结出玉米制种缺水时茎叶的形态发生变化的经验。

1）幼嫩的茎叶易发生卷曲是由于土壤水分供应不上，水分亏缺所造成的。

2）茎叶颜色转为暗绿可能是由于缺水，细胞生长缓慢、叶绿素浓度相对增加所致。

3）植株生长速度下降是由于缺水影响植株的各种内部代谢，从而使生长缓慢。

4）对于大田玉米，苗期干旱胁迫对玉米株高有明显的影响，苗期阶段根系分布较浅，植株对干旱敏感，株间对水分的竞争导致壮苗、弱苗两极分化明显。

灌溉的形态指标易观察，可以不用仪器设备。但是，当玉米制种出现上述形态变化时，往往缺水情况就已经比较严重，此时才进行灌溉就晚了。因此，形态指标的观察应及时，在出现轻微的形态变化时就应采取措施。由于形态指标没有一定量的要求，所以，要经过不断实践、总结经验，用不同玉米制种比较敏感的形态变化来判断。

2. 涝害诊断

玉米制种需水量大又不耐涝，土壤湿度超过田间持水量的80%时，植株的生长发育受到影响，尤其是幼苗表现明显。玉米制种生长后期，在高温多雨条件下，根系常因缺氧而窒息死亡，导致生活力迅速衰减，植株未熟先枯，造成严重减产。

（1）芽涝对玉米制种出苗及苗期生长的影响。播种至三叶期是玉米制种全生育期中对涝害最敏感的时期，其中尤以播种后2～3天受涝的危害最大，严重影响玉米制种的出苗率。

播种到出苗期淹水会造成严重的缺苗，对长大的幼苗生长也有明显影响。芽涝对生长发育不利影响的程度：叶面积＞单株干重＞株高＞展开叶数。

玉米制种苗期需要水分较少，0～30 cm的土层中田间持水量以60%～70%为宜，低于40%或高于80%，对玉米制种生长均不利。在苗期发生涝害的情况下，根系是受害最严重、最早的器官。受涝幼苗根系在形态上发生明显变化，首先是所有根系都变短，几乎不长分支和根毛，根系内部形成发达气腔。其次，许多根系一改其向地生长的习性，根尖露出地面，产生翻根。地面植株上部器官受影响较小，株高、叶面积和干物重略有下降。

（2）玉米制种不同生育时期对涝害的反应

1）玉米制种不同生育期涝害对根系发育的影响。玉米制种苗期淹水有促进上位次生根提早产生的作用，当淹水两天时，不定根开始形成。不定根开始发生时，首先是几个中柱鞘细胞质变浓，并进行平周分裂，分裂后的细胞形成不定根突起，成为不定根。

2）玉米制种不同生育期涝害对地上部分的影响。玉米三叶期至乳熟期淹水超过3天，叶片颜色明显变淡，植株基部叶片枯黄。淹水使玉米制种株高降低，叶片数减少，光合有效叶面积缩小，新发叶产生慢。三叶、拔节和雌穗小花分化期淹水6天后，出叶速度分别降低38.1%、55.0%和15.4%；株高增长分别减低42.9%、53.5%和24.9%；单株叶面积缩减16.6%、26.6%和2.5%。

3）玉米不同生育期涝害对产量和产量构成因素的影响。玉米制种开花前对涝害反应较为敏感。三叶期、拔节期淹水单株产量明显降低，小花分化期淹水减产效应显著，但产量略高于三叶期和拔节期淹水植株产量。而开花期和乳熟期淹水对产量没有显著影响。

三叶期涝害影响产量主要在于影响千粒重，4～6叶期淹水将显著减少每穗行数和每行粒数，而8叶期涝害则主要由于营养生长和生殖生长受到影响而导致每株粒数减少，乳熟期淹水将降低籽粒中蛋白质含量。

三、玉米制种的灌溉制度和灌水量

1. 玉米制种的灌溉制度

人工向土壤补给性供水称为灌溉，灌溉的方案称为灌溉制度。

玉米制种的灌溉制度是指各地在当地的种植制度条件下，依据玉米的需水规律和获得预期产量而确定的灌水时间、灌水次数、灌水定额和灌溉定额的总称。灌水定额指玉米各个生育时期单位面积上每次的灌水量。全生育期各次灌水量的总和称灌溉定额。两者常以 m^3/hm^2 或 mm 表示。

玉米制种灌溉制度随品种、自然条件及农业技术措施不同而异，通常根据群众丰产灌水经验、总结灌溉试验资料和按水量平衡原理等来分析制定。制定科学合理的灌溉制度，能够高效利用灌溉水源，对玉米进行适时、适量的灌溉，达到预期的产量目标。

根据玉米制种生产主要目标，灌溉制度可分为丰产灌溉制度和节水灌溉制度两种。

（1）丰产灌溉制度。又称充分灌溉制度，是指按玉米制种的需水规律安排灌溉，使玉米制种各生育期的水分需要都得到最大限度的满足，从而保证玉米制种良好的生长发育，并取得最大产量所制定的灌溉制度。丰产灌溉制度的制定通常不考虑可利用水资源量的多少，它是以获得单位产量最高为主要目标。在水资源丰富并有足够的输配水能力的地区，通常采用这种灌溉制度。

（2）节水灌溉制度。又称非充分灌溉制度，是在水资源总量有限，无法使所有田块按照丰产灌溉制度进行灌溉的条件下发展起来的。节水灌溉制度的总灌溉水量要比丰产灌溉制度下的总灌水量明显减少。由于总水量不足，在玉米制种全生育期如何合理地分配有限的水量，以期获得较高的产量或效益，或者使缺水造成的减产损失最小，是节水灌溉制度要解决的主要问题。在我国北方干旱地区，根据玉米制种在不同生育阶段水分亏缺对产量的影响不同，将有限的水资源用于玉米制种关键需水期进行灌溉，即所谓的灌“关键水”。

2. 灌水量计算

按水分平衡原理确定灌溉定额，常采用如下计算公式：

$$M=E+W_2-P-W_1-K$$

式中　M——灌溉定额，m^3/hm^2；

E——全生育期玉米制种田间需水量，m^3/hm^2；

W_2——玉米制种生长期末土壤计划湿润层的储水量，m^3/hm^2；

P——全生育期内有效降雨量，m^3/hm^2；

W_1——播种前土壤计划湿润层的原有储水量，m^3/hm^2；

K——玉米制种全生育期内地下水利用量，m^3/hm^2。

一般生产单位在灌溉前应计算阶段灌水量，通常以当进该地块灌前土壤水分状况和计划灌水渗透深度来确定。阶段灌水量的计算公式如下：

阶段灌水量（m^3/hm^2）＝［土壤持水量（%）－灌前土壤含量（%）］×土壤容重（g/cm^3）×灌后土壤水分渗透深度（m）×1000（m^2）

在盐碱严重的地块，一般需水量需要增加15%～20%。

四、玉米制种的灌溉方法

灌溉方法是指灌溉水进入田间或玉米制种根区土壤内转化为土壤肥力水分要素的方法，即灌溉水湿润田间土壤的形式。良好的灌溉方法及与之相适应的灌水技术是实现既定灌溉制度的手段。

1. 按灌溉水向田间输送与湿润土壤的方式分类

一般把灌水方法分为地面灌溉、喷灌、微灌和地下灌溉四大类。以下主要介绍地面灌溉。

地面灌溉是使灌溉水通过田间渠沟或管道输入田间，水在田面流动或蓄存过程中，借重力作用和毛细管作用下渗湿润土壤的灌水方法，又称重力灌水方法。这种灌溉方法所需设备少，投资省，技术简单，是我国目前应用最广泛、最主要的一种传统灌溉方法。地面灌溉按其田间工程和湿润土壤方式又可分为畦灌法、沟灌法和淹灌法。以下主要介绍畦灌法和沟灌法。

（1）畦灌法是将田块用畦埂分隔成为许多平整小畦，水从输水沟或毛渠进入畦田，以薄水层沿田面坡度流动，水在流动过程中逐渐渗入土壤的灌水方法。适用于密植条播玉米制种。在进行各种玉米制种的播前储水灌溉时，也常用畦灌法，以加大灌溉水向土壤下渗的水量，使土壤储存更多的水分。为提高畦灌法的灌水均匀性，减少深层渗漏损失，可采用小畦灌、长畦分段灌和水平畦灌等节水灌溉技术。

（2）沟灌法是在玉米制种行间开沟灌水，水在流动过程中借毛细管作用和重力作用向沟的两侧和沟底浸润土壤的灌水方法。玉米制种的种植行距较宽，采用沟灌方法简便，可以明显减少渗漏，防止因大水漫灌造成耗水量过大，并能较好地保持耕层土壤的团粒结构，改善土壤通气状况，促进根系发育，增强抗倒能力。沟灌法主要是控制和掌握灌水沟间距、单沟流量和灌水时间。沟灌有两种方式：一是行间开沟灌水，使玉米制种两侧受水；二是隔沟灌溉，使玉米制种一侧受水。在缺水地区采用隔沟灌溉是一种有效的节水措施。

近年来国外推行的涌流灌溉法（又称波涌灌溉或间歇灌溉），是对地面沟、畦灌的发展，该法是把灌溉水断续地按一定周期向灌水沟（畦）供水，与传统的地面沟（畦）灌不同，它向灌水沟（畦）供水不连续，灌溉水流也不是一次就推进到灌水沟（畦）末端，而是水在第一次供水输入灌水沟（畦）达到一定距离后，暂停供水，过一定时间后再继续供水，如此分次间歇反复地向灌水沟（畦）供水，以达节省灌溉水之目的。

2. 按灌溉技术出现早晚分类

一般可分为传统灌溉和节水灌溉。

（1）传统灌溉。传统灌溉方法水是从地表面进入田间并借重力和毛细管作用浸润土壤，所以也称为重力灌水法。这种办法是最古老的也是目前应用最广泛、最主要的一种灌水方法。按其湿润土壤方式的不同，可分为畦灌、沟灌、淹灌和漫灌。

1）畦灌。畦灌是用田埂将灌溉土地分割成一系列长方形小畦。灌水时，将水引入畦田后，在畦田上形成很薄的水层，沿畦长方向移动，在流动过程中主要借重力作用逐渐湿润土壤。

2）沟灌。沟灌是在作物行间开挖灌水沟，水从输水沟进入灌水沟后，在流动的过程中，主要借毛细管作用湿润土壤。和畦灌相比，其明显的优点是不会破坏作物根部附近的土壤结构，不导致土地板结，能减少土壤蒸发损失，适用于宽行距的中耕作物。

3）淹灌（又称格田灌溉）。淹灌是用田埂将灌溉土地划分成许多格田，灌水时格田内保持一定深度的水层，借重力作用湿润土壤，主要适用于水稻灌溉。

4）漫灌。漫灌是在田间不做任何沟埂，灌水时任其在地面漫流，借重力渗入土壤，是一种比较粗放的灌水方法。其灌水均匀性差，水量浪费较大。

（2）节水灌溉是指充分有效地利用自然降水和灌溉水，最大限度地减少玉米制种耗水过程中的损失，优化灌水次数和灌水定额，把有限的水资源用在玉米制种最需要的时期，最大限度提高单位耗水量的产量和产值。

节水灌溉技术主要包括地上节水灌（如喷灌、微灌等），地面节水灌（如膜上灌等）和地下节水灌三大类。

1）喷灌。喷灌是利用一套专门的设备将灌溉水加压（或利用水的自然落差自压），将水经过田间的管道系统输送至喷洒装置（喷头），通过压力使水喷射到空中分散形成细小的水滴降落田间，均匀地喷洒在植株和地面上的灌溉方法。喷灌系统主要由水源、水泵、动力机、管道、喷头和附属设备等部分组成，按管道的可移动性，可分为固定式、移动式和半移动式三种，是一种比较先进的灌溉技术。

①优点。喷灌可根据玉米制种的需要及时适量地灌水，具有省水（节水30%～50%）、省工、节省沟渠占地、不破坏土壤结构、可调节田间小气候、对地形和土壤适应性强等优点，并能随水洒农药、肥料，而且能冲掉玉米制种茎叶上的尘土，有利于植株的光合作用。喷灌基本上不产生深层渗漏和地面径流，不易破坏土壤的结构，使玉米根系生长有一个良好的土壤环境。每次喷灌可增加空气湿度，降低气温，能有效防止“晒花”现象的发生。

②缺点。喷灌需要一定量的压力管道和动力机械设备，能源消耗、投资费用高，而且存在一些局限性：一是受风的影响大，一般在3～4级风时应停止喷灌；二是直接蒸发损失大，尤其在旱季，水滴落地前可蒸发掉10%，因而宜在夜间喷灌；三是容易出

现田间灌水不均匀、土壤底层湿润不足等情况。为达到省水增产的目的，喷灌必须保证有较高的灌水质量。其基本技术要求是：喷灌强度要适中，喷洒要均匀，水滴雾化要好。

2）微灌。包括滴灌、微喷灌和涌泉灌等。微灌是通过一套专门设备，将灌溉水加低压或利用地形落差自压、过滤，并通过管道系统输水至末级管道上的特殊灌水器，使水或溶有化肥的水溶液以较小的流量均匀、适时、适量地湿润玉米制种根系区附近土壤表面的灌溉方法。微灌系统由水源、首部枢纽（包括水泵、动力机、控制阀、过滤设备、施肥施药装置、压力及流量测仪表等）、输配水管网和灌水器四部分组成。依灌水器的出流方式不同可分为滴灌、地表下滴灌、微喷灌和涌泉灌四种类型。微灌使灌溉水的深层渗漏和地表蒸发减少到最低限度，省水、省工、省地，可水肥同步施用，适应性强。

优点是在低压条件下进行，因此可以节能；灌水均匀，水肥同步；适应性强，操作方便。

缺点是投资较大，灌水器孔径小，容易被水中杂质堵塞，只湿润部分土壤，不利于根系深扎。

3）膜上灌。水沿放苗孔和膜旁侧渗入，可减少土壤的深层渗漏和蒸发损失，可节水40%～60%。

4）地下灌。地下灌又称渗灌，是把灌溉水输入地下铺设的透水管道或人工鼠洞内，借助土壤的毛细管作用湿润根际层土壤的灌水方法，可分为地下水浸润灌溉和地下渗水暗管（或鼠洞）灌溉两种类型。

优点是灌溉后不破坏地中土体结构，不产生土壤表面板结，减少地表蒸发，节地、节能。

缺点是表土湿润差，不利于玉米制种种子发芽和出苗，投资高，管理困难，易产生深层渗漏。

①地下水浸润灌溉是利用沟渠网及其调节建筑物，将地下水位升高，再借毛细管作用向上层土壤补给水分，以达到灌溉目的。在不灌溉时开启节制闸门，使地下水位下降到一定的深度，以防玉米制种受渍害。适用于土壤透水性强，地下水位较高，地下水及土中含盐量较低的地区。

②地下渗水暗管（鼠洞）灌溉是通过埋设于地下一定深度的渗水暗管或人工钻成土洞（鼠道）供水，适用于地下水位较深，灌溉水质好，土中透水性适中的地区。

五、玉米制种灌溉技术

玉米制种植株根深叶茂，而且生长期多处在高温条件，属需水较多的作物，不同的生育期对水分的需要不同，必须根据玉米的需水规律，结合当地气候情况，进行科学灌溉，以满足玉米各个生育期对水分的需求，保证高产稳产，达到高效节水的目的。

1. 灌溉时期

（1）播前灌水。又称底墒水、储备灌或蓄水灌溉。玉米制种播种前必须保证土壤有足够墒情，既要能满足种子发芽出苗需水，又要保持拔节前对水分的需要，促使根系下扎，壮苗发根。播前储备灌须灌深、灌透，尤其是盐碱地，应做到洗压盐碱。储备灌水量一般为 1 200～1 500 m^3/hm^2，同时要做好灌后耙耱保墒工作。有水源条件的地区，可实行早春灌。

玉米储备灌一般在冬前进行。冬灌比春灌增产 10%左右，灌水量为 600～750 m^3/hm^2。

（2）苗期蹲苗。制种玉米苗期生长以根系为中心，需水量少，耐旱、怕涝，生产上一般不灌水，而是采用中耕松土，保蓄水分，“以耕代灌”，形成上干下湿，上虚下实，起到跑表墒保底墒的作用，以利控制地上部分生长，促进根系下扎，达到根强、株壮、节短、茎粗，耐旱抗倒，穗大粒多，提高产量的目的。蹲苗一般播后 50～60 天结束，最迟在拔节前雌穗分化时结束。

（3）生育期灌溉。玉米全生育期需水较多，除苗期应适当控制灌水外，其生长的中、后期都必须满足玉米对水分的要求，这样才能获得高产稳产。玉米制种生长期内一般需灌水 4～5 次，特别要抓好三个关键期灌水。

1）拔节孕穗期灌水。这是第一个需水关键时期，头水是拔节孕穗水，拔节期以后，叶片旺盛生长，对水分要求逐渐加大，尤其玉米制种由于是地膜栽培，根系浅，抗旱能力比大田玉米差，一般比大田进头水要早。因此玉米制种要早揭膜、早开沟、早灌溉，灌水应坚持“头水早二水赶”的原则。灌水前 3～7 天，人工揭膜，机力深开沟高培土。

此期如发现“卡脖旱”的苗头时，必须及时灌水，做到灌深、灌透、灌足，灌水量为 1 300～1 400 m^3/hm^2。此期适时浇水可缩短雌、雄花出现间隔，利于授粉，减少小花退化，提高结实率。

2）抽穗开花期灌水。这是第二个需水关键时期，抽穗开花正值盛暑，日照长，气温高，叶片蒸腾最强，耗水强度最大，是玉米的需水临界期，结合补施粒肥适时灌水，增加行间湿度，提高花粉生活力，利于良好地授粉，提高结实率，增加光合作用强度，使更多养分向果穗中转移。灌水量为 750～900 m^3/hm^2。这时遇旱，对产量影响极大，一定要保证有足够的水分，供玉米生长发育的需要。灌头水后，经 10～15 天，穗期即抽穗扬花期，是第二个灌水关键时期，应根据天气变化和土壤肥水状况，灌水 1～2 次，提高结实率。此期如果土壤墒情不好将导致严重减产，花期灌水平均增产 10%以上。

3）灌浆期灌水。这是第三个需水关键时期，玉米开花授粉后进入籽粒形成和灌浆阶段，为使光合产物顺利向籽粒运输，减少籽粒败育，提高粒重，要适时灌水，以防止叶片早衰，延长叶片功能期，提高光合强度。灌水量为 600～750 m^3/hm^2 要灌水 1～2

次，灌匀灌透，不涝不旱。此期土壤墒情好可防止群体植株早衰，籽粒充实饱满，千粒重增加 18.3～36.7 g，增产 3%～25%。

2. 玉米灌溉水量及灌溉指标

（1）灌溉水量。玉米制种需水较多，除苗期应适当控水进行蹲苗外，自拔节到成熟都不得缺水。玉米需水多受到地区、气候、土壤及栽培环境条件的影响。据已有的统计资料说明，在常规灌溉条件下，新疆春玉米吨粮田灌水大体上每亩为 450～500 m^3。每生产 1 g 干物质所消耗水的克数即蒸腾系数，一般为 240～368，每生产 1 kg 籽粒耗水 600 kg 左右。

（2）玉米灌溉指标。玉米灌溉指标包括土壤水分指标、植株形态指标、生理指标。

1）根据研究，春玉米不同生育期维持正常的生长发育，土壤水分必须达到最大田间持水量的以下指标：出苗到拔节，65%～70%；拔节到抽雄，70%～75%；抽雄到开花末期，75%～80%；灌浆期，70%～75%。当土壤水分降到下限值时应进行灌溉。

2）植株形态指标有暂时萎蔫和永久萎蔫两种，其中暂时萎蔫是需要灌水的生理指标，要立即进行灌溉。暂时萎蔫指的是当土壤水分不能满足春玉米蒸腾消耗的生理需水时，晴天中午春玉米上下部叶片出现萎蔫现象，但夜间又恢复正常的萎蔫现象。永久萎蔫在夜间不能恢复。

3）生理指标包括叶片膨压和叶片水势，叶片膨压是生产上采用较多的测定植株水分盈亏的指标。

六、排水

农田排水的任务是排除农田中多余的水分（包括地面以上及根系层中的），防止玉米制种涝害和渍害。涝害是因降雨过多在地面形成径流水层和低洼地汇集的地面积水而使得玉米制种受害。渍害则是由于雨后平原坡度较小的地区和低洼地，在排除地面积水以后，地下水位过高，根系活动层土壤含水量过大，土层中水、肥、气、热关系失调而使玉米制种生长受害。针对这两种情况的农田排水分别称为除涝排水和防渍排水。

农田排水方式一般有水平排水、垂直排水两种。水平排水主要指明沟排水和地下暗管排水，垂直排水也称竖井排水。明沟排水就是建立一套完整的地面排水系统，把地上、地下和土壤中多余的水排除，控制适宜的地下水位和土壤水分。暗管排水是通过埋设地下暗管（沟）系统，排除土壤多余水分。竖井排水是在较大的范围内形成地下水位降落漏斗，从而起到降低地下水位的作用。

七、滴灌技术

滴灌是一种新型节水灌溉方式，是以滴头、孔口或滴灌带为灌水器的一种新型的微灌技术，根据玉米制种的需水要求，水压管道系统与安装在末级管道上的特别喷水器将水和玉米制种生长所需的养分，以比较小的流量均匀准确地直接输送到玉米制种根部附近的土壤表面或土层中，不会产生地面径流和地下渗漏，而且不会破坏土壤结构，比一般的喷灌节水30%以上。通过安装在毛细管上的滴头、孔口或滴灌带等灌水器将水滴均匀而又缓慢地滴入作物根区附近土壤中，由于滴水流量小，水滴缓慢入土，除紧靠滴头下面的土壤水分处于饱和状态外，其他部位的土壤水分均处于非饱和状态，土壤水分主要借助毛细管张力作用入渗和扩散。

1. 滴灌技术特点

同其他灌溉方法相比，滴灌具有以下优点：

（1）省水、节能。管道输水，渗漏和蒸发损失很小；水流滴入土壤后，借助毛细管作用湿润土壤，局部湿润作物根部附近的部分土体，不易发生地表径流和深层渗漏，也减少了植株间蒸发损失；能适时适量地按作物生长需要供水，水的利用率高。因此其用水量仅为地面灌溉用水的1/4～1/5，比喷灌省水15%～25%。由于滴灌用水量少，工作压力比喷灌低得多，所以可以节省能源。

（2）省地、省工、省肥。滴灌减少了田间沟渠，有效增加了土地的实际面积，提高了土地利用率；滴灌不需要平整土地、开沟打畦，可实行自动控制，大大减少了田间灌溉的劳动量和劳动强度。可以利用滴灌系统直接向根部施入可溶性肥料，减少肥料流失，提高肥效。

（3）灌水均匀，增产效益高。滴灌系统能够做到有效地控制每个灌水器的出水量。灌水均匀度高，均匀度一般可达80%～90%，不会造成土壤板结，能够维持根层土壤的水分、通气和养分状态，为作物生长提供了良好的条件，增产效果显著。与地面灌溉相比，蔬菜可增产1～2倍，水果和粮食作物可增产30%左右。

（4）对土壤和地形的适应性强。滴灌系统的灌水速度可快可慢，对于入渗率很低的黏性土壤，灌水速度可以放慢，使其不产生地面径流；对于入渗率很高的沙质土，灌水速度可以提高，灌水时间可以缩短或进行间歇灌水。这样做既能使作物根系层经常保持适宜的土壤水分，又不会产生深层渗漏。由于滴灌是压力管道输水，不要求地面平整，能够适应各种地形。

滴灌的主要缺点是管道和滴头容易堵塞，因此，对水质要求较高。滴灌系统必须安装过滤器，以对灌溉水进行滤清，或加入化学抑制剂等办法解决堵塞问题。此外，滴灌系统需要大量管材和滴头，投资较大，不能调节田间小气候，不适宜结冻期灌溉，在蔬菜灌溉中不能利用滴灌系统施粪肥。

2. 滴灌系统组成

（1）滴灌系统由水源、首部枢纽、输水管道系统和滴头4部分。滴灌输水管道系统由干管、支管和毛管三级管道组成。干管、支管一般采用直径为20～100 mm的掺碳黑的高压聚乙烯或聚氯乙烯管。一般埋在地下，覆土层应不小于30 cm，在它的进水端一般都设有流量调节器或者流量调节阀门，以保证干管、支管能稳定地按设计流量供水。毛管多采用内径 10～15 mm 掺碳黑高压聚乙烯或聚氯乙烯半软管，用时置于地表，也可以埋入地下作物根区附近。

滴头是滴灌系统的重要设备。灌溉水通过滴头的细小流道或孔口以水滴形式注入土壤。滴头需要的数量较多，是影响滴灌质量的重要部件，因此要求滴头具有适度均匀而又稳定的流量，有较好的防止堵塞性能，而且耐用、价廉、装拆简便。目前滴头大多采用聚氯乙烯和聚乙烯制造，滴头的种类很多，按滴头与毛管的连接方式可分为行管闸头和管上滴头两大类。我国目前生产的滴头有管式滴头、孔口式滴头、插接式滴头、螺纹式滴头、分流式滴头、发丝扎口滴头等十余种。各类滴头的工作压力一般为 0.5～1.5 MPa，滴头的流量可根据作物需水要求确定。滴灌果树时，滴头流量可大一些；滴灌蔬菜和大田作物时可以小些。

（2）滴灌系统布置。滴灌系统在布置时，首先要根据作物种类、地形特点，合理选择滴灌系统类型。合理布置各级管道，使整个系统长度最短，控制面积最大，水头损失最小，投资最低。

1）滴灌系统类型选择。滴灌系统分为固定式和移动式两种，固定式干管、支管、毛管全部固定；移动式干管、支管固定，毛管可以移动。果树滴灌可采用固定式或移动式；对蔬菜，由于灌水频繁，供水时间长，移动毛管不方便，以固定式为好；对大田作物，一般都采用移动式滴灌系统，部分坡降较大的地块采用固定式干管，即通过开挖铺设地下主管，预留出水桩，播种与铺设滴灌带同步进行，待播种结束后铺设支管，三通直接联系滴灌带与支管。

2）滴头及管道布置。滴头的布置间距取决于土壤质地、滴头流量和滴灌灌水定额（一次滴灌的单位面积的灌水量）。土壤质地黏重，滴头流量大。滴灌定额大时，间距宜大些；反之，间距宜小些。沙壤土、壤土滴头流量为 2～5 L/h，一般滴头间距为 0.1～1.0 m。

在平坦地区，干管、支管、毛管三级管道最好相互垂直，毛管与作物种植方向一致。在山区丘陵地区，干管一般沿山脊或较高位置平行等高线布置，毛管与支管垂直，以便同一毛管上各滴头的出水量均匀。

在滴管系统布置中，毛管用量最大。直接关系工程造价和管理运行是否方便，根据实践经验，果园灌溉系统毛管长度一般为 50～80 m；大田移动滴灌系统，毛管灌水段长度以 30～50 m 为宜，辅助毛管长度为 5～10 m，这样毛管可以在 10～20 m 范围内移动。毛管的间距不仅与土壤质地、滴头流量和滴灌定额有关，而且还与土壤的湿润比有关。湿润比即为滴灌后地表以下 30 cm 处，土壤湿润面积与滴头控制灌溉面积的比值。对于果园滴灌，在干旱地区土壤湿润比应小于 33%；在降雨较多的地区，因滴灌属于补充供水，土壤湿润比可以小些，一般不超过 20%；对于大田作物和蔬菜，因行距较小，湿润比应高些，一般为60%～80%。

（3）输水管网。输水管网是管道灌溉系统重要的组成部分，可分为两种：一种是（自压首部）连接水源和首部、首部和灌水器之间的管道总和；另一种是连接首部和灌水器之间的管道。微灌用水有一定的压力，所以常用的管道材料有硬塑料管、塑料管及带有管壳保护的薄膜塑料软管等。硬塑料管是一种比较理想的地埋固定式低压管材，我国现在主要使用聚氯乙烯管、聚乙烯管和改性聚丙烯管3种。这些硬塑料管的工作压力大多在0.4～0.6 MPa或更高。微灌系统组成如图6—1所示。

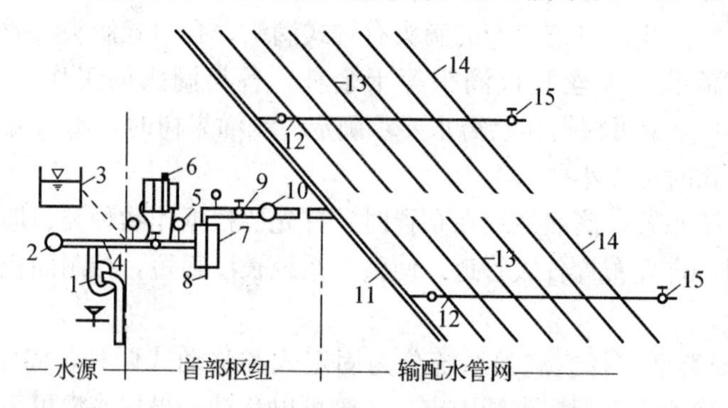

图6—1　微灌系统组成示意图

1—水泵　2—供水管　3—蓄水池　4—逆止阀　5—压力表　6—施肥罐　7—过滤器　8—排污管　9—阀门　10—水表　11—干管　12—支管　13—毛管　14—灌水器　15—冲洗阀门

如果是微喷灌，图6—1中14可以换成雾灌喷头；如果是滴灌，图6—1中14可以换成滴头或滴灌带。地下管连接如图6—2所示，田间微灌系统如图6—3所示，田间微灌系统如图6—4所示。

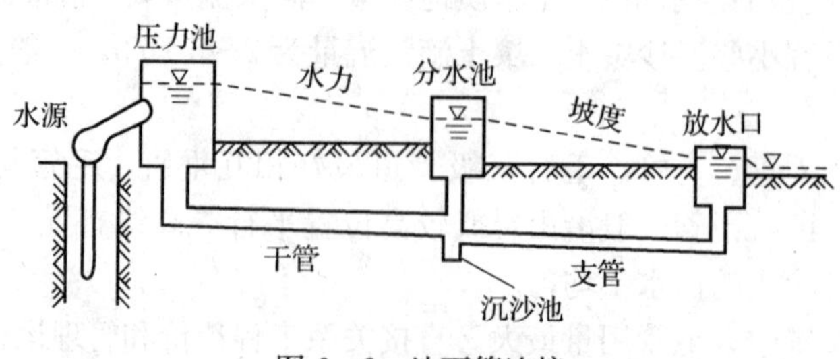

图6—2　地下管连接

3. 机械装备

机械设备可分为给水通用设备和给水专用设备。给水通用设备包括首部枢纽和输水管网。给水专用设备主要包括：灌水器，管道及附件，水质净化装置，营养液和农药注入装置，调节、保护、测量装置。

（1）给水通用设备。首部枢纽包括水泵、动力机、化肥施肥器、过滤器、各种控制

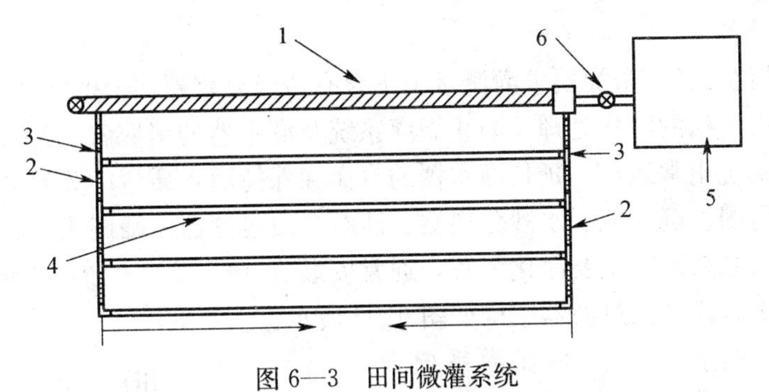

图 6—3　田间微灌系统

1—主管　2—支管　3—三通　4—毛管或滴灌带　5—首部　6—阀门

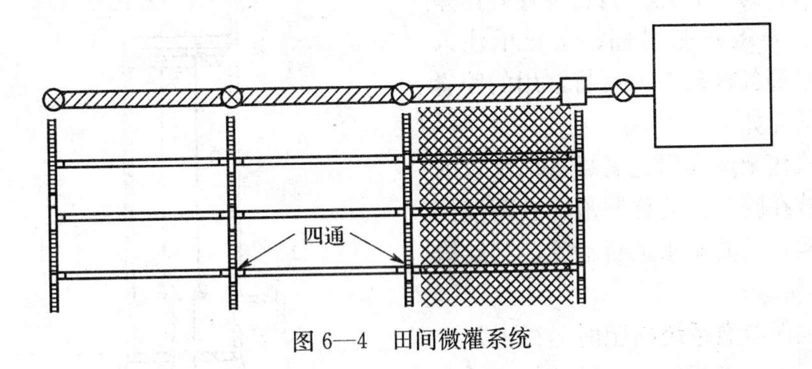

图 6—4　田间微灌系统

测量设备。该部分担负着整个系统的驱动、检测和调控任务，是控制调度的中心。过滤器是滴灌设备的关键部件之一，其作用是使整个系统特别是滴头不被堵塞；肥液注入装置安装在过滤器前（见图 6—5），以防水溶解的化肥颗粒堵塞滴头。借助压力差通过肥料罐的出水道，将化肥溶液均匀注入干管的灌溉水中。

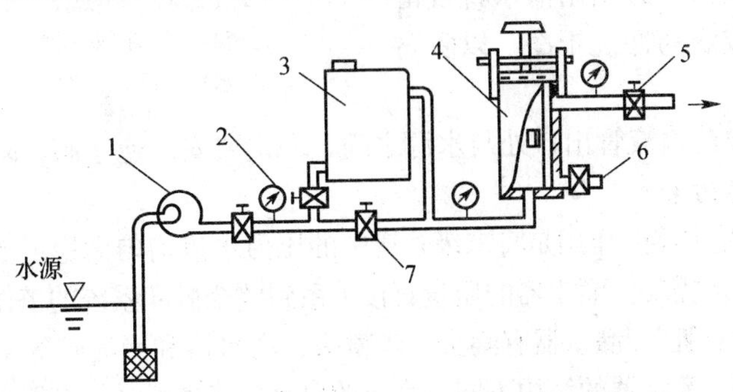

图 6—5　滴灌系统首部枢纽示意图

1—抽水机　2—压力表　3—肥料罐　4—过滤器

5—阀门　6—冲洗管　7—流量调节阀

（2）专用设备

1）水质净化装置。微灌要求灌溉水中不含有造成灌水器堵塞的污物和杂质，因此，要对灌溉水进行严格的净化处理，防止微灌系统及灌水器的堵塞就成为微灌中的首要步骤，也是保证系统正常运行、延长灌水器的寿命和保持灌水质量的关键措施。水净化装置主要包括拦污栅、沉淀池、水沙分离器、沙石介质过滤器、筛网式过滤器等。其中筛网式过滤器是微灌系统的主要净化装置，通常安装在主干管的上游端，能有效地拦截、清除水中的污物。筛网式过滤器结构如图 6—6 所示。

2）施肥（农药）装置。向微灌系统注入可溶性肥料或农药溶液的设备及装置称为施肥（农药）装置。施肥装置有压差式施肥罐、开敞式肥料桶、文丘里注入器、注入泵等各种类型。现将常用的胶囊式化肥罐简介如下。

胶囊式化肥罐利用化肥罐进出水口的压差，将装在胶囊内的化肥液或农药液挤入微灌管网，随灌溉水进行洒施。其结构如图 6—7 所示。

为了确保微灌系统施肥时运行正常并防止水源污染，必须注意以下三点：

①化肥或农药的注入一定要放在水源与过滤器之间，使之先过滤再进入管道，以免堵塞。

②施肥和施农药后必须用清水将残留在系统内的肥液或农药冲洗干净，以防腐蚀装置。

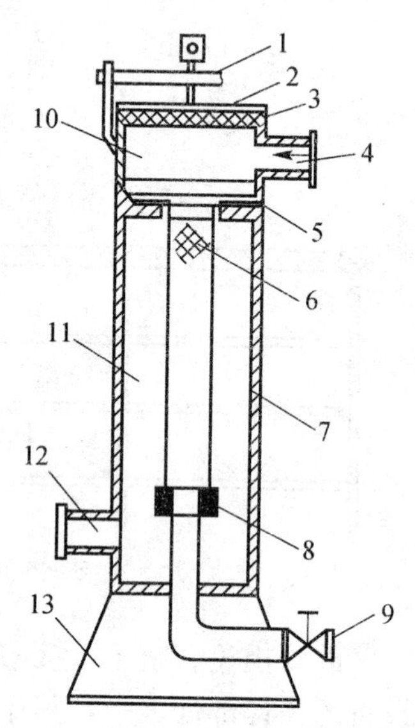

图 6—6　筛网式过滤器结构示意图

1—紧固螺杆机构　2—顶盖　3—外密封胶圈　4—进水口
5—内密封上胶圈　6—过滤元件　7—过滤器外壳
8—内密封下胶圈　9—排污阀　10—进水室
11—出水室　12—出水口　13—过滤器支架

③在化肥或农药输液管出口处与水源之间，一定要安装逆止阀，防止肥液或农药流进水源，造成环境污染。

3）灌水器。灌水器的作用是将末级管道中的压力水流均匀而稳定地分配到田间，满足作物生长对水分的需要。灌水器的质量直接关系到整个微灌系统的工作，因此，常将灌水器视为系统的“心脏”。灌水器有滴头、微喷头、涌水器和滴灌带等多种形式，或置于地表，或埋入地下。灌水器的结构不同，水流的出流形式也不同，有滴水式、漫射式、喷水式和涌泉式等。

①滴头。来自管网的压力水，经过滴头的消能作用，形成滴状或细流状出流。滴头有管式、孔口式和微管等形式。滴头结构示意如图 6—8 所示。

②微喷头。微喷头有双向折射式、单向折射式和双流道旋转式三种形式。其结构如图 6—9 所示。

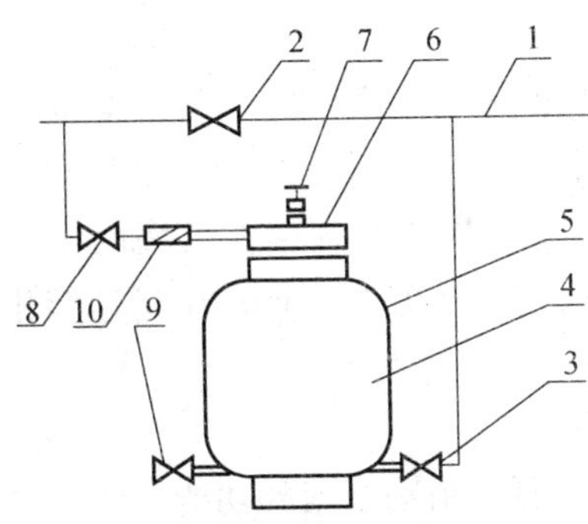

图 6—7 胶囊式化肥罐结构

1—干管 2—干管调节阀 3—进口阀 4—壳体 5—胶囊 6—盖板 7—压紧机构 8—出液阀 9—放水阀 10—ϕ15 mm 水表

图 6—8 滴头结构示意图

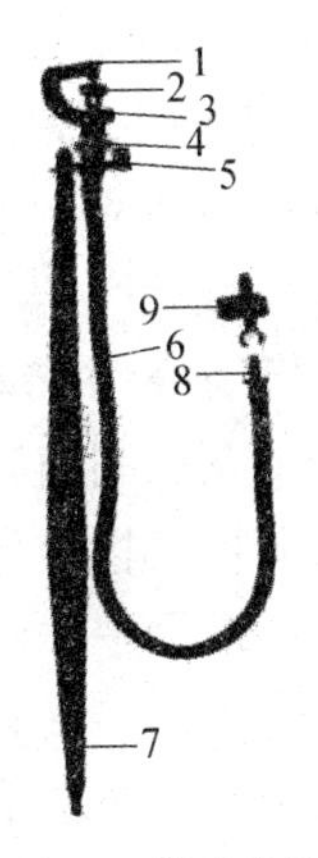

图 6—9 微喷头结构

1—桥 2—喷洒器 3—喷嘴 4—防雾化器 5—转换支架 6—毛管 7—插杆 8—毛管接头 9—快接头

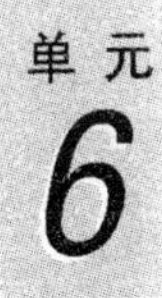

③滴灌带如图 6—10 所示。

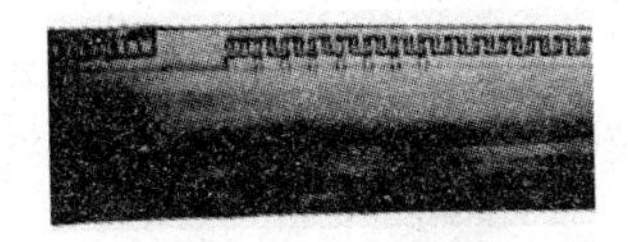

图 6—10 滴灌带结构示意图

第四节 玉米制种化学调控技术

- 了解植物生长调节剂的使用知识
- 掌握玉米制种化学调控应用技术
- 掌握玉米制种应用玉米制种健壮素的技术要点

一、植物生长调节剂的使用

1. 国内外植物生长调节剂的使用动态

20世纪中叶以来，全球随着植物激素的陆续发现及人工合成植物生长调节剂的问世，植物生长调节剂在调控作物生长、增加农作物产量、改善产品品质及产品储存保鲜等方面显示了独特的作用，取得了显著的成效。用植物生长调节剂调控植物的生长发育，已成为世界各国迅速兴起的一个重要科研与应用课题，也是将科研成果迅速转化为生产力的一个活跃领域。

2. 植物生长调节剂的独特功能

植物激素是调节及控制植物生理活动的代谢物质。研究植物激素的功能，能使之按人类生产需要有效调控植物的生长发育，提高作物的品质与产量。

人们在社会生产过程中，由于天然激素量少，不能适应大面积生产所需，因此，研究模拟天然激素，合成许多具有生理活性的化合物——植物生长激素，推动了化学调控技术在农业上的应用，在调节植物的新陈代谢、养分运输、诱导开花、性别控制、全株整形、塑造株型等方面取得了很大的进展。在某些情况下，合理地应用植物生长调节剂的生产效果甚至比常规的栽培与育种技术还要好。

二、玉米制种化学调控应用技术

玉米制种化学调控，就是利用植物生长调节剂（主要有玉米制种健壮素或乙烯利等），在适当时期进行叶面喷施，以控制株高，促进气生根发生，能达到株矮、茎粗、抗倒伏的目的，提高抗旱能力，延长叶片功能期，增加光合同化产物积累，防止早衰，提高结穗率和结实率，减少缺粒、秃顶，实现高效、增产，其增产幅度为15％～20％。

1. 掌握好喷药时期

有研究表明，于叶龄指数65％～70％时喷施乙烯利或玉米制种健壮素，既可明显控制株高，又能促进气生根层数和根量增多，且不影响穗分化发育，增产效果显著。

2. 掌握好药液浓度和用量

依据多年实践证明，不是所有的制种组合都适用化学调控，化学调控的运用应该结合土壤状况、肥力水平、地下水位、栽培方式等情况，因地制宜、因时制宜。

地膜覆盖栽培的，玉米制种因长势旺，易发生倒伏，一期化学调控的可以采用玉米制种健壮素的适宜用量为450～750 mL/hm^2，或用乙烯利的用量为600～720 mL/hm^2，一般以玉米制种健壮素为主；须均匀喷湿上部心叶，不宜过多。

3. 植物生长调节剂的施用技巧

（1）施用方法。植物生长调节剂的施用方法分为喷施法和土施法。喷施法是调节农作物高度和生长速度最常采用的方法。该方法容易掌握，简便且作用快速。适合采用喷施法的植物生长调节剂有矮壮素、乙烯利、玉米制种健壮素等。有些植物生长调节剂如果叶面喷施，可能会在某种程度上使叶片变形或抑制顶端分生功能，如要抑制茎的生长，可采用土壤施用法。适宜土施法的植物生长调节剂有缩节胺、嘧啶醇、矮化磷等。土施多效唑、烯效唑不仅省药，而且有效期长，不易降解。由于植物生长调节剂用量少，易被土壤固定或被土壤微生物分解，因此，大多数植物生长调节剂不宜采用土施法。

（2）施用种类、浓度、次数。在选择植物生长调节剂时，应依据农作物的种类进行。一方面考虑它们具有不同的调节作用；另一方面不同作物对同一种抑制剂的反应不同，如前所述，乙烯利、缩节胺、矮壮素、矮化磷等对农作物的矮化作用明显。

确定植物生长调节剂最适宜的浓度时应考虑农作物的种类，若浓度过低，往往作用不明显，而浓度过高又会产生毒害，严重时会导致作物死亡。因此，妥善的方法是通过试验确定一个最适宜的范围。例如，矮壮素浓度高时抑制作物和叶片生长；赤霉素浓度低时可促进株高生长，而浓度高时又会压制作物体伸长。另外，在确定具体应用对象后，使用浓度和次数也应正确确定。

影响植物生长调节剂施用效果的因素很多，为达到既能取得最佳效果，又不影响农作物产品品质的目的，不要在苗期尚未旺长时施用，因苗期抗性差，苗体易受药害，会延缓生长发育速度。抑制剂应选择在高温条件下旺盛生长季节施用，以便达到最优效果。所以，使用植物生长调节剂的方法要得当。使用好植物生长调节剂，会对作物增产起到促进作用。但是，每种调节剂在应用上都有一定的条件和范围，尤其要掌握好使用的时间和浓度，不能马虎大意，否则就不能达到增产、增效的效果。

（3）植物生长调节剂的配合施用。植物生长调节剂配合施用，可以弥补单一植物生长调节剂效果的不足，或者克服单一植物生长调节剂的副作用，达到利用植物生长调节剂的增效作用。例如，乙烯利与2，4－D按一定比例混合施用，可以抑制作物生长，同时又可以提高产品品质，并起到杀草作用。

4. 使用植物生长调节剂五忌

一忌以药代肥。植物生长调节剂是生物体内的调节物质，使用植物生长调节剂不能代替肥水及其他农业措施。即便是促进型的调节剂，也必须有充足的肥水条件才能发挥作用。

二忌改变浓度。玉米制种对植物生长调节剂的使用浓度要求比较严格。浓度过大，玉米制种叶片增厚变脆，易出现畸形，或叶片干枯脱落，甚至全株死亡；浓度过小，则达不到应有的效果。因此，不要随意加大或缩小浓度。

三忌不求时效。使用植物生长调节剂要根据其种类、药效持续时间和栽培需要，决定适宜的使用时期，以免造成不必要的损失。

四忌有违天时。在高温、干旱的气候条件下，药液浓度应降低；反之，下雨天土壤

水分充足时使用，应适当加大浓度。施药时间应掌握在上午 10：00 以后、下午 4：00 以前，施药后 4 h 内遇雨要减半补施。

五忌随意混用。几种植物生长调节剂混用或与农药、化肥混合使用，虽可减少用工，发挥综合效益，但必须在充分了解混用之后产生增强或抑制作用的基础上决定是否混用。例如，叶面宝、喷施宝呈酸性，不能与碱性农药、肥料混用；植物动力 2003 只能兑清水用在各种作物上，若与其他农药、肥料混用，既起不到增产效果，又降低了药效，造成不必要的损失。

三、安全使用植物生长调节剂的注意事项

1. 施药人员必须经过训练，认真按操作规程安全、适度施药。

2. 未成年人或孕妇、哺乳期妇女不能从事喷药作业。

3. 认真仔细地了解药剂的配制方法和在不同作物类型上的用量，严格控制配药浓度以及需用数量。

4. 根据某些植物生长调节剂的毒理性质，严格控制施用方法和施药地点，注意当时的气候状况，特别是气温和风向等。

5. 施用有毒药剂或与农药混用时，必须注意安全操作和加强自身防护；配制药液时应远离人畜的饮水水源。

6. 施药操作结束后，必须及时洗手、洗脸及洗衣、洗澡；用剩或多余的药液应妥善处理，不得随意乱倒，应重视并避免污染周围环境。

四、玉米制种应用玉米制种健壮素的技术要点

玉米制种健壮素是目前玉米制种运用最成功的生长调节剂。

1. 玉米制种健壮素的应用简介

（1）玉米制种健壮素是一种能调节植物生长的复配型植物生长调节剂，主要成分是 40%羟烯腺·乙利水剂，化学成分：6 - 氨基呋喃嘌呤、2 - 氯乙基膦酸。工业产品为无色透明液体，易溶于水，易被叶面良好吸收，进入植物体内全面调节作物的生理功能，是玉米制种生产上理想的植物生长调节剂。玉米制种运用后，表现为植株矮壮，节间短，叶片直立而宽短，叶色深，叶片变厚，叶绿素含量增加，根系发达，气生根明显增多，光合同化功能增强，空秆率下降，果穗丰满，秃顶显著减少，籽粒增重明显，表现为早熟、抗倒、增产，可增产 15%～20%。

（2）在施用玉米制种健壮素的栽培条件下，可比常规种植密度增大，每亩多种 1 000～1 500 株。确保收获果穗数每亩在 6000 株以上。

（3）准确配制药液浓度和正确掌握用量是施药增产的技巧。经江苏、北京、新疆及石河子大学农学院多点、多年反复试验研究确定，施用浓度以 600～800 mL/L、单位

土地面积用药液量为 375～450 kg/hm² 为宜。

(4) 掌握好喷药时期。从叶龄看，喷药应避开影响雌穗伸长的叶片，即穗位叶-4叶期，以 21 叶自交系为例，穗位叶为 15～16 叶，化学调控应避开 11～12 叶，一期化学调控可以选择 13～14 叶期，两期化学调控可以选择 9～10 叶期和 13～14 叶期。

2. 使用玉米制种健壮素的注意事项

(1) 喷药液只需喷湿上部心叶即可，不必使药液喷到下滴。

(2) 配制药液应现配现用，不应存放过夜，以免挥发失效。

(3) 喷施后 7～10 天避免灌水，以防灌水对化学调控作用的破解。

(4) 喷施后应加强田间管理，以使肥水效应发挥更大的增产作用。

第五节　玉米制种防灾减灾技术

→ 了解玉米制种防灾减灾技术

西北地区玉米制种，在玉米生育期的主要农业气象灾害有低温冷害、涝灾、霜冻、雹害、旱灾、高温热害等灾害。

一、低温冷害

低温主要是使玉米生育过程中因热量不足，造成生育期延迟，后期易遇低温、霜冻造成减产。低温冷害分为两种情况：一是夏季低温（凉夏），持续时间较长，抽穗期推迟，在持续低温影响下玉米灌浆期缩短，在早霜到来时籽粒不能正常成熟。如果早霜提前到来，则遭受低温减产更为严重。二是秋季降温早，籽粒灌浆期缩短。玉米生育前期温度不低，但秋季降温过早，降温强度大、速度快。初霜到来早，灌浆期气温低，灌浆速度缓慢，且灌浆期明显缩短，籽粒不能正常成熟而减产。

1. 不同生育阶段的低温冷害

(1) 幼苗期。遇 2～3℃低温，影响正常生长，-1℃的短时低温会使幼苗受伤。受冻死亡温度为-2～4℃。日平均气温低于 10℃，持续 3～4 天幼苗叶尖枯萎。日平均气温降至 8℃以下，持续 3～4 天，可发生烂种或死苗；持续 5～6 天，死苗率可达 30%～40%；持续 7 天以上，死苗率达 60%。

(2) 拔节期。低温影响发育速度，21℃为轻度冷害，生育速度下降 40%；17℃为中度冷害，生育速度下降60%；13℃为严重冷害，生育速度下降80%。

（3）幼穗分化期。日平均气温低于17℃，不利于穗分化。

（4）开花期。日平均气温低于18℃，授粉不良。

（5）灌浆成熟期。日平均气温低于16℃停止灌浆，遇3℃低温完全停止生长，气温低于−2℃植株死亡。

（6）玉米生育中后期。日平均气温15～18℃为中等冷害，13～14℃为严重冷害。

（7）预防及补救措施。适期提早播种，当5 cm地温稳定通过5～8℃，即可覆膜播种，延长生育时间。

2. 低温对玉米制种的生理影响

据研究，经4～10℃低温的玉米制种，光合强度降低34.8%～50%。低温使谷氨合成酶和氨基转移酶的活性降低，阻碍了氮合成为蛋白氨基酸，此时蔗糖含量成倍增加以提高耐寒力。在10℃低温下抑制了根系对离子的吸收，又由于吸水速度降低，而使植株出现萎蔫。低温冷害使细胞膜受损，内含物外渗。

3. 玉米制种冷害指标

玉米制种在日平均气温15～18℃中生长为中等冷害，13～14℃为严重冷害。各生育阶段平均下降60%的冷害指标：苗期为15℃，生殖分化期为17℃，开花期为18℃，灌浆期为16℃。以玉米制种拔节期为标准，轻度冷害为21℃，中度冷害为17℃，严重冷害为13℃，其发育速度依次下降40%、60%、80%。玉米制种苗期受冻害死苗指标为−4℃，成熟期为−2℃。

二、涝灾

玉米的生长过程中水分过多会引起涝害。

1. 苗期

从出苗至七叶期易受涝害。当土壤水分过多或积水，使根部受害，甚至死亡，当土壤湿度占田间持水量的90%时会形成苗期涝害。田间持水量90%以上持续3天，玉米三叶期表现为红、细、瘦弱，生长停止。持续降雨达5天以上，苗会黄弱或死亡。

2. 玉米中后期

此时是玉米耐涝性较强的时期。地面淹水深度10 cm，持续3天只要叶片露出水面都不会死亡，但产量会受到很大影响。在八叶期以前因生长点还未露出地面，此时受涝减产最严重，甚至绝收。若出现大于10天的连阴雨天气，玉米光合作用减弱，植株瘦弱常出现空秆。

3. 大喇叭期以后

大喇叭期后玉米的耐涝性逐渐提高。但花期连续阴雨就会影响玉米的正常开花授粉，造成大量秃顶和空粒。

涝害解除措施如下：

(1) 玉米幼苗淹水后，及时开沟排水，揭膜散湿；加强中耕破除土壤板结，改善根系周围土壤的通气性能，为根系恢复生长提供良好的生长环境；增施肥料，及时叶面喷施两次沼液配高纯度磷酸二氢钾、锌肥或根部追施少量速效氮肥；加强病虫害防治。

(2) 玉米七叶期以后发生涝害，及时开沟排水，适量增施少量速效氮肥。

三、霜冻

1. 霜冻对玉米制种的生理影响

温度下降至0℃以下时，细胞间隙中的水分形成冰晶，细胞内原生质与液逐渐脱离，冰晶不断扩大，对细胞壁产生机械压力，当脱水和机械压力超过一定限度时，原生质就会发生不可逆的凝固，使细胞致死。温度再继续下降时，出现胞内结冰，引起原生质凝固致死。解冻时，温度上升太快，细胞间隔中的冰融化的水还没有来得及被原生质吸回就很快蒸发，原生质因失水使植物干死。所以在一次降温过程中作物是否会遭受霜冻危害以及受害程度取决于作物的抗寒性、降温速度、低温强度及解冻时升温的快慢。至于热带植物受到零上低温危害的原因，是这种温度破坏了植物体的新陈代谢作用。有人认为，发生霜冻的一个主要原因是三磷酸腺甙（ATP）的合成受阻，细胞结构发生病理变异。另外，在低温条件下植物体内会出现铵的积累，危害植物的生理功能。

2. 玉米制种霜冻指标

玉米制种不同发育时期耐寒力也不相同。玉米制种幼苗期抗寒力较强，能忍受−4℃的低温；开花期为−2℃；成熟期为−3℃。一般作物苗期抗寒力比生育后期要强，开花期最不抗寒。因天气条件，作物品种抗寒性以及农业技术措施等的不同，可有一定幅度的变化。

3. 霜冻的影响因素

除了作物种类和发育时期以外，作物受霜冻危害的程度还取决于造成霜冻低温的强度和持续时间、霜前作物经受锻炼程度、农业技术措施等。冷空气越强、降温越急、持续时间越长、霜前作物未经受锻炼，则霜冻的危害越重。在农业技术措施方面，如多施钾肥可增强作物的抗寒能力。

霜冻的发生与天气条件也有密切关系。无云或少云空气湿度小、无风或微风的天气条件下，有利于作物体的辐射降温，容易出现霜冻危害。

在相同的天气条件下，霜冻是否发生及其轻重还与地形、地势、土壤等有密切关系。山的北坡迎冷风、少阳光，霜冻重；南坡背风向阳，霜冻轻；东坡和东南坡早晨首先照到阳光，植株体温变化剧烈，霜冻往往较重。山坡冷空气能沿坡下流，山上霜冻轻，山下谷地和洼地冷空气堆积，霜冻重。冷空气易流进而又难排出的地形、地势条件下霜冻就重，冷空气难进而又易排出的地方霜冻就轻。靠近水体的地方，因为水的热容量大，霜冻较轻。疏松土壤的热容量小，导热率低，使贴地气层温度迅速下降，作物受霜冻重。紧实潮湿的土壤则相反。

4. **防御措施**

（1）根据作物种类和品种选择适宜的种植地区和播期，以避开霜冻。即充分利用地区农业地形气候的有利特征，合理选用品种。无霜冻期长的地区可以选用晚熟品种，并掌握适宜的播种期，使作物在终霜冻后出苗，初霜冻前成熟，做到既能躲过终霜冻，又能避开初霜冻。

（2）灵活运用栽培技术措施，预防霜冻。如果估计玉米制种在初霜冻来临前难以成熟，就要减少氮肥追施数量，防止贪青晚熟，或喷洒促熟化学药物、打底叶、切断部分侧根等方法，促使玉米制种早熟。此外，如精耕细作、改良土壤、提高地力、合理施肥等也是防御霜冻的有效措施。

（3）灌水防霜冻。即在霜冻发生前进行灌溉，以减慢降温速度，可推迟或阻止霜冻发生。

（4）喷水防霜冻。当作物体温降到接近受害温度时开始喷洒小水滴，水冻结成冰时可释放大量潜热，使植株体温不致降到受害的程度。

（5）吹风防霜冻。即在晴朗静风的夜间，近地气层从地面向上温度逐渐升高，用风扇或鼓风机等把上层暖空气吹到作物层，可提高温度，防止霜冻。

（6）熏烟防霜冻。霜冻即将出现时，点燃发烟物，使烟堆发热，烟雾成幕，有减慢降温的作用。

（7）覆盖防霜冻。如预报当夜有霜冻时，可用土、草、瓦盆、塑料布等覆盖作物小苗，避免其受霜冻危害。

（8）加热防霜冻。燃烧重油等物提高温度防止霜冻。采用一些人为措施如兴修水利、种植防护林带、进行农田基本建设等能起到改善农田小气候的作用，因而有一定的防御霜冻的作用。

四、雹害

1. **雹害的概念**

雹害是指降雹给农业生产造成的直接或间接危害。冰雹下降时因机械破坏作用，使农作物叶片、茎秆和果实等遭受损伤；降雹后地面积雹，造成土壤板结，严重时会使玉米制种发生冻害。此外，冰雹的机械损伤，还能引起植物的各种生理障碍以及病虫害等间接危害。

雹害的轻重主要取决于冰雹的破坏力和作物所处的生育期。雹害一般可分为轻、中、重三级。轻雹害，雹块大小如豆粒、枣子，农作物茎叶被砸伤残；中雹害，雹块大小如杏子、核桃，农作物折茎落叶；重雹害，雹块大小如鸡蛋、拳头，雹块溶化后，地面雹坑累累，土壤严重板结，农作物地上部被砸秃，地下部分也受到一定程度的伤害。

2. 玉米制种抗雹能力

各种农作物抗雹能力不同，同一作物的不同发育时期抗雹害能力也不同。禾本科作物生育前期抗雹害的能力强，生育后期抗雹害能力减弱。玉米制种苗期受雹害后只要残留根茬，也能恢复生长并取得较好的收成；玉米制种孕穗期叶片被打坏，对产量影响不大；玉米制种抽穗以后抗雹能力减弱，灾后恢复力差，减产严重。此期间砸断穗节者，都不能恢复吐穗。但穗节完好者，灾后加强管理仍能获得较好收成。

3. 减灾对策

（1）注意对本地区的降雹情况进行调查，了解以往冰雹发生的条件、源地、路径、时间和强度，分析可能降雹的时间和地点，注意气象台站的降雹预报，注意观察冰雹云，以便在冰雹降落之前采取应急措施。有条件的地区，也可以采用灌水防雹和人工消雹方法减轻雹害。

（2）改良生态环境，植树造林，绿化荒山秃岭，减轻强对流空气的发展，有助于减少雹害的发生。

（3）灾后补救。灾后首先要确定该地段受灾的玉米制种能否恢复生长并估计其减产幅度，再提出恰当的措施。对于苗期遭灾的玉米制种，因其恢复力强，不能采取翻种的方法。如果玉米制种抽雄期受灾并有20%～60%的梢节被砸断，要立即把砸断的玉米制种整棵锄掉，种上绿豆等作物，以弥补损失。如抽雄期以后有70%以上穗节砸断，只要离初霜期还有3个月以上生长期，就应及时翻种早熟作物。

对于雹灾后不需要翻种的玉米制种，应立即进行逐块检查，根据苗情与生育期，加强田间管理，提高地温，促进恢复生长。

五、旱灾

1. 旱灾的定义

旱灾是影响玉米生长发育、产量结构和最终产量最主要的灾害。

（1）播种至出苗期。春季干旱（4—5月）正值西北春玉米播种的季节。干土层厚度5 cm以上，会推迟播种。此时降水稀少，土壤表层的湿度为田间持水量的50%以下，对出苗和苗期生长不利，苗不齐。植株矮小、细、弱，根系发育受阻，甚至造成叶片凋萎，植株死亡。此时表层土壤田间持水量低于60%，造成玉米晚播或出苗不好。

（2）拔节以后。植株开始进入旺盛生长阶段，对水分要求迫切，抽雄前10天至抽雄后20天是水分临界期。穗分化及开花期对水分的反应敏感，此时正是伏旱和伏秋连旱易发生期，干旱持续半个月自然会造成玉米的“卡脖旱”，使幼穗发育不好，果穗小，籽粒少。干旱更严重时，7月下旬—8月中旬，连续2旬雨量不能满足玉米的需求，造成雄穗与雌穗抽出时间间隔太长，授粉不良，果穗籽粒少，或雄穗和雌穗抽不出来，雌穗部分败育甚至空杆。

（3）拔节至成熟期。以土壤湿度占田间持水量的百分率表示：极旱≤40%，重旱40%～50%，轻旱50%～60%，适宜70%～85%，花期小于60%开始受旱，小于40%严重受旱，将造成花粉死亡，花丝干枯，不能授粉。

（4）玉米籽粒成熟期。此阶段需水量减少，但干旱缺水，会造成籽粒不饱满，千粒重下降。

预防及补救措施如下：

1）适期提早播种，当5 cm地温稳定通过5～8℃，即可覆膜播种。

2）适时灌水，一般选择在叶龄59～62天及早进头水，在去雄前进二水。

3）灌浆期保持足够的田间持水量。

2. 玉米制种旱灾危害机理

旱灾对玉米制种威胁很大，特别是发生在玉米制种喇叭口至抽雄期的干旱，俗称“卡脖旱”，可造成严重减产。

（1）干旱对光合作用的影响。根据相关研究，当叶水势低于－0.3 MPa时，玉米制种净光合速率开始降低；当叶水势低于－1.2 MPa时，净光合速率降低50%；叶水势低于－2.0 MPa时，净光合基本停止。干旱后叶绿蛋白降解，叶绿体受到破坏，减少了对光能的吸收，同时叶绿蛋白又是组成内膜的成分，叶绿蛋白降解后，使膜的结构受到损伤，抑制了光合磷酸化过程，使二氧化碳同化量减少。干旱时气孔保卫细胞水势降低，膨压下降，使气孔关闭，阻碍了二氮化碳的扩散及透过，这是净光合降低的又一重要原因。

（2）干旱对呼吸强度的影响。据研究，当玉米制种叶水势低于－0.3 MPa时，呼吸强度迅速上升；当叶水势至－0.7MPa以后，呼吸强度下降；当叶水势至－1.6MPa以后，呼吸强度保持低而稳定的状态。当植株严重缺水时，呼吸释放的能量以热的形式散失掉，影响了代谢过程。

（3）干旱对氮代谢的影响。干旱削弱了玉米制种的蛋白质合成，增强了其分解过程，影响了脯氨酸的形成及氮素的来源，由于脯氨酸的减少又减弱了植株的耐旱性。

（4）干旱对生长发育的影响。当叶水势至－0.8MPa时，叶基本停止伸长；穗位叶水势至－0.9MPa时，花丝基本停止伸长。干旱条件下玉米制种植株水分平衡遭到破坏，外部形态表现为暂时萎蔫，可使蒸腾失水减少80%～90%。当水分降到凋萎系数时，迫使叶片从植株各部位吸取水分，根毛开始死亡，发生永久萎蔫现象。

3. 旱灾的预防与救灾措施

（1）科学管理和使用水资源。种植单位应根据供水总量科学拟订用水计划和严格的用水制度，加强对水源、输水渠道、分水设施等的管理，提高水资源利用率。

（2）推广节水灌溉技术。大力推广膜下滴灌、渗灌等节水灌溉技术。

（3）加强农田节水设施的建设。加大农田基本建设的投入，进一步加快干、支、毛、农渠等渠道防渗进度，减少水的渗漏损失。

六、高温热害

1. 热害指标

苗期36℃，生殖生长期32℃，成熟期28℃。开花期气温高于32℃不利于授粉。最高气温38～39℃造成高温热害，其时间越长受害越重，恢复越困难。高温干旱持续时间长造成高温逼熟。

2. 预防及补救措施

适时灌水，保持足够的田间持水量，创造适宜的田间小气候。

单元测试题

一、填空题

1. 玉米喜好________土壤，适宜pH值为6.6～7.0，在pH值为5～8时也可种植。

2. 在玉米制种的整个生育过程中，吸肥高峰在拔节、孕穗、开花期。因此，常采用________、________、________的“三攻”追肥法。

3. 不同氮、磷肥用量与产量间呈极显著的线性________关系，而钾肥用量与产量间呈极显著的________关系。

4. ________阶段干旱胁迫对株高整齐度影响最大，________阶段干旱胁迫对穗位高、穗长整齐度影响最大，________阶段干旱胁迫对穗粒重整齐度影响最大。

5. 配方施肥技术包括________、________、________、________、________五个环节。

6. 需水量也称________，是指玉米制种在全生育期中株间土壤蒸发和植株________所消耗的水分总量。

7. 玉米制种播种出苗期适量水分利于出苗，苗期耗水少，占总需水量的________。

8. ________是玉米制种需水临界期。

9. 玉米制种整个生育过程中，需肥高峰期在________、________、开花期。

10. 旱耕熟化过程可分为两个阶段，一是________，二是________。

11. 玉米制种吸收养分的最适根系温度为________。

二、单项选择题

1. 种肥应施在播种行侧（　　）cm，比种子深3～5 cm处，种子要与肥料严格分开。

A. 2～3　　B. 3～4　　C. 4～5　　D. 5～10

2. 高产玉米拔节到抽雄土壤水分必须达到最大田间持水量的（　　），当土壤水分降到下限值时应进行灌溉。

A. 60%～70%　　B. 65%～70%　　C. 70%～75%　　D. 75%～80%

3. （　　）为玉米需水临界期，是第二个灌水关键时期，应根据天气变化和土壤肥水状况适时灌水，提高结实率。

A. 拔节期　　B. 拔节到抽雄期　　C. 抽穗扬花期　　D. 果穗灌浆至成熟期

4. 一般来说，我国农田土壤大量元素养分提取测定值的划分级别可以分为高、中、低、极低，其中在（　　）范围内为中等级别。

A. <50%　　B. 50%～75%　　C. 75%～95%　　D. >95%

5. “3414”试验中大田玉米制种和露地蔬菜玉米制种小区面积一般为（　　）。

A. 10～20 m^2　　B. 20～30 m^2　　C. 20～50 m^2　　D. 30～40 m^2

三、判断题

1. 壤土供肥平缓，肥效稳而长，供肥保肥都比较好，有利于玉米的生长。（　　）

2. 玉米对钾的吸收，在抽穗授粉期吸收 50%左右，至灌浆高峰时已吸收全部的钾。（　　）

3. 抽穗开花期是玉米果穗形成的重要时期，也是养分需求量最高的时期，这一时期吸收氮占整个生育期的 1/3，磷占 1/2，钾占 2/3。（　　）

4. 灌溉定额指玉米各个生育时期单位面积上一次的灌水量。（　　）

5. 测土配方施肥技术的核心是调节和解决玉米制种需肥与土壤供肥之间的矛盾。（　　）

6. 玉米制种的需水量随密度的增加而减少。（　　）

7. 玉米制种一生中其需水量和需水强度均呈现两头小、中间大的规律。（　　）

四、简答题

1. 低温对玉米制种的生理影响及防御措施是什么？

2. 简述旱灾对玉米制种的危害及预防措施。

3. 根据玉米制种对营养元素的吸收特点，制定本地的高产栽培施肥方案。

4. 结合当地的玉米制种灌溉制度，谈谈玉米制种高产优质栽培如何合理灌溉？

5. 何为“3414”试验及如何进行试验设计？

6. 玉米制种全生育期的需水规律是什么？

7. 玉米制种的灌溉技术是什么？

8. 玉米制种干旱的形态指标是什么？

9. 玉米制种的需肥特点是什么？

10. 玉米制种缺磷的症状是什么?
11. 土壤熟化的含义是什么?
12. 合理施肥的原则是什么?

单元测试题答案

一、填空题

1. 中性和弱酸性 2. 攻秆肥 攻穗肥 攻粒肥 3. 正相关 抛物线 4. 苗期 穗期 花粒期 5. 田间试验 土壤测试 配方设计 校正试验 效果评价 6. 耗水量 叶面蒸腾 7. 3.1%~6.1% 8. 抽穗开花期 9. 拔节 孕穗 10. 改土阶段 培肥阶段 11. 28~30℃

二、单项选择题

1. D 2. C 3. C 4. B 5. C

三、判断题

1. √ 2. √ 3. × 4. × 5. √ 6. × 7. √

四、简答题

答案略。

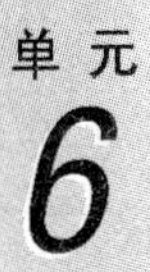

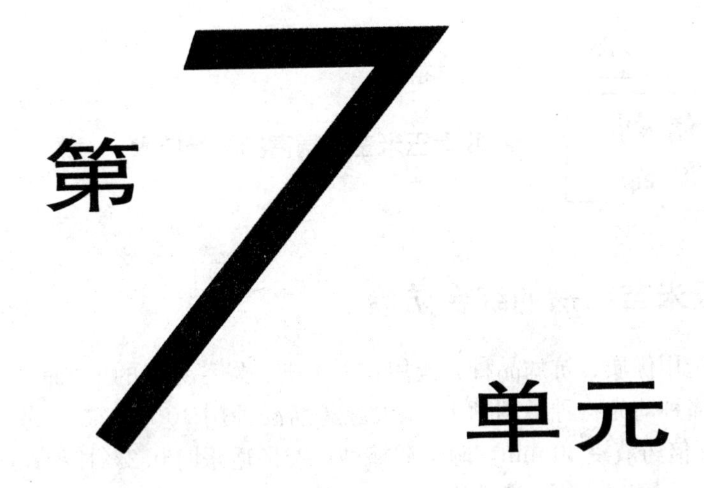

第7单元

玉米制种病虫草害防治

第一节　玉米制种病害防治

→ 掌握玉米主要病害的防治技术

一、玉米苗枯病的综合防治

1. 选用优质、抗病品种，选用粒大饱满、发芽势强的玉米种子。

2. 播种前先将种子翻晒1～2天。药剂浸种用40%克霉灵600倍液或70%甲基托布津500倍药液浸40 min，晾干后播种；25%适乐时0.2%拌种；或者25%戊唑醇2 g，拌种5 kg，同时预防丝黑穗病。

3. 合理施肥，加强管理。施种肥或者苗期到拔节期追肥，尤其注意补充磷、钾肥，以培育壮苗。玉米出苗后或雨后及时中耕，以利于根部透气，促进根系生长，使植株生长旺盛，提高抗病能力。

4. 在苗枯病发病初期及时用药，控制病情扩展。用甲基—立枯磷防治，一般喷药3天后即可长出健壮根，也可选用恶霉灵、甲基托布津以及多菌灵、代森锰锌等药剂，使用它们的常规浓度进行喷雾，重点喷施苗基部，或浇灌玉米根部，每隔6～7天喷一次，连喷2～3次，并结合用药对植株叶片喷施481（天然芸薹素内脂）、天达2116等，增强植株抗逆、抗病力，可有效防治和控制苗枯病。

二、玉米瘤黑粉病综合防治

1. 目前尚无免疫品种，但自交系和杂交种之间抗病性有明显差异。

2. 农业防治病田实行2～3年轮作。施用充分腐熟的堆肥、厩肥，防止病原菌冬孢子随粪肥传病。玉米收获后及时清除田间病残体，秋季深翻。适期播种，合理密植。加强肥水管理，均衡施肥，避免偏施氮肥，防止植株贪青徒长；缺乏磷、钾肥的土壤应及时补充，适当施用含锌、硼的微肥。抽雄前后适时灌溉，防止干旱。加强玉米螟等害虫的防治，减少虫口；人工去雄尽量不要造成大伤口，均可减轻病害。在肿瘤未成熟破裂前，尽早摘除病瘤并深埋销毁。摘瘤应定期、持续进行，长期坚持，力求彻底。

3. 药剂防治时，选用敌萎丹种衣剂 300 mL/100 kg 种子包衣，或 6%立克锈种衣剂 200 mL/100 kg 种子处理防治瘤黑粉病，在玉米抽雄前 10 天左右，用 43%好力克悬浮剂 3 000 倍液喷雾，可减轻再侵染危害。

三、玉米丝黑穗病综合防治

1. 选用优良抗病品种

不同的品种对玉米丝黑穗病的抗性差异较大，种植抗病品种是长期控制玉米丝黑穗病的最根本措施。引进品种要做好抗病试验，禁止未审先推。

2. 加强栽培管理，合理密植

适时播种，播种时深浅适宜，合理密植，促苗早发，培育壮苗，增强品种抗性，减少感染的机会，注意氮、磷、钾肥的配合使用，避免偏施氮肥，浇水要及时，特别是抽雄前后易感染期必须保证水分充足，及时防治玉米螟等害虫。

3. 播前进行种子处理

选用有效成分含有烯唑醇、戊唑醇和三唑醇三种药剂之一的种衣剂。生产上用敌萎丹种衣剂 200 mL/100 kg 种子包衣，或 12.5%烯唑醇可湿性粉剂按种子量 0.2%拌种。

4. 拔除病株

玉米丝黑穗病的早期特异症状从幼苗 3～4 叶期即开始表现。随着叶龄的增加，症状特征越明显，确诊率越高。在苗期可结合间苗、定苗及中耕除草等剔除病苗、可疑苗。拔节至抽穗期，病菌黑粉未散落前拔除病株扫残。病株要深埋、烧毁，不要在田间随意丢放。

四、玉米大斑病综合防治

1. 选育和播种抗病优质的玉米自交系、杂交种。

2. 农业防治包括调节播期；提倡育苗移栽；合理密植和间套作；施足基肥，配方施肥，及早追肥，特别要抓好拔节和抽穗期的及时追肥，适时喷施叶面营养剂；注意排灌，避免土壤过旱过湿；清洁田园，减少田间初侵染菌源和实行轮作等。

3. 化学防治可选喷 50%多菌灵可湿粉溶液，或 50%甲基托布津，隔 7～15 天一次，交替施用，前密后疏，喷匀喷足。

五、玉米小斑病综合防治

因地制宜选用抗病品种是防治玉米小斑病的基础，在选用抗病品种时，必须搞清楚本地区病菌生理小种类群与玉米品系之间的关系。注意品种合理搭配，避免品种单一化。在农业防治和化学防治方面的具体策略可参照玉米大斑病的防治。

六、玉米茎基腐病

防治策略以选育和应用抗病品种为主，实施系列保健栽培措施为辅的综合防治措施。

1. 选育和种植抗病品种

选育和种植抗病、耐病优良品种是防治茎基腐病的经济有效的措施。

2. 田间卫生

玉米收获后彻底清除田间病残体，集中烧毁或高温沤肥，减少侵染源。

3. 轮作倒茬

实行玉米与其他非寄主玉米制种轮作，防止土壤病原菌积累。发病重的地块可与水稻、甘薯、马铃薯、大豆等农作物实行2～3年轮作。

4. 适期晚播

5. 种子处理

优质的种子包衣剂中既含有杀菌剂、杀虫剂也含微量元素，既能抵抗病原菌侵染，又能促进幼苗生长，增强抗病能力。

6. 加强田间管理、增施肥料

在施足基肥的基础上，于玉米拔节期或孕穗期增施钾肥或氮磷钾配合施用，防病效果好。严重缺钾地块，一般每亩施硫酸钾6.7～10.0 kg；一般缺钾地块每亩可施硫酸钾5～7 kg。大田试验表明，每亩用硫酸锌1.2～2.0 kg做种肥，防效可达90%以上。

7. 生物防治

利用增产菌按种子重量0.2%拌种，对茎基腐病有一定的控制作用，增产6%～11%。目前已证明对茎基腐病有防治作用的生物防治菌有哈茨木霉、鞍形小球壳菌、粉红黏帚霉菌、粉红单端孢菌、简单节葡孢菌、棘腐霉菌、外担菌和绿色木霉菌等。

七、玉米顶腐病

1. 选择种植抗病品种。

2. 加强田间管理。及时中耕排湿提温，消灭杂草，防止田间积水，提高幼苗质量，增强抗病能力。

3. 剪除病叶。对玉米心叶已扭曲腐烂的较重病株，可用剪刀剪去包裹雄穗以上的叶片，以利于雄穗的正常吐穗，并将剪下的病叶带出田外深埋处理。对严重发病难以挽救的地块，要及时毁种。

4. 用种子重量0.2%～0.3%的15%三唑酮可湿性粉剂等广谱内吸性强的杀菌剂拌种。发病初期可选58%甲霜灵锰锌或50%多菌灵加硫酸锌肥或75%百菌清加硫酸锌肥（锌肥用量应根据不同商品含量按说明用量的3/4）喷施，同时将背负式喷雾器喷头拧下，沿茎基部灌入，每病株灌施药液50～100 mL。

八、玉米穗粒腐病综合防治

1. 农业防治，实行轮作，清除田间病株残体，合理密植，合理施肥，地膜覆盖，适期早播，站秆扒皮促进早熟。注意防虫、减少伤口。折断病果穗霉烂顶端，防止穗腐病再次扩展。充分成熟后采收，充分晾晒后入仓储存。

2. 选用抗病品种，应选抗病性强、果穗苞叶不开裂的品种。

3. 药剂防治

（1）种子包衣或拌种。

（2）防治穗虫。控制害虫（主要是玉米螟、黏虫、象甲虫、桃蛀螟、金龟子、蝽类和棉铃虫）对穗部的危害。

（3）大喇叭口期，用20%井冈霉素可湿性粉剂或40%多菌灵可湿性粉剂每亩200 g制成药土点心，可防治病菌侵染叶鞘和茎秆。吐丝期用65%的可湿性代森锌喷果穗，以预防病菌侵入果穗。

第二节　玉米制种虫害防治

→ 掌握玉米主要虫害的防治技术

一、地老虎综合防治

1. 农业防治

（1）除草灭虫。清除杂草可消灭成虫部分产卵场所，减少幼虫早期食料来源。除草在春播玉米制种出苗前或1～2龄幼虫盛发时进行，并将清除杂草沤肥。

（2）灌水灭虫。有条件地区，在地老虎发生后，根据玉米制种种类，及时灌水，可收到一定效果。新疆结合秋耕进行冬灌，消灭黄地老虎越冬幼虫，可以减轻来年的发生危害。

（3）铲埂灭蛹。这是新疆防治黄地老虎的成功经验。田埂面积虽小，却聚集了大量的幼虫。只要铲去3 cm左右的一层表土，即可杀死很多蛹。铲埂时间以在黄地老虎化蛹率达90%时进行为宜，要在5～7天内完成。

（4）种植诱杀植物。在地中套种芝麻、红花草等，可诱集地老虎产卵，减少药治面积。河北省经验，两行芝麻可负担 2.7～3.3 hm^2 玉米制种的诱虫任务。

（5）调整玉米制种播种时期。适当调节播种期，可避过地老虎危害。

2. 物理防治

采用糖醋盆诱杀，按糖 6 份：醋 3 份：酒 1 份：水 10 份：90%敌百虫 1 份调制，于成虫盛发期装盆放于田间诱杀，或用黑光灯进行诱杀。

3. 化学防治

（1）药剂喷洒。用 40%氧化乐果乳油 1 000 倍液与 2.5%敌杀死 2 000 倍液或 20%速灭杀丁乳油 1 000 倍液混合后于幼虫 1～3 龄期均匀喷雾。

（2）毒饵诱杀。用 90%敌百虫 300 g 加水 2.5 kg，溶解后喷在 50 kg 切碎的新鲜杂草上（地老虎喜食的灰菜、刺儿菜、苦荬菜、小旋花、苜蓿等杂草），傍晚撒在大田诱杀，每亩用毒饵 25 kg。也可把麦麸等饵料炒香，每亩用饵料 4～5 kg，加入 90%敌百虫的 30 倍水溶液 150 mL，拌匀成毒饵，于傍晚撒于地面诱杀。

二、金针虫综合防治

1. 应做好测报工作，调查虫口密度，掌握成虫发生盛期来防治成虫。测报调查时，每平方米金针虫数量达 1.5 头时，即应采取防治措施。在播种前或移植前施用 3%米乐尔颗粒剂，每亩 2～6 kg，混干细土 50 kg 均匀撒在地表，深耙 20 cm，也可撒在定植穴或栽植沟内，浅覆土后再定植，防效可达 6 周。

2. 药剂拌种

用 50%辛硫磷、48%乐斯本或 48%天达毒死蜱、48%地蛆灵拌种，比例为药剂：水：种子＝1：（30～40）：（400～500）。

3. 灌根

用 15%毒死蜱乳油 200～300 mL 对水灌根处理。

4. 施用毒土

用 48%地蛆灵乳油每亩 200～250 g 或 50%辛硫磷乳油每亩 200～250 g，加水 10 倍，喷于 25～30 kg 细土上拌匀成毒土，顺垄条施，随即浅锄；用 5%甲基毒死蜱颗粒剂每亩 2～3 kg 拌细土 25～30 kg 成毒土，或用 5%甲基毒死蜱颗粒剂、3%呋喃丹颗粒剂，或 5%辛硫磷颗粒剂每亩 2.5～3 kg 处理土壤。

5. 5%辛硫磷颗粒剂每亩 1.5 kg 拌入化肥中，随播种施入地下。

6. 发生严重时可浇水迫使害虫垂直移动到土壤深层，减轻危害。

7. 翻耕土壤，减少土壤中幼虫的存活数量。

须引起注意的是，由于金针虫是不出土的地下害虫，又没有趋味性，因此防治只有将药剂施入土中才有效。

三、玉米螟综合防治

开展虫情测报，重视植物检疫，提倡机收玉米，选育抗螟品种和开展性诱是主要方向，重点抓喇叭口期的颗粒剂治螟，因地制宜处理越冬寄主。

1. 农业防治

采取秸秆粉碎还田、沤肥或作饲料，降低虫口密度，减轻田间螟害。

2. 生物防治

可以根据情况选择赤眼蜂防治、白僵菌封垛防治和 Bt 乳剂防治。

3. 物理防治

黑光灯、频振式杀虫灯诱杀玉米螟成虫。

4. 化学防治

（1）颗粒剂灌心。在玉米心叶末期施用农药颗粒剂，毒杀心叶内玉米螟幼虫。药剂可用 50%辛硫磷 10 mL，兑水少许，均匀喷拌在 8～10 kg 的细煤渣或细沙上，配制 0.1%辛硫磷毒渣，每株玉米施 1～2 g；或每亩用 1%杀螟灵颗粒剂或 3%辛硫磷颗粒剂 250 g 均匀拌入 4～5 kg 细河沙；或用 25%杀虫双水剂 200 g，拌细土 5 kg，制成毒土；或用 0.1%或 0.15%氟氯氰颗粒剂，拌 10～15 倍煤渣颗粒，每株用量 1.5 g，颗粒剂点心。

（2）药液灌心。在玉米心叶末期，用毒死蜱溶液灌心，每株灌 10 mL；或用 25%杀虫双水剂，每株 10 mL 灌雄穗。

（3）药液灌穗。玉米露雄时，用毒死蜱乳油或氰戊菊酯乳油或 2.5%溴氰菊酯乳油灌注雄穗，或喷洒在雌穗顶端的花丝基部，使药液渗入花丝杀死在穗顶危害的幼虫。

四、棉铃虫综合防治

1. 玉米收获后，及时深翻耙地，坚持实行冬灌，可大量消灭越冬蛹。

2. 合理布局。在玉米地边种植诱集植物如洋葱、胡萝卜等，于盛花期可诱集到大量棉铃虫成虫，及时喷药，聚而歼之。于各代棉铃虫成虫发生期，在田间设置黑光灯、性诱剂或杨树枝把，可大量诱杀成虫。

3. 在棉铃虫卵盛期，人工饲养释放赤眼蜂或草蛉，发挥天敌的自然控制作用。也可在卵盛期喷施每毫升含 100 亿个以上孢子的 Bt 乳剂，或喷施棉铃虫核多角体病毒（NPV）。

4. 化学防治可在幼虫 3 龄以前，用 75%拉维因 3 000 倍液，或用 50%甲胺磷，或 50%辛硫磷，均匀喷雾。

五、玉米叶螨综合防治

1. 农业防治

（1）秋耕冬灌，压低虫口基数。

（2）及时彻底清除田间、地埂、渠边杂草，减少叶螨的食料和繁殖场所，降低虫源基数，防止其转入田间。

（3）避免与大豆等作物间作，阻止其相互转移危害。

（4）建立保护带。在制种地四周及田埂、渠埂杂草上喷施专用杀螨剂，形成保护带，防止螨虫向田间蔓延。

2. 化学防治

加强调查，发现有迁入玉米地头危害时，结合使用杀螨剂对中心株和玉米地头进行“封控”，切断其进一步扩散的源头，将叶螨控制在点片发生阶段。可选药剂有丙炔螨特（克螨特）、托尔克（苯丁锡）、尼索朗（噻螨酮）、阿波罗（四螨嗪）、霸螨灵（唑螨酯）、速螨酮（哒螨酮）、牵牛星（哒螨酮）、扫螨净（哒螨酮）、螨代治（溴螨酯）、阿维菌素。轮换使用防治 2～3 次，重点防治玉米中下部叶片的背面。玉米封行后，可用高架喷雾机施用专用杀螨剂，可克服人力无法进地施药和人员易发生中毒事故的问题。

六、玉米蚜综合防治

1. 农业防治

结合中耕，清除田边、沟边、塘边、水沟等处的禾本科杂草，消灭滋生基地；拔除中心芽株的雄穗，减少虫量；选抗病耐虫的高产品种，种植抗病耐虫品种是最经济有效的预防措施；搞好田间管理，合理施肥，培育壮苗，以及玉米与其他作物的间混套种，轮作倒茬，都能减轻玉米蚜的危害。

2. 做好预测预报工作

根据上年的气温状况，做好预测预报工作，做到及时预测，及早防治。比如，在玉米抽穗初期调查，当百株玉米蚜量达 4 000 头，有蚜株率为 50%以上时，应进行药剂防治。

3. 生物防治

利用天敌防治玉米制种虫害是一项成本低、效果好、节省农药、保护环境的良好措施。玉米蚜的天敌有瓢虫、食蚜蝇、草蛉、蜘蛛等。在有条件的地方，释放瓢虫、草蛉，使天敌单位与玉米蚜比达 1%以上，控制玉米蚜发展。

4. 化学药剂防治

（1）毒土法。用 40%乐果乳油 50 mL，兑水 0.5 kg，拌 15 kg 沙土，拌匀成毒土，均匀撒在田间植株上。一般一次可撒 6 垄，效果良好，防效达 95%以上，而且对人、畜安全，减少对天敌伤害。

（2）喷雾或灌心法。在玉米心叶期有蚜株率达50%，百株蚜量达2 000头以上时，可用以下药剂进行喷雾或灌心。10%吡虫啉可湿性粉剂1 000倍；1.8%阿维菌素乳油；2.5%敌杀死乳油；10%吡虫啉可湿性粉剂1 000倍液；4.5%高效氯氰菊酯乳油。毒沙土防治，每亩用40%乐果乳油50 mL，兑水500 L稀释后，拌15 kg细沙土，然后把拌匀的毒土均匀地撒在植株心叶上，每株1 g。

七、白星花金龟子综合防治

1. 压低越冬虫源

于深秋或早春对白星花金龟子的主要越冬场所——粪堆、食用菌废渣等进行处理，粪堆采用高温发酵腐熟，或用90%敌百虫对粪堆底层喷雾处理，可杀死大部分越冬幼虫，降低虫源。

2. 检疫措施

严禁从白星花金龟子发生区人为携带活虫至未发生区，以及从发生区调运粪肥至未发生区。

3. 化学诱杀

（1）糖醋液诱杀。利用白星花金龟子具有强烈的趋化性，在成虫发生期，配制糖醋液（糖、醋、酒、水、90%敌百虫晶体比为3∶6∶1∶9∶1）装入大口容器中，置于农田中，每亩地设三个点，定期补充糖醋液，诱集到的成虫不进行清理，利用成虫群聚性，引诱效果更好。

（2）西瓜毒饵等诱杀。利用西瓜或甜瓜等果蔬的成熟果实加工成碎块，与农药混拌后制成毒饵，在田间摆放，诱杀成虫。例如，可将西瓜切成两半，留部分瓜瓤，加适量90%敌百虫晶体，制成西瓜毒饵，置于田间进行诱杀，西瓜放置3～4天后诱杀效果最佳。

4. 人工捕杀

白星花金龟子成虫具有假死性和群聚性，利用这一特性，于清晨成虫不活动时震落，进行人工捕杀。

5. 化学防治

因白星花金龟子危害期均为果实成熟期，使用化学农药防治易产生农药残留，且该虫虫体大、甲壳硬、飞翔能力强，一般化学喷雾防治效果不理想，因此，在生产上不提倡采用化学农药喷雾防治。

第三节　玉米制种杂草防治

→ 掌握玉米杂草的综合防治技术

一、玉米制种田杂草种类

玉米田杂草发生普遍，种类繁多。根据全国杂草普查结果，全国玉米田杂草有 22 科、38 属、43 种，主要杂草有马唐、稗草、狗尾草、牛筋草、反枝苋、马齿苋、铁苋菜、香附子等。目前新疆伊犁河谷玉米田有杂草 9 科 17 种，其中禾本科杂草有狗尾草、稗、金狗尾草、狗牙根、芦苇，阔叶杂草有灰绿藜、野西瓜苗、锦葵、田旋花、苣荬菜、苦蒿、蒲公英、反枝苋、卷茎蓼、黄花苜蓿、甘草、龙葵等。

二、常用的除草剂种类

1. 玉米制种田除草剂种类

（1）酰胺类除草剂。这是目前玉米田最为重要的一类除草剂，可以为杂草芽吸收，在杂草发芽前进行土壤封闭处理能有效防治一年生禾本科杂草和部分一年生阔叶杂草。该类除草剂品种较多，如乙草胺、甲草胺、丁草胺、异丙甲草胺、异丙草胺等。试验证明：在同等有效剂量下，除草活性比较结果为乙草胺＞异丙甲草胺＞异丙草胺＞丁草胺＞甲草胺；根据其有效用量，除草活性的量化比较结果是乙草胺∶异丙甲草胺∶丁草胺∶异丙草胺为 1∶0.9∶0.8∶0.7；该类除草剂受墒情影响很大，墒情差时除草效果显著降低。

（2）三氮苯类除草剂。可以有效防治一年生阔叶杂草和一年生禾本科杂草，以杂草根系吸收为主，也可以为杂草茎叶少量吸收。代表品种有莠去津、氰草津、西玛津、扑草津等，其中以莠去津使用较多，对玉米较为安全，活性最高；但莠去津宜与乙草胺等混用以降低用量，提高除草效果并提高后茬玉米制种安全性。

（3）苯氧羧酸类除草剂。主要于玉米苗后防治阔叶杂草和香附子。代表品种有二甲四氯钠盐、2，4－D 丁酯。其中二甲四氯钠盐广泛用于玉米田防治香附子，但使用时期不当易产生药害。

（4）其他除草剂。百草枯和草甘膦是灭生性除草剂，可以在玉米 40 cm 高以后进行定向喷雾，有效防治多种杂草；也可以用使它隆、百草敌、溴苯腈、苯达松等品种防治玉米田阔叶杂草。

2. 主要除草剂混剂种类

（1）乙草胺和莠去津 1∶1 混剂。该类除草混剂最早生产的是乙阿合剂（乙莠悬浮剂），可以用于玉米播后芽前、玉米苗后早期防治一年生禾本科杂草和阔叶杂草，对玉米及后茬玉米制种安全。相似的产品有丁草胺＋乙草胺＋莠去津、丁草胺＋莠去津、甲草胺＋乙草胺＋莠去津、异丙甲草胺＋莠去津、异丙草胺＋莠去津等。

（2）乙草胺和莠去津 2∶3 混剂。这种除草混剂可用于玉米播后芽前、玉米苗后早期防治玉米田一年生禾本科杂草和阔叶杂草，对玉米安全；在特别干旱年份可能降低对后茬小麦的安全性。性能相似的品种有绿麦隆＋乙草胺＋莠去津混剂，大大提高了对后茬小麦的安全性，但不可以用于玉米苗后。

（3）扑草津和莠去津混剂。可以有效防治玉米田一年生禾本科杂草和阔叶杂草。在玉米播后芽前施用除草效果稳定，受墒情影响程度较小，但雨水较大时，淋溶较多会降低除草效果；在玉米生长期施用，遇高温干旱等不良环境条件可以诱发玉米药害。

（4）乙草胺、莠去津和百草枯混剂。兼有灭生性和封闭除草效果，在玉米生长期施用可以有效防治玉米田多种杂草。类似的产品较多，也有以草甘膦替换百草枯的除草剂混剂。

三、玉米制种田除草剂的使用方法

玉米种植的地域广，气候、土壤条件差异较大，除草剂的施用剂量也有差异，因此必须根据气候、土壤和轮作条件来选用合适的除草剂和施用剂量。在土壤有机质含量高的地区，土壤处理除草剂的用量比其他地区高，其施用剂量选用上限；气候干燥、少雨，不利于土壤处理除草剂活性的发挥，在雨后天晴时用药效果好；在干燥年份用药前应适当沟灌，于土壤潮湿时用药；使用剂量一定要准确，以免发生药害或降低药效；喷药结束后，要及时清洗药械，以免再次使用药械时使其他作物受害；阿特拉津、乙阿合剂和西玛津等药剂在土壤中持效期长达 3～6 个月，会对大豆和十字花科农作物不利。

为了达到安全高效除草的目的，必须采取恰当准确的施药方法，把除草剂投放到适当部位或适宜的范围内，以利于杂草充分吸收而杀死杂草，并且保护玉米制种不受损害。常用的施药方法主要有播种前及播种后的土壤处理和生长期的茎叶处理。除草剂既有单用，又有混用，如果使用不当，不仅除草效果不理想，浪费药剂，而且还会对当季或后茬玉米制种造成严重药害。目前，在玉米上除草剂的使用方法有 2 种，即播后苗前土壤处理和出苗后的茎叶处理。

1. 播后苗前土壤处理

土壤处理是将除草剂在水中搅匀喷洒到土壤表面或用细土拌匀撒施到田间，在土壤表层形成药层，杀死出土的杂草幼苗。在玉米播种后、出苗前将除草剂喷洒于土壤表面，是目前应用最广泛的一种除草方法。一般用乙阿合剂，即用 86% 乙草胺 2 250 mL/hm² 加 40%阿特拉津 2 250 mL/hm² 兑水 1 125 kg 进行喷雾。使用这类除草剂应注意：一是种植地块要平整，无玉米制种根茬；二是严格掌握用药量，不得随意加大药量，如阿特拉津粉剂不能超过 225 kg/hm²；三是必须掌握施药时期，播种后尽快喷药，一般在播后 2～3 天施药，以免影响出苗；四是除草剂在使用时土壤要保持湿润，最好在小雨过后喷施，若土壤干旱，用水量要达到 1 125 kg/hm²；五是使用前要充分摇匀原液，再进行二次稀释，以保证药液均匀喷到地面上，并且在喷药时保护好地面形成的药膜，不论用车还是人工喷雾都要使药液从后面喷出，以保证除草效果；六是施药应考虑下茬，不能盲目水改旱。

2. 出苗后的茎叶处理

使用选择性除草剂时，可以同时喷在杂草和玉米上；使用非选择性除草剂时，只能直接喷在杂草上，而不能喷在玉米上。喷药要求雾滴细密均匀，单位面积用药量准确，要选择天气晴朗、无风、气温较高时进行，避免重喷和漏喷。玉米出苗后至 4～6 片叶、杂草长到 2～4 片时将除草剂直接喷洒于杂草叶片或全株，一般用 72%的 2，4－D 丁酯 300 mL/hm² 加 40%阿特拉津 1 125 mL/hm² 兑水 750～900 kg 喷雾。也可以用耕杰，施用时期为玉米 2～4 叶，阔叶杂草达到 2～4 叶，单子叶杂草在三叶前效果理想，用量为 1 875 mL/hm²，兑水 225 kg 进行喷雾。使用含 2，4－D 成分的除草剂进行茎叶处理时，只能在玉米六叶前、杂草四叶前使用，而且必须严格控制用药量，否则容易发生药害。因此，使用 2，4－D 成分的除草剂进行茎叶处理时，应注意以下几点：一是必须掌握最佳的施药期，不同玉米制种生育期对除草剂的敏感程度不一样，有的玉米制种能安全使用除草剂的时间短，对杂草也一样，这就要求使用除草剂时一定要严格掌握用药时间，否则将会在杀死杂草的同时使玉米制种受害。一般在玉米制种安全适用期内，杂草出齐 2～4 片叶时是用药的适期，杂草过大，抗药性增强，过小对药液吸收太少，都会影响除草效果。二是施药时，要保持土壤湿润，增加杂草对除草剂的吸收，从而达到除草的目的。三是严格掌握用药量，施药时要做到均匀、周到、不重喷、不漏喷。四是严格掌握喷药时间。喷药应选择在无风的晴天，避免药液漂移到周围附近的敏感玉米制种区造成药害，应尽量避开高温时间用药，以免药液过快蒸发影响药效，尤其是 2，4－D 丁酯易产生药害，施药时间应选择在 16 点以后进行。

四、杂草综合防治

1. 杂草综合治理概念

从生物和环境的整体观点出发，本着预防为主的指导思想和安全、有效、经济、简易的原则，因地因时制宜，合理运用农业、生物、化学、物理的方法，以及其他有效的手段，把杂草控制在不足以危害的水平，以达到保护人畜健康和增产的目的。

2. 综合防治技术

（1）物理性防治。物理性防治是指用物理性措施或物理性作用力，如机械、人工、塑料薄膜覆盖、遮光等，导致杂草个体或器官受伤、受抑或致死的杂草防除方法。物理性防治对玉米制种、环境等安全、无污染，同时还兼有松土、保墒、培土、追肥等有益作用。

（2）农业防治。农业防治是指利用农田耕作、栽培技术和田间管理措施等控制和减少农田土壤中杂草种子的基数，抑制杂草的成苗和生长，减少草害，降低农作物产量和质量损失的杂草防治策略方法。此种方法成本低、易掌握、可操作性强。

1）轮作倒茬。例如将密播作物小麦、亚麻、油菜与玉米制种轮作，可充分发挥作物栽培中不同作物对杂草的控制和防除作用。特别是对寄生杂草，轮作是一项非常经济而有效的防除措施。

2）精选良种。通过筛选和风选，去掉大量草籽，阻止杂草的传播蔓延。

3）高密度栽培。利用玉米制种高度和密度的荫蔽作用，控制和消灭杂草，即达到“以苗欺草”“以高控草”“以密灭草”的效果。

4）迟播诱发。推迟春播作物播种时间，诱发杂草大量出土，然后用浅松机或浅旋机除草，当年防除效果达85%左右，连续4年采用这一方法，野燕麦基本不再构成危害。

5）管理水源。管好水源防止草籽顺水漂流传播蔓延也是消灭杂草的一项技术措施。

6）控制杂草种子入田。清除地边、田埂杂草，减少田间杂草来源。用牲畜粪便沤制农家肥时，应将含有杂草种子的肥料用薄膜覆盖，高温堆沤数周，使杂草种子丧失发芽力。

7）水旱轮作。打破杂草繁殖的世代周期，减少杂草发生总量。

（3）化学防治。化学防治是一种应用化学药剂（除草剂）有效治理杂草的快捷方法，具有广谱、高效、选择性强的特点，但污染性强。

（4）生物防治。生物防治是利用不利于杂草生长的生物天敌，如某些昆虫、病原真菌、细菌、病毒、线虫、食草动物或其他高等植物来控制杂草的发生、生长蔓延和危害的杂草防治方法。此种方法与化学防治相比具有不污染环境、不产生药害、经济效益高等优点。

杂草防治方法还有生态防治、杂草检疫等方法，以上方法为农业丰收、玉米制种高产做出了贡献。

第四节　常用农药的配制

→ 掌握农药配制的方法

一、农药稀释的方法

商品农药中，除了低浓度的粉剂或颗粒剂可以直接喷施、撒施外，一般都要稀释到一定浓度后才能使用，如果浓度太小，杀不死病虫，达不到防治的目的；浓度过大，不仅造成经济上的浪费，还会引起植物药害，杀死、杀伤天敌或者引起人畜中毒，并加速病虫产生抗性，导致环境污染。因此，必须学会正确合理稀释农药，既不造成浪费，又要达到防治目的。在此之前，有必要知道农药浓度的表示方法。

1. 常用农药浓度的表示方法

（1）百分浓度（%）。用百分法表示有效成分的含量。如40%乐果乳油，表示100份这种乳油中含有40份乐果的有效成分。

百分浓度又分为重量百分浓度与容量百分浓度两种。固体与固体之间或固体与液体之间，配药时常用重量百分浓度，液体之间常用容量百分浓度。

（2）百万分浓度（ppm）。指一百万份药剂中含有多少份药剂的有效成分。如200 ppm的“920”溶液，表示一百万份的这种溶液中含有200份的“920”有效成分。

（3）倍数法。药液（或药粉）中稀释剂的用量为原药剂用量的多少倍，也就是说把药剂稀释多少倍的表示方法。如80%敌敌畏800倍液，即表示1 kg 80%敌敌畏乳油应加水800 kg。因此，倍数法一般不能直接反映出药剂的有效成分。稀释倍数越大，药液的浓度越小。稀释后有效浓度（%）＝（商品农药有效浓度÷稀释倍数）×100%。

2. 稀释计算法（如何兑药）

（1）按有效成分的计算法

原药剂浓度×原药剂重量＝稀释药液浓度×稀释药剂重量

（2）根据稀释倍数的计算法

稀释药剂重量＝原药剂重量×稀释倍数

以上公式若有两项已知，可求出任何一项来。

二、用农药的“六不要”

1. 不要用污水配药

污水内杂质多，用以配药容易堵塞喷头，还会破坏药剂悬浮性而产生沉淀。

2. 不要用井水配药

井水含矿物质较多，这些矿物质与农药混合后易产生化学作用，形成沉淀，降低药效。最好用清洁的河水配药。

3. 不要在风雨天和烈日下喷药

刮风喷药会使农药粉剂和药液飘散；雨天喷药，药粉、药液易被冲刷，降低药效；烈日喷药，植物代谢旺盛，叶片气孔开张，易发生药害。最佳喷药时间为上午 8—10 时和下午 3—6 时。

4. 不要滥用农药

按玉米制种种类、防治对象和药剂性能的不同可采用相应的农药，真正做到对症下药，滥用农药往往会造成药害。

5. 不要在花期喷药

玉米制种花期和幼果期，组织幼嫩，抗病力弱，易发生药害，应在花期和幼果期后喷药。

6. 不要一药连用

常用一种农药易使害虫产生抗药性，降低防治效果，应交替使用不同的农药。

三、农药的配制

农药的配制是把商品农药配制成为可以在田间喷洒的状态。例如，可湿性粉剂、胶悬剂和乳油制剂等。农药的混合和调制是农药使用前必须要做的事情，一般来说，只要掌握好药剂的性质，即可进行混合配制。在实际进行混配之前还应仔细了解药剂的性质，甚至还需进行必要的试验。

1. 碱性药剂的混配

常用的碱性药剂有石硫合剂、波尔多液、杀虫双水剂和松脂合剂等，在混合时应注意操作程序的正确。如石硫合剂是最常用的一种碱性药剂，它与敌百虫允许临时混合，随配随用，但在配制时要注意几点：首先，两种药必须分别先配制等量药液，这时应把浓度各提高 1 倍，这样当两液相混后的浓度刚好达到最初的要求；其次，混合时应把碱性药液（石硫合剂）向敌百虫水溶液中倒，同时迅速搅拌。这样混合液的 pH 值增加比较缓慢；最后，敌百虫的结晶粉容易结块，比较难溶，往往需要用热水或加温来促使溶解，这样得到的溶液是热溶液，必须使它充分冷却之后再与石硫合剂溶液混合。因为敌百虫在热的情况下碱性分解速度显著加快，不利于混合均匀。

2. 胶悬剂的混用

市场上的胶悬剂大部分都存在沉积现象，即在存放过程中上层逐渐变稀而下层变浓稠。国产的一些胶悬剂有些还易发生下层结块，而一般的振摇与棍棒搅拌都很难使之散开。因此，使用此种制剂配制药液时必须采取两步配制法。

两步配制即先把胶悬剂搅散成均匀扩散液，然后再稀释到所需浓度。

3. 可湿性粉剂的混用

虽然可湿性粉剂都能溶于水，但是溶解的速度有快有慢，所以不能把可湿性粉一次投入大量水中，也不能直接投入已配制好的另一种农药的药液中。必须采取两步配制法，即先配制小水量的可湿性粉剂溶液，再稀释到所需浓度；或先配成可溶性粉的溶液，再与另一种农药的喷雾液相配合。在配制过程中必须注意记录水的取用量。

这种配制方法不仅对于一些特别的剂型比较有利，在田间喷药作业量大，需要反复多次配药时，此法还有利于准确取药和减少接触原药中毒的危险。例如，使用氧化乐果的50%乳油制剂，每亩用药量为50 g乳油，用水50 L。如果分桶配制喷雾液，每桶12.5 L水，共需4桶。每桶每次取用氧化乐果乳油12.5 g。因此，量取乳油并加入喷雾器中，共有4次污染的机会。而且一次取12.5 g乳油，量小误差大。如果采取两步配制法，其操作如下：

第一步先制备氧化乐果母液。一次取用50 g乳油，加水350 mL，充分搅拌均匀，可得400 mL的母液。实际操作时应用量器测准母液的真实容积，因为各种乳油的相对密度不等于1。如相对密度小于1，母液体积会大于400 mL；如果相对密度大于1，则会小于400 mL。此外有的药剂溶于水后可能会缩小体积，有些则不缩。第二步在喷雾器内配制喷雾液。可在每桶中加入12.4 L水，再加入100 mL上述母液。100 mL母液比较容易准确计量，而且浓度比乳油小得多，流动性也好，在器皿外侧污染的危险性相当小。田间作业量越大，这种方法的好处越明显。

粉剂的混合如果没有专门的器具，比液态制剂更难以混合均匀。用户如需进行较大量的粉剂混合，最好利用专用的混合机械，例如专用和粉机、拌种器等，这种器械可以密闭，粉尘不易飞扬，不仅安全，而且混合的效果也好。如果在露地上用锨拌和，很难做到混合均匀，而且粉尘飞扬，危险性很大。

采用粉剂混合法时，不可能绝对没有粉尘飞扬，所以必须佩戴风镜、口罩等防护用品。

4. 农药的配制手法

农药在配制时要注意，农药和配料取用要准确，混合调制要均匀。掌握好这些基本原则，配制农药时就能够得心应手。

农药的“现混现用”是针对病、虫、草害的混生实情，按照农药混配的增效兼治安全等各项原则，在现场将两种或两种以上的农药混用的防治形式，具有自身控制的灵活性和生产需求的适用性，常被广泛应用。因农药药性不同、防治目标不一、混用目的各异，必会出现各种配制手法。现依据实例分别试述共防相同目标时的“减量”、兼治不同目标时的“各量”以及两类中的特定要求下的“调量”。

（1）农药“现混现用”的配制手法

1）共防相同目标时的“减量”。这是混用药时极常用的手段。因共防相同目标，理应药力互助，在配制手法上通常是按平分的相加作用规则。即二混时，各自保持原用药量的一半；三混时，照此类推。如防治玉米瘤黑粉病时，用50%多菌灵可湿性粉剂1 000倍液与用50%福美双可湿性粉剂800倍液混配施用。在配制上，参混农药用量都为原用量的一半（单防时多菌灵用500倍液，福美双用500倍液）。

2）兼治不同目标时的“各量”。这也是混用药时常采用的手段。依据病、虫、草害同期混生实情，确认同治目标，选用混用药防。由于各防各的目标，理应保持各自的有效防治用量（即“各量”）的规则。如防治玉米苗期白化病和地老虎时，可用20%速灭杀丁乳油2 000倍液混配0.2%硫酸锌。

上述两类中的参混农药配制手法都为实用典型范例。而在特定要求下会有非规则的“调量”。其要求有节省开支、避免药害、生化结合等，因势合理地“调量”。但混用配制时仍遵循各参混农药用量都不应超出各自单用时的用量。

（2）由于现混现用存在着风险，故在配制使用前应注意以下事项：

1）明确防治目标。依据防治目标和要求确定农药的混用配制，切莫“理想化”地乱混滥配，否则易造成减效、无效甚至玉米制种药害、人畜毒害。

2）贯彻混用的各种“禁混”须知。凡混用后出现降低药效、用量超限、产生毒害药害、危害环境、增高开支等负面表现时都应停用。

3）借鉴混用成功经验。可取得专业技术员指导，查对技术资料中的农药可混表和混用备注，分析市售混剂标签，借用自身和他人混制经验等措施。

4）先测试安全和药效。在无可借鉴经验时，一定要预做混制的小区测试，观察药效和安全效应，确认有益无害后，才能施用。

5）正视混用风险。现场现混现用是难操作、担风险的“粗糙”配制方式。为避免风险，尽量采用商品化的农药混剂，不必事事都作混用处理。

单元测试题

一、选择题

1. 玉米瘤黑粉病在玉米抽雄前10天左右，可选用（　　）药剂防治。

A. 好力克　　B. 甲霜灵　　C. 氧化乐果　　D. 农用链霉素

2. 可用于防治玉米丝黑穗病的药剂有（　　）。

A. 病毒　　B. 甲霜灵　　C. 氧化乐果　　D. 敌萎丹种衣剂

3. 不属于防治地老虎的农业防治措施的是（　　）。

A. 除草灭虫　　B. 铲埂灭蛹

C. 毒饵法　　D. 调整玉米制种播种时期

4. 玉米螟的防治适期在（　　）。

A. 三叶期　　B. 心叶末期　　C. 抽雄期　　D. 乳熟期

5. 以下不能用于防治玉米红蜘蛛的药剂是（　　）。

A. 73%克螨特乳油 1 000～1 500 倍液

B. 25%螨死净 2 000 倍液

C. 5%尼索朗可湿性粉剂或乳油 1 500 倍液

D. 50%粉锈灵粉剂 500 倍液

6. 糖醋液可诱杀（　　）。

A. 地老虎成虫　　B. 红蜘蛛　　C. 蚜虫　　D. 叶蝉

7. 可用于玉米土壤封闭的药剂是（　　）。

A. 乙草胺　　B. 草甘膦　　C. 骠马　　D. 胺苯磺隆

8. 属于禾本科杂草的有（　　）。

A. 马齿苋　　B. 灰藜　　C. 稗草　　D. 田旋花

9. 以下说法不正确的是（　　）。

A. 井水可配药　　B. 不要在花期喷药

C. 配制药液时必须采取两步配制法　　D. 不要用污水配药

10. ppm 是药剂浓度的（　　）单位。

A. 十分位　　B. 百分位　　C. 万分位　　D. 百万分浓度

二、判断题

1. 玉米制种人工去雄尽量不要造成大伤口，可减轻瘤黑粉病害。（　　）

2. 拔除病株是防治玉米丝黑穗病的有效农业措施。（　　）

3. 玉米螟的防治指标是当玉米心叶末期花叶株率达 5%～10%时进行普治。（　　）

4. 在土壤有机质含量高的地区，土壤处理除草剂的用量比其他地区低，其施用剂量选用下限。（　　）

5. 白星花金龟子成虫具有假死性和群聚性。（　　）

单元测试题答案

一、选择题

1. A　2. D　3. C　4. B　5. D　6. A　7. A　8. C　9. A　10. D

二、判断题

1. √　2. √　3. ×　4. ×　5. √

ZHIYE JINENG PEIXUN JIANDING JIAOCAI

第三部分

玉米制种工（高级）

第8单元

玉米育种知识

第一节 玉米育种的历史及应用

→ 了解国内外玉米杂交育种的发展过程及在生产上的作用
→ 了解玉米杂交育种技术的利用

一、玉米杂交育种的历史

1. 杂交育种的演变

现代玉米育种主要是利用杂种优势。据国家现代玉米产业技术体系遗传育种研究室报告，在杂交育种技术研究和应用方面，美国走在世界前列。1908 年，Shull 和 East 博士各自发现玉米自交衰退和杂交优势现象。但由于当时育成的自交系亲本产量偏低，杂交种的生产成本过高，以致杂交玉米的理论无法实际应用。直到 1918 年，Jones 博士提出双交种的方法，解决了种子生产成本的问题，玉米杂交种才开始在美国推广。生产中相继推出了双交种、综合种、顶交种、单交种，20 世纪 30 年代初第一批商用杂交种开始问世，到了 1960 年玉米单交种几乎遍及全美。目前全世界超过 80%的玉米生产使用杂交种，其中大多数为单交种。

1952 年以前，中国种植的玉米品种全部是农家品种，产量低，不能适应玉米生产发展的需要。1953 年河南农业大学吴绍骙教授首先提出了“玉米杂交优势利用”的理论，并与河南省洛阳地区农业试验站合作选育出玉米综合种混选 1 号。20 世纪 50 年代后期开始推广双交种，自 1966 年选育出新单 1 号以来，单交种发展迅猛。至 2001 年统计，全国玉米杂交种的面积已占玉米总面积的 89.7%，目前，杂交种面积已达到玉米总面积的 95%，在发展中国家列第一位。至今为止，主流玉米单交种经历了 5～6 次更新换代。

2. 杂交育种在生产上所起的作用

杂交种替代了农家品种后，玉米生产水平发生了巨大变化。以刚刚发展玉米杂交种的 1931 年为基础，美国平均产量为 1.536 t/hm²，到了 1995 年达到 8.685 t/hm²，增长了近 5 倍。这 65 年间的增产幅度中除了栽培措施（增施肥料、加大种植密度、病虫害及杂草防治的改进）带来的增产效益外，绝大部分是推广杂交种带来的“遗传增益”。拉赛尔（Rusell）、得维克（Duvick）和卡斯勃尔（Crosble）等 20 世纪 80 年代研究的综合结果表明，美国从 1930—1989 年，玉米产量持续增长，其中杂交种遗传增益为

33%～65%，每年平均增产 70 kg/hm^2。

中国玉米生产表明，玉米杂交种对产量的贡献巨大，1952 年中国平均单产为 1.588 t/hm^2，到 1995 年则达到 4.920 t/hm^2，提高近 3 倍。

二、玉米杂交育种技术的利用

1. 最佳杂交优势模式的建立

美国使用瑞德黄马牙种质杂合与兰卡斯特种质的最佳杂优模式。中国春播区杂优模式主要是旅大红骨种质杂合与兰卡斯特和瑞德黄马牙种质，夏播区的主要杂优模式是塘四平头种质杂合与兰卡斯特和瑞德黄马牙种质。

2. 抗逆育种

D. N. 得维克研究结果表明，美国玉米产量的增长得益于玉米杂交种对逆境抵抗力的提高，而较新的玉米杂交种在无逆境情况下，单株最高籽粒产量没有发生变化，即耐逆境的育种没有因为增强了抗逆能力而牺牲单株在无逆境情况下获最高产量的能力。

（1）抗病育种。一个品种推广以后，由于病原生物生理小种的变化，导致品种原有的抗病性丧失，品种迅速失去推广价值。20 世纪 70 年代，美国玉米生产上 T 细胞质被小斑病 T 小种毁灭，导致全国减产玉米 330×10^8 kg，后来只好重新用正常型细胞质的抗病杂交种。中国各地玉米病害繁多，了解对这些病害的抗性遗传、控制基因的多少和等位性、病原小种的分化和危害专一性以及有关的育种技术，是抗病育种的成败关键。育种家们针对抗病育种的复杂性，在强调多抗性的策略下，不断努力提高玉米杂交种的抗性水平。

（2）抗旱育种。全球干旱、半干旱土地面积约占陆地面积的 35%。中国是世界上主要干旱国家之一，干旱、半干旱土地约占全国总面积的 47%，干旱、半干旱耕地面积约占总耕地面积的 51%，玉米大多数种植于缺水条件下，2/3 的玉米栽培在干旱、半干旱的丘陵、山区、台地或雨养地区，常年受旱面积约 40%，一般减产幅度为 30%，因此加强抗旱育种事关重要。解决的途径是筛选和利用现有抗旱种质资源，在半干旱区开展群体改良、自交系选育到杂交组合筛选。主要选择性状应该是发达的根系和适当的叶宽度。

3. 耐密基因型的培育

美国产量增益分析表明，玉米杂交种产量增益中 21%来自种植密度的增加。美国在 20 世纪 30 年代种植密度为 3.0 万株/hm^2，70 年代末密度达 5.0 万株/hm^2，现已达 9.0 万株/hm^2 以上。新中国成立初期种植密度为 2 万株/hm^2，目前已达 6.0 万～10.0 万株/hm^2，这与最近单产水平提高幅度大致吻合。

4. 群体改良

自交系是杂种优势利用的物质基础。为了选取配合力高、抗病、优质、自身产量高的自交系，必须丰富育种素材的种质基础，提高优良基因频率。这就是各国育种家共同尝试轮回选择方法，持续进行群体改良的理由。群体改良概念在1940年由Jonkins首先提出，即现在的玉米一般配合力的轮回选择法。1945年Hullu总结历史上杂合作用学说，提出超显性的概念，并提出了特殊配合轮回选择的概念。1949年Comstock等人又提出交互轮回选择法，可同时改良基因的加性效应与显性效应。时至今日群体改良的方法多达10余种。20世纪50年代以来轮回选择不仅在理论与方法上有新的发展，而且许多研究者用此法在玉米的茎秆强度、抗病、抗虫、耐密植、耐肥等数量性状方面都取得了成效。群体改良一般每轮选择的产量增益在3%～5%，对其他性状的改良也有效果。

第二节　玉米育种的现状和发展趋势

→ 了解国外玉米育种现状和发展趋势
→ 掌握中国玉米育种现状和发展趋势

玉米育种是最完善的农作物育种系统，玉米性状的基因定位和基因图谱绘制广泛开展，部分品种的基因图谱绘制已经完成，商业化育种成为主流。

一、国外玉米育种现状和趋势

1. 美国玉米育种

美国的玉米育种体系包括政府主导的公益性研究和企业主导的商业育种两部分。

（1）美国玉米育种的公益性研究。美国是现代玉米育种的起源地，种质资源极其丰富，育种水平始终处于世界领先地位，引领着世界玉米育种的潮流。从1943年起，科学家在洛克菲勒基金会的帮助下进行玉米地方种族征集和分类工作，收集了整个拉美和加勒比海地区的玉米品种，1954年，美国国家科学院（NAS）征集和保存了美国的玉米地方种质。为了保存这些征集材料的种子样品，在墨西哥、哥伦比亚、秘鲁和巴西等地分别建立了玉米种质库，一部分重复样品送到美国科罗拉多州福特柯林斯的国家种子储藏实验室，进行长期保存。

美国按种质来源和特殊配合力将其育种材料划分为5个家系，分别是BSS、Lancaster、Iodent、W153、0H13。BSS与其他4个家系均有较强的杂种优势。美国高度重视常规育种，其常规育种有以下特点：

1）重视玉米种质资源的收集、利用及种质改良与扩增。

2）简约杂种优势群划分，即BSS和非BSS 2个群，将耐密植为核心的多抗选系与配合力为核心的IPT选系方法紧密结合。

3）品种推出前，进行多年多点的严格鉴定（一般有300个以上点的数据），进行耐低温萌发试验、耐旱试验、耐密植试验、抗病虫鉴定，甚至还要进行耐阴试验、耐肥试验等，释放到生产中的品种力求零缺陷，保证所推出的品种具有很好的高产性、稳产性、适应性和抗性等。

公益性机构优先开展前育种研究，包括种质资源的收集、保存、鉴定和改良、创新、利用，育种技术的改进与应用以及相关的信息服务。玉米资源的基因定位、基因图谱绘制和群体改良等基础性研究主要在大学里进行。在群体改良上，密苏里大学通过穿刺强度的测定和选择，茎抗倒性获得了48%的遗传进展；伊利诺伊州大学经过109代的油分、蛋白质群体改良，高油群体油分含量已达22.5%，高蛋白群体的蛋白质含量已达30%，依阿华州立大学的热带群体改良主要是对Suwanl×Tuxpewn热带玉米主要杂优模式和BSS×Lancaster优势类型的遗传类群的熟性改良和热带种质导入，以求得配合力和其他性状的改进。

（2）美国的玉米商业育种。美国玉米商业育种经历了双交种、单交种、转基因品种三个阶段，目前处在转基因阶段。洛克菲勒基金会支持并启动了基因工程技术研究，孟山都公司开发利用了抗虫基因、抗除草剂基因，先锋公司的抗螟基因也进入生产利用。基因工程技术是一把“双刃剑”，在改善植物品质和抗逆性状的同时，新基因植入植物细胞可能会产生意料之外的毒素，如果将转基因这个“魔鬼”从潘多拉魔盒中释放出来，人类可能将面临新的浩劫。

美国的玉米商业育种研究进入程序化、自动化、信息化的阶段，育种和研究就像工厂车间，科研人员分段操作，育种程序被分割成若干段，每个研究小组只负责本段任务，各课题组高度协作。孟山都采用的杂种优势模式以BSS×Lancaster为主。先锋的育种模式基本有BSS×Iodent（26%）、BSS×Leaming双穗（8.6%）、BSS×Lindstrom（3.6%）、BSS×Minnesoda 13（6.5%）、BSS×Midland（2.6%）及BSS×Lancaster（3.5%）等，Iodent×OH13是一个新的优势类型，已有杂交种应用。

1）美国的玉米商业育种流程。美国玉米商业育种通常遵循一套标准流程及系统升级方法。这套方法适用于所有玉米育种群体后裔系统的选择。

首先是测试。每一个自交系统需经过连续6年的自交和产量测试才可能获选，保证其产量优势、品质及稳产性，才有可能成为商业杂交种。测试的对照品种都是当地产量最高、种植面积最广的商业杂交种。种子企业会依据财力、销售额及市场分布来决定测试规模。中小型企业的测试规模及重复数比大型公司要小。

以美国中、小型公司测试流程为例：通常对自交3代到4代（S3～S4）的材料进行早代测试，约10万个杂交组合，重复1～2次。大约8 000个S5～S6代材料的杂交组合从早代测试升级到初级测试（获选率8%），同时在4～10个地点进行初级测试。从初级测试升级到中级测试（S7～S8），只剩下400个杂交组合（5%获选率），通常在20～60个点进行。S9～S10代时，只剩下约30个杂交组合（7.5%获选），在80～200点进行区域测试。从区域测试升级到全国测试（S11～S12），只剩下大约15个杂交组合（50%获选率），这些品种要同时在200～400个点进行测试。最后是商业化测试，只剩下大约10个杂交种（S13～S14代），放到田间做条带试验。

其次，严格按测产结果决定取舍，育种家大会集体讨论，决定哪些杂交种可以升级，哪些应淘汰。

美国推广杂交种完全由企业承担责任。种子公司必须做6～7年产量测试，才能确定新品种在某一生态区的产量潜力及稳产性。从跨国公司的产量测试及测试区域，可以看出杂交种测试规模越来越大，结果越来越可靠。公司几十位育种家每年都要开会，决定哪些杂交种可以升级，哪些应淘汰。最后选出商业杂交种，如果在生产上出了问题，由公司承担责任。

2）种业巨头的设计育种和新型育种技术。种业巨头纷纷采用设计育种，在已经完成基因测序的基础上，根据产量、品质、抗性等育种性状要求，在育种前进行计算机模拟，客观地选择组群和选育的基础材料，利用分子标记进行基因鉴定、定位和分离、识别基因功能或基因效应，进行基因增益，有效减少了育种的盲目性，提高育种效率。转基因技术和单倍体育种技术成为常规技术，有效地提高玉米杂交种的育种速度，育成时间从10～20年缩短到5～6年，大大缩短了育种年限。

3）玉米高产竞赛。玉米高产竞赛起源于1920年依阿华州，1965年开始由美国国家玉米种植协会（NCGA）举办，每年组织全美玉米种植者进行高产竞赛，称为全国玉米高产竞赛（NCYC）。必须是各州玉米种植协会的成员或是国家玉米种植协会的成员才有资格参赛，玉米种植协会雇员及国家官员等不允许参加竞赛。起初高产竞赛只是玉米生产者展示产量和生产能力的一个舞台，随着NCYC的影响不断扩大，参加竞赛的州和人数也不断增加。20世纪90年代后，NCYC要求竞赛的参加者在参加竞赛之前填写参赛表（在每年春季播种之前的某一规定时期之内填写），在收获测产之后填写收获表，并要求参赛者提供详细的种植记录，如地块所在地、种植品种、播种日期、种植面积、施肥水平、除草方式、收获时间等详细记录，并且要求种植方式应有利于环境保护。参赛表包括参赛级别、参赛人资格、参赛地块等。竞赛级别共有9个：A类非灌溉级、AA类非灌溉级、A类无垄作非灌溉级、AA类无垄作非灌溉级、A类垄作非灌溉级、AA类垄作非灌溉级、无垄作灌溉级、垄作灌溉级和灌溉级。其中AA类适用于玉米带几大主产州：依利诺伊州、印第安纳州、依阿华州、明尼苏达州、密苏里州、俄亥俄州、威斯康星州；A 类则指除以上 7 个州外的其他州，没注明 A 或 AA 类的适用于所有州。无垄作灌溉级、垄作灌溉级和灌溉级的区别主要在于无垄作灌溉级和垄作灌溉级在播种之前土壤没有被处理过（如秋翻等），而灌溉级在播种之前土壤被处理过。每个竞赛级别将有 3 名优胜者。

美国的玉米高产竞赛对玉米种植具有很大的影响。因此，美国各大种子公司都把高产竞赛当成品种宣传的途径，通过积极参与来增加公司的知名度，增强本公司品种对农民的吸引力，以此来推销自己的品种，并且对使用本公司品种参加竞赛获胜的种植者给予较高奖励，努力扩大品种知名度，加快品种推广速度。美国的几大种子公司如先锋、迪卡布、诺华、大湖等公司的品种，都是高产竞赛优胜者经常选择的品种。各公司所育品种在竞赛优胜者名单中出现的多少体现了一个公司的实力、信誉，也代表了一个公司在玉米种子市场的占有率和被认可程度。

据调查，每年高产竞赛前三名的品种，第二年的销量都会有大幅度的增加。柴欧德获得第一名的品种都是先锋公司的品种，其中 2002 年创造的世界玉米单产纪录 27 743 kg/hm^2，至今没人打破，这无疑是先锋公司最好的广告。在高产竞赛获奖的九个级别每个级别的前三名共 27 块地中，作为世界第一大玉米种子公司，先锋公司的品种在每年优胜者使用的品种中都占 2/3 以上，1999 年占 23 个，2000 年占 25 个，2003 年占 22 个，2006 年占 23 个，2007 年占 20 个，2008 年、2009 年在高产竞赛获奖的 8 个级别 24 块地中占 17 个。当农民看到某一个品种是高产冠军时，毫无疑问，心里对它已经有了一个非常好的印象，这种说服力是最直接和最有力度的。以玉米种业为主业的企业可以借鉴这种高产竞赛的形式。

2. 德国和法国的玉米育种

德国 KWS 及法国 Verneuil semances 公司高度重视基因库分类，所有玉米育种材料都必须明确基因库归类，才被允许运用，组群和选育的基础材料要保持清楚血缘，即一个群体必须来源于同一基因库，新材料引进后必须进行明确的基因库归类，才可以加以利用。此外，这些公司设立基础部，专门进行数据处理和抗病虫转基因植物的培育。

德国 KWS 总部基因库划分为马齿库 1（BSS）、马齿库 2（Lancaster）、马齿库 3（混合库）、硬粒库 1（德国库）、硬粒库 2（欧洲库）、硬粒库 3（混合库）。

德国、法国种子公司采用的杂种优势模式以硬粒系×马齿系为主，很少利用其他系间杂交。

自交系的选育方面，集中在少数亲本组成的单交、三交、回交材料选二环系上，在基础材料的组建上所用亲本刻意从同一基因库选出，很少进行群体改良。突出自交系的早代配合力测定和鉴定工作，自交系和杂交种采取多年多点鉴定，调查的性状少而精，调查重点放在对杂交种的感观评价上。通过自交系的测交比较试验，确定基因库间的杂种优势关系，为定向选系和杂交种组配提供依据。在试验方面，主要通过设计、保苗、数据处理三大步骤提高试验准确性。

德国、法国种子公司选育的玉米品种田间性状整齐，感观评价好。

3. 国际玉米小麦改良中心（CIMMYT）的高原玉米育种项目

国际玉米小麦改良中心（CIMMYT）是国际农业研究协商小组（CGIAR）下属的国际农业研究中心之一，是一个非营利的国际农业研究和培训机构。CIMMYT 的高原玉米育种项目致力于发展中国家冷凉的高海拔地区玉米种质改良和选育。大斑病、锈病、茎腐病、穗腐病和干旱、低温冷害是这些区域玉米生产主要的生物和非生物胁迫因素。

高原玉米育种项目区域包括热带高原、热带高原过渡区、温带高原三大玉米生态区。针对区域环境，提供来自不同基因库的遗传基础宽的优良群体。为热带高原提供半马齿基因库 Pool11A～14A 4 个优良群体；为热带高原过渡区提供晚熟的半马齿型 Pool9A 和 9B 经过改良，适应非洲和南美的高原地区，4 个硬质胚乳群体 85～88 经过群体内全姊妹家系改良，部分最好家系已经育成优良品种；为冷凉的高原地区育出 89、900、910、920、940 及 960 等群体；为温带高原育成 800、845 群体和自交系并组配出一批杂交种。

二、国内玉米育种现状

中国玉米育种体系，包括政府主导的公益性研究、企业的商业育种及各级玉米科研机构育种三部分。

1. 公益性研究及各级玉米科研机构育种

中国农科院玉米制种所负责国家玉米基因库的工作。中国远离玉米的原产地，种质资源有限，但是很多地方品种长期生长在封闭的生态环境中，形成许多生态适应类型，如中国云南为糯质玉米变异中心，部分地方品种具有对特殊生态条件的特殊适应性、耐阴蔽性、耐贫瘠性、耐寒性、耐盐碱性、抗逆性等，通过选育，获得塘四平头和旅大红骨系。美国种质资源积累最多，基因库最丰富，因此从 20 世纪 70 年代起，中国陆续引进了一批美国商业杂交种的优秀自交系和先锋公司等跨国公司的测试品种，通过引进、分离和选育二环系，陆续得到了一大批美国的优秀自交系和其他育种材料，并以此为基础培育出了自己的骨干自交系，成为现代商业育种的骨干育种材料。

中国目前生产上利用的杂交种亲本主要来源是 Reid、塘四平头、旅大红骨和兰卡斯特四大类群。春播区杂优模式主要是旅大红骨种质杂合与兰卡斯特和瑞德黄马牙种质，夏播区的主要杂优模式是塘四平头种质杂合与兰卡斯特和瑞德黄马牙种质。

2. 玉米的商业育种

（1）商业育种模式。企业选育优良品种进行推广，全部负责制种、销售、推广过程中使用者损失的新型育种模式，不只是种子成为商品，研究、选育、测试、销售及售后服务都实行市场化。玉米的商业育种是玉米育种市场化进程，同时也是玉米育种现代化进程。

对于玉米商业育种来说，前育种研究是至关重要的，前育种研究为商业育种提供直接使用的基础材料，持续的前育种研究才能源源不断地保障商业育种对基础种质的需求，前育种研究的方向与目标要有前瞻性，必须兼顾近期目标与中长期目标的关系。种子企业应该有自己的研究机构，或与农业研究机构联合，企业自行解决前育种研究近期需求，国家公益性机构必须提供共性技术服务以满足种子企业的中长期的技术需求。

（2）玉米商业育种程序。中国的玉米商业育种有一套严格的省级和国家级的品种区域试验和品种审定程序，根据审定区域，明确各品种的推广区域。

品种区域试验是指农业部农技推广总站下属的种子管理部门和各省种子管理站根据新品种审定的需要，统一安排的按一定规范的要求进行多年多点试验，对新育成品种的丰产性、适应性、抗逆性和品质进行全面的鉴定，对照品种都是当地产量最高、种植面积最广的商业杂交种，一般有固定的区试点和区试人员。

品种区域试验程序为经过一轮一年（或两年）预试筛选，推荐进入两年多点区试。预试报名比较简单，育种单位或育种家在头一年提出预试申请，来年将参试品种根据安排寄往各预试点。区试点数据汇总后，根据参试品种在区域试验中的表现，结合抗逆性鉴定和品质结果，对品种进行综合评价，综合评分优异者通过审定，并以公文方式公告。

玉米制种质量控制

第一节　玉米种子质量及影响因素

- 了解玉米种子质量的内容
- 了解影响玉米种子质量的因素
- 掌握玉米制种质量下降的因素及防止措施
- 掌握自交系混杂退化的原因及防止措施

一、玉米种子质量的内容

玉米种子质量的类型按种子特性和市场属性可以分为种子品质和市场销售品质。

1. 种子品质

种子品质是由种子不同特性综合而成的概念，包括品种品质和播种品质两方面内容。

(1) 品种品质。品种品质是指与遗传特性有关的品质（即种子内在品质）。

1）种子真实可靠的程度，用真实性表示，是指玉米制成品种与审定名称相符。

2）品种典型一致的程度，用品种纯度表示，是指玉米制成品种种子杂交率高低，以及符合审定名称特征特性的种子在玉米制成种子中的含量。

(2) 播种品质。播种品质是指种子播种后与田间出苗有关的品质（即种子外在品质）。

1）种子净度，是指送样或扦样样品中可能含有杂质和其他植物种子，而玉米净种子重量占分析样品总重量的百分率反映出种子清洁干净的程度。

2）种子在田间出苗率及幼苗整齐健壮的程度，可用发芽力、生活力、活力表示，实践中种子发芽势能较准确地反映该项指标。

3）种子充实饱满的程度，可用千粒重（和容重）表示，反映出种子制种过程的营养状况和成熟的程度。

4）种子健全完善的程度，是指玉米净种子在送样或扦样样品中，可能含有病菌感染、虫蛀的种子或不完整籽粒。

5）种子含水百分率，反映出种子潜在的耐藏能力。

2. 市场销售品质

市场销售品质是指玉米种子的卖相，主要包括外观品质、净度品质、容重品质等。

(1) 外观品质。外观品质是指玉米籽粒外在的、形态和物理上的表现，包括籽粒的形状、色泽、胚的大小或胚粒比等。

玉米种子外观品质在一定程度上反映了种子的遗传特征，用种的农民在无力检测种子品质的情况下，以外观品质判断玉米种子的真实性；另外籽粒的色泽及胚的大小还反映出玉米种子的成熟度。

（2）净度品质。净度品质反映出种子企业对用户的态度和对企业自身的定位。用种的农民会因此选择或放弃种子企业。

（3）容重品质。第一，容重反映出种子的营养状况和成熟的程度；第二，某一品种在推广初期种子籽粒的大小会在用户心目中留下印象，种子籽粒的大小程度一定会成为用户判断种子真实性的指标；第三，过大的种子籽粒会增加用种量，间接影响用户对品种的选择。

二、玉米种子质量的影响因素

玉米制种种子质量的形成受多种因素影响，如自交系亲本的遗传因素、人的因素、国家法则和管理制度因素、环境（种植环境、收获环境、加工环境）因素、机器和设备因素等。

1. 自交系亲本的遗传因素

（1）品种的真实性。当今世界上玉米推广面积最大的是单交种，每一个单交种品种只有一套亲本自交系组合，一般一个单交种品种正反交组合在产量、长势、长相上基本无差异，个别单交种品种正反交组合也会在适应性上出现差异，因为杂交种种子在母本自交系植株上获得，在播种品质和市场销售品质上差异会很大。品种的真实性反映在此品种非彼品种，彼组合非此组合。

（2）玉米单交种的品种纯度有两层含义：一是品种典型性状一致性，二是杂交率。品种典型性状一致性受父母本自交系本身纯度的影响。

2. 人的因素

人的因素与自交系亲本的遗传因素同等重要，提高玉米制种质量的根本途径就是加强对人员的管理，包括对制种工和派驻基地的技术人员的管理，而管理的依据就是国家法则与企业和基地各项管理制度。

3. 国家法则和管理制度因素

4. 环境因素

（1）种植环境

1）隔离条件。玉米品种典型性状一致性受安全隔离的影响，其他玉米花粉的侵入会影响品种的真实性。

2）气象地理条件。主要指花期和灌浆期的温光条件，影响制成种子的成熟度和发芽势。

3）播期选择。播期应根据气候、地温及适当的墒情进行选择，播期严重影响田间出苗率、整齐度，间接带来去雄和“三类苗”的问题，影响杂交率。

4）土壤条件。土壤条件影响供水、供肥以及玉米植株的生长发育进程，影响杂交率、成熟度、发芽势和产量。

5）水分条件。水分参与玉米植物生理活动的方方面面，对玉米种子质量有全面影响。

6）营养条件。一般来说，就肥料而言增加用量能显著增加产量，氮肥能增加籽粒蛋白质含量，钾肥和磷肥有利于淀粉含量的提高，当氮磷钾配合时，产量和蛋白质均明显增加，氮肥用量高，则降低淀粉的含量，增加种子胚的呼吸强度，水分含量高的情况下，种子发芽率损失严重。

（2）收获环境。晒场的清理和各品种种子的安全隔离，严重影响种子纯度和净度。

（3）加工环境。影响种子纯度和净度，与机器和设备因素相关。

5. 机器和设备因素

收获机械、脱粒机械、种子清选机械、种子加工设备清理影响种子纯度和净度。

三、玉米制种质量下降的因素及防止措施

种子是有生命的特殊商品。优质合格的玉米制种杂交种，在田间表现出发芽率高、生长势强、株型、穗轴颜色一致，植株株高、穗位整齐，果穗均匀，丰产性能好的特点。

1. 玉米制种质量下降的主要因素

（1）隔离。随着玉米制种品种数量的增加，有效隔离已成为影响玉米制种制种质量和产量的因素之一，隔离区距离不够，去杂、抽雄不及时、不彻底，发生天然异交、自交；机械、人为混杂；气候、水肥管理、晾晒、脱粒等原因导致种子脱水困难，发芽率、千粒重降低，色泽差，种子商品性下降。

（2）亲本纯度差。亲本纯度差是杂交玉米制种种子纯度低的内在因素。有的品种亲本种子杂株率高达10%，给去杂工作造成很大困难；有的亲本不稳定，多系混合，性状发生分离，严重影响种子纯度。

（3）去杂不严格。一些制种户因担心去杂减产而有意不去杂或去杂不彻底，很多杂株只是去顶端而已，并不整株拔除，再有就是亲本变异株多，不易辨认，造成去杂不彻底。

（4）去雄不彻底。这是造成杂交玉米制种种子纯度不高的主要原因。母本雄穗遗漏散粉株多，雄穗残枝多，有的地块母本散粉株率达1%以上，造成母本自交结实率高。

（5）父母本行比不当。有的农户制种田父母本行比高达1∶10，行比过大，花粉量有限，造成结实率低；也有的行比过小仅1∶3，母本所占比例太小，虽然花期相遇良

好，却难以高产。

（6）不良气候的影响。高温、干旱、少雨会造成母本生长缓慢，雌穗形成滞后，吐丝推迟或柱头灼伤授粉不良；父本雄穗分枝短小，尖部败育，抽雄散粉速度加快，花粉少，有时出现死粉现象，从而造成母本果穗秃尖，缺粒，制种产量大幅度下降。

2. 防止玉米制种制种质量下降的措施

（1）严格隔离条件。杂交制种都必须进行安全隔离，防止生物学混杂。玉米制种雄穗发达，分枝多，花粉量大，属风媒异花授粉作物，异交率极高，花粉能够随风飘到数百米远，易造成串粉混杂，必须设置安全隔离，以保证杂交种的质量，根据我区的地理条件，普遍采用空间隔离，就是在玉米制种地四周围 300～500 m 以内不能种植其他玉米制种品种；在玉米制种开花期多风的地区或隔离区在其他玉米制种地的下风头，间隔距离还要加长；若制种田四周有成片树林或种植的有高秆作物的隔离区宽度应在 100 m 以上。

（2）严把亲本纯度关。在繁殖亲本时要严格隔离条件，空间隔离亲本区四周 500 m 以内不能种植其他玉米制种，高秆植物隔离则宽度应在 150 m 以上，自交系原种，采用套袋繁殖，繁殖亲本过程中要严格去杂，严防异种混入。

（3）适期早播。抢时播种，为使开花授粉期避开 7 月上、中旬的高温、阴雨等不利天气，一般在 3 月底 4 月初表土下 5～10 cm 处温度稳定在 10～12℃以上就可播种，要严格把握好播种质量，做到播到头、到边，播行端直，交接行准确，播种机下籽均匀，不重播、不漏播，无缺行断垄现象，播种行覆土良好，镇压严实，覆膜良好的标准。

（4）合理安排父母本行比。一般情况下，父母本行比大小决定着母本占制种田面积的比例大小和结实率，进而影响到制种产量和纯度。随着母本行的增加，母本结实率会相应降低，但由于收获种子的面积增加，因此在一定范围内制种产量会有所增加，但母本结实率下降的影响超过面积增加的贡献时，制种产量就会降低，因此确定行比的基本原则应该是：在保证父本花粉充足供应的前提下，尽量增加母本行的比例。如父本植株高大，花粉量充足，开花时间较长，可适当增加母本行数，相反则减少母本行的比例，玉米制种杂交制种行比最好控制在 1∶5～1∶8。

（5）严格制种田去杂。实行“四去一留”原则，即去掉过大、过小、过弱，杂色苗，留颜色一致，大小均匀苗。就是除去亲本自交系中的杂株、可疑株。去杂分三次进行。第一次，苗期结合定苗，根据幼苗长相、叶色深浅、叶型、叶片宽窄、叶鞘颜色和苗的长势拔除杂苗、劣苗弱苗；第二次，在拔节后抽雄前，这时自交系植株长势长相特征已明显，必须从株高、株型、叶色、叶型、叶片宽窄、长短、叶片与茎秆夹角、父本雄花分枝的多少、花药的颜色等方面辨别，把与自交系典型植株特征不同的壮株、劣株砍除；第三次，在收获后脱粒前进行穗选，主要根据果穗的形状、粒色、籽粒大小、穗轴、穗行数、穗轴颜色、花丝的颜色等方面辨别，然后去掉杂穗、病穗、虫咬穗。去杂要严格、及时、彻底。其中抽雄前的去杂尤为重要。去杂工作的重点应放在父本上，从严掌握标准“宁缺毋滥”，否则后代的杂株会增加。田间母本杂株不超过0.2%，父本杂株不超过0.1%。

（6）调节好父母本花期。父母本花期能否相遇良好是决定该品种制种产量高低的关键因素。

四、自交系混杂退化的原因及防止措施

1. 生物学混杂

玉米属于异花授粉玉米制种，天然异交率在95%以上，本株花粉和异株花粉同时落在花丝上时优先选择异株花粉受精。因此，玉米极易发生天然异交和杂交。在玉米杂交种的繁育过程中，由于隔离不安全，去杂、去雄不及时、不彻底等原因，均会造成玉米杂交种的天然杂交，导致生物学混杂。

在自交系繁殖过程中，除杂去劣工作是保证种子纯度的重要一环，要做到及时、严格、彻底。

（1）种子精选。在播种前对待繁的自交系种子进行人工精选，根据该品种粒型、粒色等形态特征挑去杂粒、病粒和小瘪粒，留典型特征一致、籽粒饱满的种子作种用。

（2）苗期除杂、去劣。在幼苗长至3～5片叶时，结合间定苗，根据该品种叶鞘、叶缘、叶片颜色、叶片宽窄、叶片的长相等特征除去杂苗和小劣苗，保留典型特征一致的健壮苗。

（3）中期除杂。在自交系进入拔节期，根据株型、株高、叶色叶脉等特征除杂，除去杂株、变异株。以此除杂一般进行2～3次，再抽雄除净。

（4）花期除杂。在自交系雄穗抽出后，根据该品种雄穗分枝的多少，颖壳、花药颜色株型、长势、花丝颜色等特征除去杂株和变异株。

（5）收获期除杂。在自交系收获、晾晒过程中，根据果穗性状、籽粒颜色等特征，除去杂穗。

2. 基因的重组与分离

在理论上，自交系的基因是纯合的，但纯合只是相对的，不是绝对的。玉米的遗传由10对染色体控制，而每对染色体又由成千上万对基因组成，某些对基因还可能处在杂合状态，只不过没有表现出来而已。自交系在生产过程中，由姊妹系间互相授粉，在受精过程中必然发生基因的重组与分离，使得一些隐性基因得以纯合而表现出性状，造成自交系混杂退化现象。防止措施是培育纯合度高的亲本自交系，在自交系的繁殖过程中，由于多方面的因素，发生程度不同的混杂退化现象难以避免，如不加以提纯，一些优良的自交系很快就会失去其使用价值。因此，自交系一旦发生混杂，必须立即通过提纯的方法重新生产自交系原种，尽可能恢复自交系的纯度和典型性，这样才能充分保证

杂交种的杂种优势。在自交系繁殖过程中，隔离区安全与否对自交系的纯度起着重要作用。自交系原种繁殖需求空间隔离在 1 000 m 以上，良种繁殖要求空间隔离 500 m 以上，并且 2 000 m 以内禁止放蜂。

3. 基因突变

自然界中，生物遗传是相对的，变异是绝对的，由于自然环境的变化或物种本身的特性，基因突变伴随着遗传无时无刻都在发生。一些细微的变化，经过多代繁殖就会累积起来，形成较明显的混杂退化现象。一次繁种，多年储存使用。对生产上常用的自交系一次超量繁殖，将所产种子在低温库内冷藏，这样就减少了自交系的繁殖次数，也就减少了繁殖过程中生物学混杂和机械混杂，以及基因变异的机会，从而有效地保证自交系的纯度。

4. 机械混杂

由于机械或人为的原因而导致本品种与其他品种之间的混杂，会使玉米杂交种混杂。品种在种植过程中，从播种到收获、运输、晾晒、脱粒、清选、储存过程等各个环节，都有可能发生机械混杂。另外，玉米制种地块连作时，因前茬玉米制种的自然落粒，或因施用未腐熟的农家肥料等也会引起机械混杂。集中繁殖玉米制种时，由于繁殖制种基地相对稳定，杂交制种的父母本属于“一地多种”，前茬“漏生苗”、杂种一代、易发生机械混杂。从群体遗传学看，机械混杂就是另一群体的基因“迁入”了本品种群体，导致本品种群体的基因频率发生变化。防止的办法是严格执行防杂保纯措施。在玉米杂交种的收获、运输、晾晒、脱粒、精选、包装、储存过程中，要由专人负责，做好标识，防止人为弄错或混杂。

5. 自然选择

自然选择随时随地在起作用。一个相对一致的品种群体中普遍含有不同的生物型，种子繁殖所在地的环境条件会对这个群体进行自然选择，结果就可能选留了人们所不希望的类型，这些类型在群体中扩大，就会使品种原有特性丧失。当一个基因受到自然选择作用时，它在子代中的频率就与在亲代中不同，从而引起基因型频率发生变化。防止措施是尽量减少长期的自然选择，保持品种原有的遗传平衡状态，或者加强人工选择，保留有利于人类的经济性状。实行自交、姊妹交隔年交替繁殖。第一年在原种圃内选择 100～200 株生长良好的典型优株套袋自交，收获穗选混合脱粒，供下年繁殖。第二年将上年套袋自交的种子在安全隔离区繁殖，再选 100～200 株典型优株套袋，然后进行成对姊妹互交。收获后严格穗选混合脱粒供下年繁种用。用这种方法既可保持自交系的良好种性，又可有效防止因连续自交所造成的退化。

6. 不正确的人工选择

人工选择是在种子生产时防杂保纯的重要手段，但若采用了不正确的人工选择，会人为地引起品种的混杂退化。例如，玉米杂交种制种，应该用基因型较纯合的亲本自交系，但是人们在间苗定苗时，往往留大除小，留强去弱，拔除了基因型纯合的幼苗，留下杂苗，使自交系混杂退化。玉米杂交种在进行穗选时，如果选择了一个串了粉的杂种，则其后代产生性状分离而导致品种混杂退化。防止的办法是，人工选择时尤其是定苗、去杂时要注意原品种的典型性，不宜强调单一性状的选择。对产量性状的选择，应兼顾几个有关的产量因素，选择标准应接近于群体的平均值，或按众数选择。

7. 外界环境条件引起的表型变化

这种类型的混杂退化不是群体基因频率或基因型频率变化引起的，而是环境引起的表型变化。

第二节　玉米制种生产程序及质量检查

→ 了解自交系繁育程序
→ 掌握玉米生产用杂交种生产程序
→ 掌握玉米质量检查相关内容

一、自交系繁育程序

中国目前玉米杂交种子生产采用 4 级繁育程序，即育种家种子、自交系原种、自交系良种、生产用杂交种。育种家种子是指育种家育成的遗传性状稳定的最初一批自交系种子，由品种育成人直接提供，保证了种源的可靠性。自交系原种是指用育种家种子直接繁殖出来的或按原种生产程序生产，并且经过检验达到规定标准的自交系原种种子。自交系良种是直接用于配制生产用杂交种的自交系种子。生产用杂交种指各种直接用于生产的杂交玉米一代种子。

1. 育种家种子生产

玉米自交系的育种家种子的生产方式是育种家根据所选育品种的特点自行决定的，他们对自己选育的品种特征、特性最为了解。目前育种家种子生产的方法如下：

第一年，从自己保存的具有原品种典型性、高纯度的繁殖田中选择一定数量的单穗，分别脱粒，晒干保存。

第二年，选择地力均匀、肥沃、不重茬的地块作为育种家种子生产田。根据作物授粉特点采取隔离措施。每个单穗种一行或两行，适当稀播或点播，使植株个体充分发育，遗传性状充分表现。在生育期间逐行进行观察，淘汰不典型的株行和典型株行中的劣株，剩余的株行和单株成熟后混合收获即可作为育种家种子供生产原种之用。

但是育种者不可能在农业生产上常年提供一个纯系品种的育种家种子，因此，良种繁育人员就要根据某个纯系品种的特征、特性在良种繁殖田或生产田中进行提纯复壮来循环生产原种，以满足农业生产对某一纯系品种的需求。

2. 玉米自交系的原种生产

玉米自交系原种是良种生产的基础，其质量优劣关系到良种和杂交种的生产质量。获得其原种途径有两种：一是由育种家种子直接繁殖；二是通过各种切实可行的途径提纯已退化的亲本或自交系，按原种生产技术操作规程进行生产，使其达到原种的质量标准要求（GB 4404.1—2008）。

（1）利用育种家种子直接生产原种。用于刚开始推广的品种，由育成单位在保存育种家种子的同时，直接生产原种。育种家提供种子，将育种家种子通过精量点播的方法播于原种圃，进行扩大繁殖。育种家一次扩繁 5 年用种子，储存于低温库，每年提供相应种子量，或由育种家按照育种家种子标准每年进行扩繁，提供种子。

此方法生产纯系品种原种的优点在于简单可靠，能有效地保证种子纯度，并使育成单位获得一定的专利效益；缺点是生产原种的种子数量较少，当良种繁育工作中原种繁殖面积增加时，育种家很难提供足够多的种子。

一般育种家（育种单位）提供的育种家种子的数量有限，为了迅速扩大繁殖，常采用一些加快种子繁殖的技术。最常用的是稀播精管的方法。原种生产单位选择地力均匀、肥沃、不重茬的种子田进行原种生产。播种时加大种子的行距和株距，生育期间加强田间管理，及时防治病虫害，并在苗期、花期和成熟期认真做好去杂去劣工作。同时还应严防在收获、运输、储存、加工过程中的机械混杂，确保原种质量。

在玉米自交系原种的生产过程中，对于杂交种的亲本（自交系）的繁殖，还需要注意选地隔离和花期辅助授粉等工作。选地隔离是指选择的原种生产田要具备隔离条件，防止生物学混杂。在花期人工辅助授粉可提高种子的生产量。

（2）二圃法原种生产技术。由于育种家提供的育种家种子的数量较少，用来繁殖原种的数量远远不能满足需要，而且随着繁殖世代的增加，可能会出现种子混杂退化、种性下降等情况，因此原种的生产需要遵守生产技术规程。目前，我国玉米亲本原种主要采用二圃法生产原种，以“选株自交，穗行比较，淘汰劣行，混收优行”的穗行筛选法进行。

1）选株自交。在自交系原种圃内选择符合典型性状的单株套袋自交，纸袋以半透明的硫酸纸为宜。花丝未露前先套雌穗，待花丝外露 3 cm 左右，当天下午套好雄穗，次日上午露水干后开始授粉，一般应一次授粉，个别自交系雌雄不协调的授粉两次。授粉工作在 3～5 天内结束，收获期按穗单收，彻底干燥，整穗单存，作为穗行圃用种。

2）穗行圃。将上年决选单穗在隔离区内种成穗行圃，每系不少于 50 个穗行，每行种 40 株。生育期间进行系统观察记载，建立田间档案，出苗至散粉前将性状不良或混杂穗行全部淘汰。每行出现杂株或非典型株即全行淘汰，在散粉前彻底拔除。决选优行经室内考种筛选，合格后混合脱粒，作为原种圃用种。

3）原种圃。将上年穗行圃种子在隔离区内种成原种圃，在生产期间分别于出苗期、开花期、收获期进行严格去杂去劣，全部杂株最迟在散粉前拔除。雌穗抽出花丝占 5%以后，杂株率累计不能超过 0.01%，收获后对果穗进行纯度检查，严格分选，分选后杂穗率不超过 0.01%，方可脱粒，所产种子即为原种。

（3）穗行测交提纯法。使用多年的自交系由于混杂退化，仅从形态上提纯，往往难以满足要求，会引起在形态上无法选择的一些特性的变异，丧失自交系原有的优良特性，如自交系的配合力等。因此，对于使用多年的自交系宜采用穗行测交提纯法。其主要技术要点如下：

1）第一年种植选择圃选株自交并测交。测验种用该自交系在某一特定杂交组合中的另一亲本自交系。测交种子要够下年产量比较，一般要测交 3 穗以上。自交果穗单穗脱粒保存。

2）第二年种植测交种鉴定圃，进行产量比较，鉴定单株配合力。

3）第三年混合繁殖。根据配合力鉴定结果，把测交中表现优良的相应各自交果穗的种子混合，隔离繁殖，生产原种。

穗行测交提纯法同二年二圃法基本相似，不同的是在单株选择自交的同时，分别用每株的花粉与原组合的另一亲本自交系交配成测交种，一般当选单株要测交 5～6 穗。自交穗与相应的测交穗成对编号。第二年在株（穗）行比较的同时，将测交种子在另一地块进行配合力鉴定，为穗行决选提供依据。根据田间特征特性入选的株行自交，并结合配合力鉴定结果决选。决选株行中的自交果穗混收组成混合种子，用作下一年原种繁殖圃的种子。穗行测交提纯法克服了二年二圃法或三年三圃法仅依据特征、特性提纯的缺陷，是适用于高纯度玉米自交系生产的方法，但工作量较大。

（4）穗行半分对比提纯法。该法适用于纯度较高的自交系，简易省工。缺点是只作一次典型性鉴定，供应繁殖区的种子量少，原种生产量少。

1）第一年种植选择圃选株自交。每个系可自交 100～1 000 穗，视选择圃自交系纯度和所需原种数量而定。收获后室内决选，单穗脱粒，保存。

2）第二年半分穗行比较。即每个自交穗的种子均分为 2 份，1 份田间鉴定，将选中的自交果穗的种子，取一半田间种植观察和室内鉴定，评选优良的典型穗行。剩余的一半种子妥善保存。在苗期、拔节期、抽雄开花期根据自交系的典型性、一致性和丰产性进行穗行间的鉴定比较。本年比较只提供穗行优劣的资料，并不留种。

3）第三年混合繁殖。根据田间评选和室内鉴定，将保存下来的一半种子，除去淘汰穗行，余下的全部混合，在隔离条件下扩大繁殖，生产原种。

（5）自交混繁法。该方法由陆作楣等提出，是用于棉花原种生产的一项技术。该法适用于常异花及异花授粉作物，因此，也适于玉米自交系原种的生产。其依据的原理是自交系混杂退化的一个主要原因是自交系保留较多的剩余变异，再加上天然杂交，因而其后代群体中不断发生基因分离和基因重组。通过多代自交和选择，可以提高基因型的纯合度，减少植株间的遗传变异，获得一个较为纯合一致的群体。

自交混繁法关键是保种圃的建立和保持，其他环节不需要太多的工作量。因此，对于生产高纯度的自交系是一种行之有效的技术。与穗行测交法以及三年三圃法和二年二圃法相比，简单有效。在空间布局上，保种圃放在基础种子田的中间，有利于隔离和保纯。

3. 自交系良种的生产

杂交种品种亲本或自交系良种种子生产的原理和技术与原种生产相似，生产过程相对简单，由原种直接繁殖1～2代，与纯系品种良种生产相比而言，其不同之处是必须在严格隔离和控制授粉的条件下，其散粉杂株率累计不能超过0.1%。收获后要对其果穗进行纯度检验，杂穗率不能超过0.1%，种子供杂交制种田亲本播种。

在严格隔离和控制授粉的条件下，用育种家或者原种场提供的杂交种品种亲本或自交系原种种子来繁殖良种时，应采用一级种子田或二级种子田供种。建立一级种子田或二级种子田进行杂交种品种亲本或自交系良种种子扩繁时，具体应根据所需种子数量的多少而定，当一级种子田生产的亲本或自交系种子数量不能满足杂交制种田用种时，可建立二级种子田。

自交系良种种子生产的原理和技术与原种生产相近，但其种子生产过程相对简单得多，直接繁殖，提供大田生产用种，建立一级种子田和二级种子田扩繁，大小据所需种子数量确定。其生产技术包括以下四点：

（1）种子田的选择。为了获得高产、优质的种子，种子田应具备下列条件：

1）自然气候，土壤条件等应适合该自交系的生长发育。

2）地势平坦，土质较好，土壤肥沃，排灌方便，旱涝保收。

3）耕作管理方便，无病虫、杂草等危害，无检疫性病虫害。

4）进行轮作倒茬。

5）集中连片，交通便利，具备隔离条件。

（2）定点。自交系良种的生产，应做到每系至少有两个基地同时进行生产。

（3）播种。生产单位应做到精细播种，努力提高繁殖系数。

（4）去杂。在苗期、雄穗散粉前和脱粒前至少进行三次去杂。全部杂株最迟在散粉前拔除，散粉杂株率累计超过0.1%的繁殖田，所产种子报废；收获后要对果穗进行纯度检查，杂碎率超过0.1%的，种子报废。

二、玉米生产用杂交种生产程序

杂种种子通常指两个亲本杂交产生的F1种子。生产上利用杂种优势必须年年生产F1种子，同时也必须年年繁殖杂种的亲本种子，因此配套的杂种种子生产包括亲本繁殖和F1繁殖。玉米杂交制种是一项环节多、技术性强的工作，主要技术环节有选地、隔离、调节播期、父母本间种行比、田间去杂、母本去雄、收获和种子加工、质量检查等。

1. 选地与确定制种田和亲本繁殖田面积比例

（1）制种基地选择要求。应选地势平坦，土壤肥沃，排灌方便，旱涝保收，病虫等危害轻且无检疫性病虫，便于隔离，交通方便，生产水平较高，技术条件较好，制种成本低，相对集中连片的地块。

（2）确定制种田和亲本繁殖田面积比例。首先应根据市场预测玉米杂交种的市场需求量，准确确定出玉米杂交制种生产体系的亲本繁殖田和制种田的块数和面积。其面积计算如下：

制种田面积（hm^2）＝生产田计划播种面积×每公顷生产田用种量/每公顷制种田杂种种子预期产量

亲本繁殖田面积（hm^2）＝制种田面积×每公顷制种田亲本用种量/每公顷制种田亲本种子预期产量

2. 隔离区的设置

不论是亲本繁殖还是杂交制种都要种在隔离区内，以防本作物的其他品种或品系的花粉参与受精，造成生物学混杂。常用的隔离方法有空间隔离、时间隔离、自然屏障隔离和高秆作物隔离。

（1）空间隔离。要求在亲本繁殖和杂交制种区周围一定距离内，不种植非父本品种。玉米原种繁殖田、亲本繁殖田、杂交制种田的最小隔离要求分别为在原种、亲本、杂交制种田周围1 000 m、500 m、300 m范围内不得种植非父本品种。

（2）时间隔离。通过调节播种期，使制种田或亲本繁殖田的花期与周围同类作物的生产田花期错开，从而达到隔离目的。隔离时间的长短，主要由该作物花期长短决定。一般春播玉米播期错开35天以上。

（3）自然屏障隔离。利用山岭、村庄、房屋、成片树林等自然障碍物进行隔离。把制种区与非制种区隔开，防止其他品种的花粉飞入。

（4）高秆作物隔离。在制种区周围一定范围内种植高粱、麻类等高秆作物。具体要求：第一，高秆作物应提前播种20天以上，以保证制种田花期到来时有足够的高度；第二，高秆作物隔离带应有一定宽度。

3. 调节播期，确保花期相遇

为了获得足够的杂交种子，必须保证父母本花期相遇，正常受精结实，否则，就会严重影响制种产量甚至绝收，是杂交制种成败的关键。播种时应掌握父本、母本的生长特性，适期播种，保证花期相遇。不同种作物父母本花期相遇的指标不一，例如玉米母本吐丝，父本散粉。确定制种田父母本播期应掌握“宁可母等父，不可父等母”的原则，若父、母本花期相同或母本比父本早花2～3天，父母本可同期播种；若母本开花过早，或父本开花过早，则应通过先播晚花亲本来调节花期，确定播期应考虑双亲的生物学特性、外界环境条件、生产条件与管理技术等可能影响的因素，事先做好调整分期播种相隔的时间，应以双亲花期相差的天数为基础，根据实际情况和以往经验来确定。如果把握不大，可把父本分两期播种，保证制种的正常化。

确定播种差期的方法有叶龄法、生育期法、有效积温法、镜检法等多种，它们的准确度大小依次为：叶龄法＞有效积温法＞生育期法＞镜检法。

4. 确定父母本行比

父母本行比是制种田中父本行与母本行的比例关系。行比大小决定母本占制种田面积的比例大小和结实率，进而影响制种产量。确定行比的原则是：在保证父本花粉充足供应的前提下，尽量增加母本的行数，以获得尽可能多的杂交种子。在确定具体行比时，应根据制种作物种类、不同组合、组合中父本的株高、花粉量及花期长短等因素灵活掌握。

5. 去杂去劣

去杂就是以亲本的性状标准鉴别、拔除杂株。目的在于保证亲本纯度和杂种种子质量。为提高制种的质量，在亲本繁殖区严格去杂的基础上，对制种区内的父母本要认真、及时、从严、彻底地去杂去劣。不论是父本行杂株还是母本行杂株都应一律除掉。去杂时间应在苗期、拔节期、抽雄开花前期和收获时四次进行，重点在苗期和花前期。

6. 人工去雄和人工辅助授粉

（1）及时去雄。母本的人工去雄是玉米杂交制种工作中繁重又关键的措施，要求在母本雄穗散粉之前将母本雄穗及时、干净、彻底地拔除。所谓及时，就是指母本雄穗抽出散粉之前拔除；所谓彻底，就是全田母本雄穗一个不留、一株不漏；所谓干净指拔除母本的整个雄穗，雄穗上无残留分枝。从母本开始抽雄，应天天下地检查、去雄，做到一天一遍甚至两遍，直至最后只剩约5%的植株雄穗尚未抽出时，一次拔完，以免遗漏和拖延去雄时间。

（2）人工辅助授粉。人工辅助授粉是提高父本花粉利用率、母本结实率及制种产量的重要措施，一般可增产10%以上。尤其是在花期不能良好相遇，父本严重缺苗或因气候反常等造成花粉不足时，辅助授粉效果更好，进行人工辅助授粉时要考虑父本散粉的高峰期、花粉的生活力和雌蕊柱头接受花粉的能力，人工授粉时间一般在上午9—11

时，无露水和散粉盛时进行，可以进行多次（2～3 次）授粉。玉米还可以通过剪花丝或剪苞叶方法帮助授粉。

7. 分收分藏

成熟的制种田应及时收获，防止雨淋烂穗、发芽或籽粒散落地里。收获时，不同组配的杂交品种应分别收获、运输、晾晒、脱粒、储存，严防人为混杂，影响种子质量。对于不能鉴别的已落地的株、穗不能作为种子收获，按杂穗处理。

8. 制种玉米的测产方法

制种玉米测产，从面积上分为某一区域某一品种组合的测产和单家独户的测产，准确度上分为预估产和精准测产，从取样方式上分为田间测产、收获测产和收获后测产。

（1）田间测产

1）单家独户的测产。根据面积确定取样点，面积为 0.3～2 hm^2 的地块测产，采取 5 点取样；面积为 2～6 hm^2 的地块测产，采取 9 点取样；面积为 6～20 hm^2 的地块测产，采取 16 点取样。

①精确测产。若生长均匀、产量水平一致，应进入地块至少 30 m，选点实收 4 行 5 m的果穗，结合多点取样测产，每点取 10 穗，在实产与样点测产平均值差异小于 5%时，则两者平均计算产量。

②准确预估产。多点取样测产，每点 4 行连续各连续取 10 穗，计算产量。

③粗预估产。多点取样测产，每点随机取 3～5 穗，计算产量。

2）某一品种组合的测产

①精确测产。与单家独户的测产相同。

②准确预估产。与单家独户的测产相同。

3）粗预估产

①取点测产或实收测产，必须及时称取全部穗重，并随机取 3～5 个穗样，每个样品 20 穗，脱粒后计算出湿籽粒重和出籽率，计算出样点的湿籽粒产量和全田湿重产量。

②籽粒含水量测定要严格。而将（4 项）样品湿籽粒或实收面积随机分为 5 个各 1 kg的籽粒份，用快速烘干法或国家认定并经校正的种子水分测定仪测定。按国家规定允许含水量 13%计算出实际产量。

③计算。根据面积中母本行实际比例，折算产量。

（2）收获测产。记录每家准确收获仓数，随机取样 10 穗，含水量以 30%～35%计，计算出某品种的母本行果穗出籽率，计算每仓收获种子重量，可以得出较准确的单产。

（3）收获后测产。在晾晒扒皮后，每一品种，随机取样 20 穗，分别晾干或快速烘干，计算出单穗粒重，根据田间实际保苗数记录及农户管理水平分别进行行比，给出评价系数，得出估计产量。

9. 质量检查

为保证生产上能播种高质量的杂种种子，必须在亲本繁殖和制种过程中，定期进行质量检查。播前主要检查亲本种子的数量、纯度、种子含水量、发芽率是否符合标准；隔离区是否安全；安排的父母本播期是否适当；繁殖、制种的计划是否配套等。去雄前后主要检查田间去杂是否彻底，父母本花期是否相遇良好；去雄是否干净、彻底。收获后主要检查种子的质量，尤其是纯度及储藏条件等。纯度检查近年来发展了利用酶多态性、蛋白质标记和DNA分子标记进行鉴定的方法。

三、玉米质量检查

1. 玉米质量检查的内容

自交系良种生产质量检查和玉米杂交种生产质量检查的内容基本相同。玉米种子质量检验是保证种子质量的关键，特别是把种子作为商品流通后，种子检验工作就显得更为重要，所有种子的生产、加工、销售全部过程的质量，都须通过对种子进行检验确定。

种子检验的内容包括纯度、净度、发芽率和水分。这四项指标为种子质量分级的主要标准，是种子收购、种子贸易和经营分级定价的依据。玉米制种的质量检测重点检测品种纯度和发芽势。

2. 种子检验的方法、步骤和程序

种子检验分为田间检验和室内检验两部分。田间检验是在玉米制种生育期间，在采种田的田间取样分析鉴定，主要包括检验种子真实度和品种纯度，病虫感染率，杂草与异玉米制种混杂程度和生育情况。以品种纯度为主要检验项目。

（1）种子田间检验。品种纯度田间检验是三大检验的重中之重。种子质量的高低主要是在田间生产过程中形成的，做好制种田间检验对于确保种子质量显得格外重要。要想做好田间检验，要做到以下几点：

1）田间档案。包括土地档案、种植史档案。

2）安全隔离。无论是空间隔离、时间隔离还是障碍物隔离，一定要控制外来花粉干扰，防止生物学混杂。

3）去杂去劣管理记录，合格证把握的宽严。去杂去劣一般分苗期、花期和成熟期三期进行，拔节期是关键。苗期检验性状为幼苗叶色、叶鞘颜色、叶型，花期为株高、茎秆粗细、叶片形状、叶片数及上冲程度、花药色、花丝色、雄穗护颖颜色及主轴长度、分枝多少等，成熟期为穗位高低、双穗率、穗型、穗轴颜色、粒型、粒色、果穗苞叶长度等。

4）母本去雄质量检查。在对基本情况了解的前提下，要正确划分检验区和设点取样。一个检验区的最大面积为33.3 hm^2；0.7 hm^2 以下5点取样，0.7～6.7 hm^2 为8

点取样，6.7～13.3 hm^2 为11点取样，13.3～33.3 hm^2 为15点取样。每点最株数不低于200株。取样点分布方式因地块形状和大小可选择棋盘式、梅花式、方格式等，但取样点距地块边缘必须在5 m以上。

（2）室内检验。检验是在种子收获脱粒以后，到现场或仓库直至销售播种前抽取样品进行检验。在种子脱粒、储存运输和播种前，由于种种原因都有可能使种子品质发生变化。因此，必须定期对种子品质进行全面检验。检验内容包括种子真实度、品种纯度、净度、发芽力、生活力、千粒重、含水量、病虫害等。种子入库前，要重点检验种子含水量、种子真实度。种子调运、播种前，重点检查发芽力等。

种子检验的主要步骤可分为取样、检验和签证。签证为质检员的工作，农户不参与，所以此处不作介绍。

1）取样。按一定规则和手续从大量的种子（或材料）中插取小部分有代表性的样品作为检验品质之用。根据种植面积、晒场占地面积或种子量，确定取样样点数量。取样分为晒场取样和定量包装后的扦样。

①晒场取样。根据种植户所占晒场面积，分别在晒场上的5个、9个、16个不同样点采取样本，并根据样点数量获得样品数量，每户至少1 kg。

②定量包装后的扦样。周转袋码垛后，根据种植户种植面积或种子量，分别在码垛中扦取5个、9个、16个不同周转袋的样本，每户至少1 kg。

2）检验。采用科学方法、必要的仪器和药品对种子各项品质进行分析鉴定，力求获得正确的检验结果。种子检验是指按照规定的种子检验程序，确定给定玉米制种种子的一个或多个质量特性进行处理或提供服务所组成的技术操作，并与规定要求进行比较的活动。开展种子检验工作是为了在播种前评定种子质量。其最终目的就是选用高质量的种子播种，充分发挥栽培品种的丰产特性，确保农业生产安全。种子检验包括净度分析、水分测定、发芽试验。

种子市场的竞争导致代繁商对种子发芽势有特别的追求。发芽试验的目的是测定某一批种子的田间最低发芽潜力。目前要求种子发芽率在95%以上。

种子纯度室内检验还包括同功酶电泳法、玉米醇溶蛋白等电聚焦电泳法、玉米醇溶蛋白高压液相色谱法、玉米蛋白质聚丙烯酰胺凝胶电泳法。

单元测试题

一、填空题

1. 品种混杂是指品种里混有（　　），造成品种纯度降低的现象。

2. 种子繁殖的倍数称为（　　），是产量为播种量的倍数。

3. （　　）是指选择光、热条件可以满足作物生长、发育所需要的某些地区，进行冬繁或夏繁加代。

4. 我国目前玉米亲本及杂交种子生产采用 4 级繁育程序，即（　　）、（　　）、（　　）、（　　）。

5. 母本的人工去雄是玉米杂交制种工作中繁重又关键的措施，要求在母本雄穗散粉之前将母本雄穗（　　）、（　　）、（　　）地拔除。

6. 玉米属于异花授粉作物，天然异交率在（　　）%以上。

7. 玉米的遗传由（　　）对染色体控制。

8. 玉米制种地四周（　　）m 以内不能种植其他玉米制种品种。

9. 玉米制种播种一般在表土下 5～10 cm 处温度稳定在（　　）就可以进行。

二、单项选择题

1. 选用（　　）玉米自交系作亲本，是育成高产玉米杂交种的前提。

A. 高配合力　　B. 株型紧凑　　C. 花期协调　　D. 抗逆性强

2. 生产用杂交种指各种直接用于生产的（　　）。

A. 玉米原种　　B. 玉米良种

C. 杂交玉米一代种子　　D. 玉米自交系

3. 确定播种差期的方法有叶龄法、生育期法、有效积温法、镜检法等多种，其中（　　）的准确度最高。

A. 生育期法　　B. 有效积温法　　C. 镜检法　　D. 叶龄法

4. 玉米杂交制种田的最小隔离要求在杂交制种田周围（　　）m 范围内不得种植非父本品种及品种组合。

A. 300　　B. 500　　C. 800　　D. 1 000

5. 人工辅助授粉是提高玉米制种产量的重要措施，一般在父本散粉高峰期的上午（　　）时进行。

A. 7—8　　B. 9—11　　C. 11—12　　D. 12—13

6. 自交系原种繁殖需求空间隔离在（　　）m 以上。

A. 1 000　　B. 200　　C. 3 000　　D. 100

三、多项选择题

1. 关于良种繁殖要求空间隔离不正确的是（　　）。

A. 500 m 以上　　B. 200 m 以上　　C. 50 m 以上　　D. 100 m 以上

E. 30 m 以上

2. 机械混杂发生在（　　）过程中。

A. 运输　　B. 晾晒　　C. 脱粒　　D. 去雄

E. 化学控制

四、判断题

1. 品种混杂表现为原有种性变劣，优良性状部分或全部丧失，生活力和产量下降，品质变劣，以致降低或丧失原品种在生产上的利用价值。 （ ）

2. 提高繁殖系数是生产良种的重要内容，其主要途径是节约单位面积的播种量，提高单位面积产量。 （ ）

3. 自交系原种是直接用于配制生产用杂交种的自交系种子。 （ ）

4. 玉米原种繁殖田、亲本繁殖田、杂交制种田的最小隔离要求分别为在原种、亲本、杂交制种田周围 1 000 m、500 m、300 m 范围内不得种植非父本品种。 （ ）

5. 确定行比的原则是在保证父本花粉充足供应前提下，尽量增加母本的行数，以获得尽可能多的杂交种子。 （ ）

6. 生物学混杂是外来花粉造成玉米自交系的人为或天然杂交。 （ ）

7. 良种繁殖田要求 2 000 m 以内禁止放蜂。 （ ）

8. 玉米自交系是单株玉米经过连续多代自交和选择，最后产生的一个基因型相对纯合、性状整齐一致的单株后代群体。 （ ）

9. 玉米自交系的人为或天然杂交，导致生物学混杂。 （ ）

五、简答题

1. 品种混杂退化的含义是什么？品种混杂退化的原因及防止措施有哪些？
2. 如何提高玉米制种亲本的繁殖系数？
3. 我国玉米杂交种子繁育程序包括哪些？
4. 玉米生产用杂交种生产环节主要包括哪些？
5. 什么是种子检验？
6. 种子纯度室内检验有哪几种方法？
7. 如何进行种子田间检验？
8. 良种繁育的主要任务是什么？
9. 防止品种混杂退化的措施有哪些？
10. 玉米自交系的特点是什么？
11. 什么是机械混杂？
12. 玉米制种质量下降的主要因素是什么？
13. 防止玉米制种质量下降的措施有哪些？

单元测试题答案

一、填空题

1. 非本品种的个体　2. 繁殖系数　3. 加代繁殖

4. 育种家种子　自交系原种　自交系良种　生产用杂交种

5. 及时　干净　彻底　　6. 95　　7. 10　　8. 300～500　　9. 10～12℃

二、单项选择题

1. A　　2. C　　3. D　　4. A　　5. B　　6. C

三、多项选择题

1. BCDE　　2. DE

四、判断题

1. ×　　2. √　　3. ×　　4. √　　5. √　　6. √　　7. √　　8. √　　9. √

五、简答题

答案略。

第10单元

玉米制种植物保护知识

第一节　农业植物病虫害防治基本方针和原则

→ 掌握植物病虫草害防治的基本方针和原则

一、植物病虫草害防治的基本方针和原则

方针和原则是“预防为主、综合防治”的植保方针；强调“综合防治”，就是从农业生产的整体出发考虑问题。

1. 综合防治的特点

（1）全局观。综合防治是从农业生产全局和农业生态系的总体出发，以预防为主，充分利用各种手段，创造不利于病虫草害发生，而有利于玉米制种及有益生物生长繁殖的环境条件。既要考虑每项措施的效果，也要考虑到以后可能引发的后果，是多种防治措施的合理运用。

（2）综合观（或辩证观点）。综合防治建立在单项防治措施的基础上，但“综合”不等于各种措施的“大混合”，而是因地、因时、因病虫害制宜地综合运用各种必要措施，协调起来，取长补短。

（3）经济、安全观点。综合防治考虑经济、安全、有效的原则。每项措施是为了防治病虫草害，确保高产、高效益，节省劳力，降低成本，保障人、畜、玉米制种、有益生物的安全，减少对环境的污染及其他副作用。

2. 植物病虫害防治措施提出的原则

（1）非侵染性病害。非侵染性病害是由不良环境条件影响引起的，因此，防治措施提出的原则是消除不良环境条件，或增强植物对环境条件的抵抗能力。

（2）植物侵染性病害。这是植物在一定环境条件下受病原物侵染而发生的，所以，防治措施提出的原则必须从寄主、病原和环境条件三方面考虑。培育和选用抗病品种，或提高植物对病害的抵抗力；防止新的病原物传入，对已有的病原物或消灭其越冬来源，或切断其传播途径，或防止其侵入和感染；通过栽培管理创造一个有利于植物生长发育而不利于病原物生长发育的环境条件。

（3）虫害防治措施提出的原则。防止外来新害虫的侵入，对本地害虫或压低虫源基数，或采取有效措施控制害虫于严重危害之前；培育和种植抗虫品种，调节植物生育期躲避害虫危害盛期；改善农田生态系，恶化害虫的生活环境。

二、植物病虫草害防治方法

植物病虫草害防治的五大方法是植物检疫、农业防治、生物防治、物理机械防治和化学防治。

1. 植物检疫是由国家颁布具有法律效力的植物检疫法规，并建立专门机构开展工作，对植物及其产品的运输、贸易进行管理和控制。

2. 农业防治是在有利于农业生产的前提下，通过耕作栽培制度，选用抗（耐）性品种，加强保健栽培管理及改造自然环境等来抑制或减轻病虫害的发生。

3. 生物防治是利用某些生物或生物的代谢产物来达到控制虫害或病害的目的。生物防治主要包括以虫治虫、以菌治虫、其他有益生物的利用、拮抗作用、交叉保护和信息化学物质的利用等。

4. 物理机械防治是应用各种物理因子如声、光、电、色、温度、湿度及机械设备来防治病虫害的方法。

5. 化学防治是用化学药剂的毒性来防治病虫害，以保持园林花木的正常生长，许多重要病虫害如能及时合理地用药，常可得到有效控制。化学防治还有收效快的特点。当一些病虫害即将大发生或已经大发生时，及时采取化学防治常可使病虫的蔓延得到及时的控制。另外化学防治的适应范围比较广，受地区性和季节性影响较小，不同类型的地区和不同季节往往都可使用。但是，长期大量使用农药也带来一些不良后果，主要表现在对环境的污染、对天敌有伤害、易引起病虫害的抗药性。

第二节 植物病害的症状与类型

→ 了解植物病害的症状
→ 掌握植物病害类型

一、植物病害的定义

植物由于受到病原生物或不良环境条件的持续干扰，其干扰强度超过了能够忍耐的程度，使植物正常的生理功能受到严重影响，在生理上和外观上表现出异常，这种偏离了正常状态的植物就是发生了病害。

二、植物病害的症状

1. 症状的概念

（1）病状。感病的植物本身所表现的不正常状态。主要有变色、坏死、萎蔫、畸形等。

（2）病症。病原生物在植物受害部位所形成的特征性结构，如霉状物、粉状物、点状物、脓状物等。

症状是有病植物外部可见的病状和病征的统称。植物生病后，有一定的病理变化程序。无论是侵染性病害或非侵染性病害，首先在植物体内发生一系列在外部观察不到的生理生化的变化，继而细胞和组织开始发生病变，并出现肉眼可见到的变化，这就是病状。有些侵染性病害，主要是真菌和细菌病害，不仅表现出病状，在病变部位还能见到引起植物生病的病原物，它们依附在病植物体上，例如，病植物上的霜霉、白粉、黑粉、菌核、菌脓以及寄生在植物上的寄生性种子植物等。这些致病生物出现在病变部分即称病征。所以，植物病害的症状应该包括病征和病状两部分。但是，植物受病毒、菌原体、类细菌和线虫等危害后，只能看到植物本身的病状，这些病害习惯上也统称为症状。

人们对病害的认识和研究，都首先从症状开始，症状有一定的变化幅度，常因品种抗性、环境条件以及发病时期（或后期）的不同而有变化，因此观察病害症状应连续观察它在不同时期和不同条件下的表现。

2. 症状类型

（1）病状的类型

1）变色。植物受到外来有害因素的影响后，常导致色泽的改变，如褪色、条点、白化、色泽变深或变浅等，统称为变色。主要表现如下：

①褪绿或黄化。褪绿和黄化是由于叶绿素的减少而叶片表现为浅绿色或黄色，如小麦黄矮病，植物的缺铁、缺氮等。

②花叶与斑驳。如烟草花叶病、菜豆花叶病、黄瓜花叶病等。

③变红色或紫色。如玉米或谷子红叶病、植物缺铁等症。

2）坏死。坏死是由于受病植物组织和细胞的死亡而引起的。

①斑点。根、茎、叶、花、果实的病部局部组织或细胞坏死，产生各种形状、大小和颜色不同的斑点，如玉米大、小斑病，十字花科蔬菜黑斑病。

②枯死。芽、叶、枝、花局部或大部分组织发生变色、焦枯、死亡。如马铃薯晚疫病、水稻白叶枯病。

③穿孔和落叶落果。在病斑外围的组织形成离层，使病斑从健康组织中脱落下来，

形成穿孔，如桃细菌性穿孔病等；有些植物的花、叶、果等受病后，在叶柄或果梗附近产生离层而引起过早的落叶、落果等。

④疮痂。果实、嫩茎、块茎等受病组织局部木栓化，表面粗糙，病部较浅，如柑橘疮痂病、梨黑星病、马铃薯疮痂病等。

⑤溃疡。病部深入到皮层，组织坏死或腐烂，病部面积大，稍凹陷，周围的寄生细胞有时增生和木栓化，多见于木本植物枝干上的溃疡症状。如杨树溃疡病、橡胶树条溃疡病、柑橘溃疡病、番茄溃疡病等。

⑥猝倒和立枯。大多发生在各种植物的苗期，幼苗的茎基或根冠组织坏死，地上部萎蔫以致死亡，如棉花苗期立枯病、瓜苗猝倒病、水稻烂秧病等。

3）萎蔫。引起植物萎蔫的原因有生理性的和病理性的两种。如棉花枯萎病、棉花黄萎病、瓜类枯萎病、茄科植物青枯病等。用小刀或刀片斜切番茄青枯病和棉枯萎病株的茎基部，注意维管束部分有无变褐色，根部有无变色。如有变色可以确定为病理性萎蔫。

4）腐烂。腐烂是较大面积植物组织的分解和破坏的表现，根据症状及失水快慢又分为干腐和湿腐。如玉米干腐病、苹果腐烂病、甘薯茎线虫病都是干腐的症状，湿腐如大白菜软腐病、甘薯根霉软腐病、柑橘贮藏期青霉病、苹果果实的轮纹病等。流胶也是腐烂的一种，桃树等木本植物受病菌为害后，内部组织坏死并腐烂分解，从病部向外流出黏胶状物质，如桃树流胶病。

5）畸形。由于病组织或细胞的生长受阻或过度增生而造成的形态异常。植物病害的畸形症状很多，常见的有以下几种：

①徒长。如水稻恶苗病。

②矮化。包括矮缩和丛生。矮化是植株各个器官的长度成比例变短或缩小，病株比健株矮小得多，如玉米矮化病。矮缩则主要是节间缩短茎叶簇生在一起，如水稻矮缩病、小麦黄矮病等。丛生是枝条或根异常增多，导致丛枝或丛根，如枣疯病、桑萎缩病、泡桐丛枝病、苹果发根病和小麦丛矮病等。

③瘤肿。病部的细胞或组织因受病原物的刺激而增生或增大，呈现出瘤肿，如玉米瘤黑粉病、桃根癌病、番茄根结线虫病等 。

④卷叶。叶片卷曲、皱缩，有时病叶变厚、变硬，严重时呈卷筒状，如马铃薯卷叶病和蚕豆黄化卷叶病。

⑤蕨叶。叶片发育不良，叶片变成丝状、线状或蕨叶状，如番茄蕨叶病、辣椒蕨叶病。双子叶植物受 2，4－D 的药害也常变成蕨叶状。

⑥变叶。正常的花器变成叶片状结构，使植物不能正常开花结实，如玉米霜霉病。

（2）病征的类型。病征是指在植物病部形成的，肉眼可见的病原物的结构。识别各种不同类型的病征，对诊断病害很有帮助。

细菌病害的病征较简单，通常是在病部出现液滴状或颗粒状菌脓。但真菌病害的病征较复杂，依其形态不同，可区分为多种类型。大致分为霉状物、粉状物、锈状物，小黑粒和小黑点、块状物、伞状物等，并常以这些特征来命名这些病害。有些类型的病征可根据其他特征进一步区分，如粉状物可根据其色泽不同，分为白粉、黑粉等。

1）菌脓。这是细菌特有的特征性结构。在病部溢出含有很多细菌和胶质物的液滴，称为菌脓或菌胶团，如小麦细菌性条斑病、玉米细菌性茎基腐病。

2）霉状物。感病部位产生的各种霉层，其色彩、质地和结构等变化较大，会产生霜霉、绵霉、绿霉、青霉、灰霉、黑霉、红霉等。如瓜类绵腐病、马铃薯晚疫病、十字花科蔬菜霜霉病、甘薯软腐病、柑橘青霉病、洋葱灰霉病等均会产生各种霉层。

3）粉状物。病原真菌在植物受害部位形成黑色、白色、铁锈色的粉状物，如小麦白粉病、瓜类白粉病、苹果白粉病、小麦散黑粉病、玉米瘤黑粉病、水稻粒黑粉病。

4）锈状物。病部外表形成一堆堆的小疱状物，破裂后散出白色或铁锈色的粉状物，如小麦锈病、十字花科蔬菜白锈病。

5）粒状物。病部产生的大小、形状及着生情况差别很大的颗粒状物，有的是针尖大小的黑色小粒，不易与组织分别，为真菌的分生孢子器或子囊壳；有的是形状、大小、色彩不同的颗粒，为真菌菌核。如小麦白粉病、苹果树腐烂病、棉花轮纹病、菜豆斑点病。

（3）综合征。在同一寄主植物上一种病害可能表现出几种症状类型，这几种症状同时表现或先后接连表现出来，称为综合征。例如，大豆花叶病毒病可以有变色，花叶、顶芽坏死和畸形等几种类型的症状在同一植株上出现。水稻白叶枯病可以有叶枯、枯心、黄斑和菌脓等多种症状在同一植株上出现。掌握这些症状特征对于正确诊断病害是十分重要的。

（4）复合症。由两种或两种以上的病原物（或害虫）同时侵染一株植物时所表现的复合症状，如小麦蜜穗病、大豆顶枯花叶病等。

3. 植物病害的类型

（1）侵染性病害。植物侵染性病害的病原物（或称病原体）有病毒、细菌、真菌、寄生性种子植物和线虫等，其中关系最大的是真菌病害和病毒病害。

1）病毒。病毒是一类体积极其微小，在普通光学显微镜下看不见的非细胞形态的寄生物。到目前为止，全世界已知有 1 100 多种植物上有病毒病。在 19 世纪下半期，就知道动、植物的传染病中有一类在当时无法分离培养的病原物，因其个体可滤过最细的滤边器，故称为过滤性病毒，并证实了患病毒植物的汁液具有传染性。自从有了电子显微镜以后，对于病毒的形态才有了进一步的认识。植物病毒的形态可分为六角形、球形、杆状及纤维状等。病毒比细菌小得多。一般以毫微米为单位。病毒不是一个细胞体而是微粒，称为病毒粒子，在不良条件下可以成为无生命现象的结晶体。经分析证明病毒的结构是由核酸和包在外面的蛋白质外壳所组成的核蛋白，植物病毒的核酸绝大部分是核糖核酸。

病毒病害主要是通过蚜虫、飞虱、叶蝉等昆虫传播、病株汁液接触传播，自然传播如风、雨、人为活动、工具等，带毒植物的调运传播更为重要。

2）细菌。细菌属于最小的单细胞微生物，肉眼看不见，在显微镜下放大五六百倍才可见到。形态有球状、杆状和螺旋状三类。目前已发现的植物病原细菌达300余种。危害园林植物是杆状细菌。细菌是繁殖裂殖，即一分为二、二分为四。有的细菌能危害一种或一属的植物，有的可能危害同一科不同属的植物，还有的可危害许多种类不同的植物，如根癌细菌可以使50多种植物发病。

病原细菌通常是在病株上或随病株残体落在土中越冬，第二年借助雨以及带菌种苗、接穗、插条的运输而传播，以植物的自然孔口和伤口等处侵入危害。

3）真菌。真菌是一种很小的微生物，种类繁多，分布极广，形态复杂，无叶绿素，不能自营生活，其营养体为丝状，称为菌丝体，以孢子繁殖，其中一部分寄生在植物体上，而成为植物的病原体。真菌性病害是植物病害中最多最重要的一类，真菌和细菌虽然都是低等生物，但真菌是较进化而构造复杂的微生物，已知植物病真菌种类多达40 000种。

病原真菌的传播和入侵途径通常是以有性孢子或菌核、菌索、厚桓孢子甚至菌丝体和分生孢子在病株及其残体上或土壤中越冬，第二年借风、雨、昆虫、土壤以及人为活动等因素而传播。

4）寄生性种子植物。现在已知的种子植物中有一千多种具有寄生的能力，其中主要危害植物的是菟丝子、桑寄生和槲寄生等。菟丝子属于旋花科菟丝子属，是一种攀绕生长的草本植物，叶子退化为鳞片，不能营光合作用，必须营寄生生活。在我国发生的大多数是中国菟丝子和日本菟丝子，菟丝子是我国检疫对象。

5）线虫。线虫在自然界分布很广，被寄生的植物很多，是重要的植物病原。植物病原线虫属于线形动物门、线虫纲，以卵生方式进行繁殖，危害植物的线虫口腔中有一个特殊的刺针状口器，在植物中生活时可用以破坏细胞。

（2）非侵染性病害。非侵染性病害是由不适宜的物理、化学等非生物环境因素直接或间接引起的，又称生理性病害。因不能传染，也称非传染性病害。有些非侵染性病害也称植物的伤害。植物对不利环境条件有一定适应能力，但不利环境条件持续时间过久或超过植物的适应范围时就会对植物的生理活动造成严重干扰和破坏，导致病害，甚至死亡。

引起非侵染性病害的环境因素如下：

1）土壤缺素和元素中毒。土壤中的供应不足时，可使植物出现不同程度的褪绿，而有些元素过多时又可引起中毒。氮是植物和蛋白质的基本元素之一。植物缺氮时植株矮小、叶色淡绿或黄绿，随后转为黄褐并逐渐干枯。氮过剩时，植物叶色深绿，营养体徒长成熟延迟；过剩氮素与碳水化合物作用形成多量蛋白质，而细胞壁成分中的纤维素、木质素则形成较少，以致细胞质丰富而细胞壁薄弱，这样就降低了植株抵抗不良环境的能力，易受病虫侵害。长期使用铵盐作为氮肥时，过多的铵离子会对植物造成毒害。磷是细胞中核酸、磷脂和一些酶的主要成分。缺磷时，植株体内积累硝态氮，蛋白质合成受阻，新的细胞核和细胞质形成较少，影响细胞分裂，导致植株幼芽和根部生长缓慢，植株矮小。钾是细胞中许多成分进行化学反应时的触媒。缺钾时，叶缘、叶尖先出现黄色或棕色斑点，逐渐向内蔓延，碳水化合物的合成因而减弱，纤维素和木质素含量因而降低，导致植物茎秆柔弱易倒伏，降低抗旱性和抗寒性，还能使叶片失水、蛋白质解体、叶绿素遭受破坏，叶色变黄，逐渐坏死。镁是叶绿素的组成部分，也参与许多酶的作用，缺镁现象主要发生在降雨多的沙土中，受害株的叶片、叶尖、叶缘和叶脉间褪绿，但叶脉仍保持正常绿色。钙能控制细胞膜的渗透作用，同果胶质形成盐类，并参与一些酶的活动，缺钙的最初症状是叶片呈浅绿色，随后在顶端幼龄叶片上呈破碎状，严重时顶芽死亡。铁在植物体内处于许多重要氧化还原酶的催化中心位置，是过氧化氢酶和过氧化物酶的成分之一，固氮酶的金属成分，也是叶绿素生物合成过程不可缺少的元素，缺铁导致碳、氮代谢的紊乱，干扰能量代谢，并会导致叶色褪绿。此外，在缺钼、缺锌、缺锰、缺硼和锰中毒等条件下植物也会发生非侵染性病害。在必需元素中，有的是可再利用的元素，如氮、磷、钾、镁、锌等缺乏时，首先在下部老叶上表现褪绿症状，而嫩叶则能暂时从老叶中转运得到补充；有的是不能再利用的元素，如钙、硼、锰、铁、硫等缺乏时就首先在幼叶上表现褪绿，因老叶中的这类元素不能转运到幼叶中。

2）多盐毒害（又称碱害）。土壤中盐分，特别是易溶的盐类，如氯化钠、碳酸钠和硫酸钠等过多时对植物的伤害即多盐毒害其症状是植株萌芽受阻和减缓，幼株生长纤细并呈病态、叶片褪绿，不能达到开花和结果的成熟状态。

3）水分失调。如旱害可使木本植物的叶子黄化、红化或产生其他色变，随后落叶。受旱害植物的叶间组织出现坏死褐色斑块，叶尖和叶缘变为干枯或火灼状，当植物因干旱而永久萎蔫时，就出现不可逆的生理生化变化，最后导致植株死亡。涝害的症状是叶子黄化、植株生长柔嫩，根和块茎及有些草本茎有胀裂现象，有时也可使器官脱落。

4）温度失调。植物在高温下常出现受阻，叶绿素破坏，叶片上出现死斑，叶色变褐、变黄，未老先衰以及配子异常，花序或子房脱落等异常生理现象。在干热地带，植物和干热地表接触可造成茎基热溃疡。高温还可造成氧失调，如由土壤高温高湿引起的缺氧，可使植物根系腐烂和地上部分萎蔫；肉质蔬菜或果实则常因高温而呼吸加速。低温对玉米制种的伤害可分为冷害和冻害两种。冷害的常见症状是色变、坏死或表面出现斑点；木本植物则出现芽枯、顶枯，自顶部向下发生枯萎、破皮、流胶和落叶等现象，如低温的作用时间不长，伤害过程是可逆的。冻害的症状是受害部位的嫩茎或幼叶出现水渍状病斑，后转褐色而组织死亡；也有的整株成片变黑，干枯死亡；还可造成乔木、灌木的“黑心”和霜裂、多年生植物的营养枝死亡，以及芽和树皮的死亡等。

5）光照失调。缺少光照时，植物常发生黄化和徒长，叶绿素减少，细胞伸长而枝条纤细等现象，阳性植物尤为显著。强光下则可使阴性植物叶片发生黄褐色或银灰色的斑纹。急剧改变玉米制种的光照强度，易引起暂时落叶。

6）药害。化学药剂如使用不当，对玉米制种或会产生药害。

①急性药害。一般在喷药后2～5天出现，其症状表现为叶面或叶柄茎部出现烧伤斑点或条纹，叶子变黄、变形、凋萎、脱落。多因施用一些无机农药，如砷素制剂和少数有机农药等所致。

②慢性药害。施药后症状并不很快出现，有的甚至1～2个月后才有表现。可影响植物的正常生长发育，造成枝叶不繁茂、生长缓慢，叶片逐渐变黄或脱落，叶片扭曲、畸形，着花减少，延迟结实，果实变小，籽粒不饱满或种子发芽不整齐、发芽率低等。多因施用量、浓度和施用时间不当所致。拌种用的砷、铜和汞剂侵入土壤后可破坏土壤中的有益微生物或毒杀蚯蚓，造成土壤中元素的不平衡和的改变，也可使植物生长不良或茎叶失绿。但不同的玉米制种或果树品种对农药的抵抗能力有差别，植物体内的生理状况、植物叶片的酸碱度和植物所处的不同生育阶段也可影响其对农药的敏感程度。

7）环境污染。工业废气、废水，土壤被污染后的有毒物质能直接或通过污染土壤、水源而危害植物。其受害程度和症状表现因植物的抗性和年龄、发育状况，以及形态构造等而异。导致非侵染性病害的有毒物质如下：

①二氧化硫。这是目前主要的大气污染物。它首先破坏植物栅栏细胞的叶绿体，然后破坏海绵组织的细胞结构，造成细胞萎缩和解体。受害玉米制种初始症状有的从微失膨压到开始萎蔫；也有的出现暗绿色的水渍状斑点，进一步发展成为坏死斑。急性中毒伤害时呈现不规则形的脉间坏死斑，伤斑的形状呈点、块或条状，伤害严重时扩展成片。嫩叶最敏感，老叶的抗性较强。

②氟化物。对一些与金属离子有关的酶具有抑制作用，因而能干扰植物的代谢。氟化物和钙结合成不溶性物质时可引起植物缺钙。常见症状是叶尖和叶缘出现红棕色斑块或条痕，叶脉也呈红棕色，最后受害部分组织坏死、破碎、凋落。植物对氟化物的敏感性因种类和品种不同而有很大差别。在低水平氮和钙的条件下，坏死现象较少发生；在缺钾、镁或磷时，则影响特别严重。

③氧化氮和臭氧。受害植物的一般症状表现为老叶由黄变白色或黄淡色条斑，扩展成为坏死斑点或斑块。伤害累积可导致未熟老化或强迫成熟。臭氧被植物吸收后可改变细胞和亚细胞的透性，氧化与酶活力有关的硫氢基（— SH）或拟脂及其他化学成分，干扰电解质和营养平衡，使细胞因而解体死亡。

④硝酸过氧化乙酰。其与一氧化氮、二氧化氮、臭氧等的混合物在光或紫外线的照射下形成的光化学烟雾，可使植物光合作用减弱而呼吸作用增强。症状为叶背气室周围海绵细胞或下表皮细胞原生质被破坏而形成半透明状或白色的气囊，叶子背面逐渐转为银灰色或古铜色，而表面却无受害症状；对谷类和玉米制种的伤害则表现为叶片表面出现坏死带。

⑤氯气。对植物的叶肉细胞有很大的杀伤力，能很快破坏叶绿素，产生褪色伤斑，严重时全叶漂白、枯卷甚至脱落。受伤组织与健康组织之间无明显界线，同一叶片上常相间分布不同程度的失绿、黄化伤斑。

⑥氨气。在高浓度氨气影响下，植物叶片会发生急性伤害，使叶肉组织崩溃，叶绿素解体，造成脉间点、块状褐黑色伤斑，有时沿叶脉两侧产生条状伤斑，并向脉间浸润扩展，伤斑与正常组织间有明显界线。

⑦乙烯。低浓度乙烯是植物激素，但浓度太高会抑制生长，毒害玉米制种。

第三节　农业昆虫基本知识

→ 了解昆虫发生特点
→ 掌握昆虫的特征
→ 了解昆虫的外部特征

一、昆虫与人类的关系

昆虫纲的种类和个体数量，都是其他动物类群所远不可比拟的，而且昆虫的分布也十分广泛，其中有很多种类与人类生活、生产有着极为密切的关系。

1. 昆虫发生的主要特点

（1）种类最多。昆虫纲所含种类居动物界之首，是节肢动物门乃至动物界中最大的一个纲。目前全世界已知动物种类有150多万种，其中昆虫就有100多万种（已定名的约82.5万种），占动物种类的2/3以上。而植物的已知种类（包括细菌在内）仅为33.5万种，只有昆虫种类的1/3左右。实际上要知道昆虫的确切种类数量是很困难的，因为昆虫的新种还在不断地被发现，估计全世界每年发表新种在1万种以上，例如，据统计，1931年记载鳞翅目昆虫仅为8万种，到1934年增至10万种，到1942年已达到14万种。因此有人估计，栖息在地球上的昆虫种类可能约有200万种。

（2）群体数量最大。昆虫不仅种类多，而且同一种群中的个体数量之多也是十分惊人的。有人统计，1个蚂蚁的群体可多达50余万个体；蚜虫大发生时，1棵植株甚至1张叶片上的蚜虫个体多得难以计数；我国历史上蝗灾频发，飞蝗迁飞时遮天蔽日；苏联曾有过草地螟暴发时，幼虫堆积于铁道，阻碍火车运行的报道；白蚁婚飞和蜉蝣群飞时，密集成群；夏秋黄昏时节，人们常常陷入蚊群的包围中。上述人们所习见的景象，足以说明昆虫的个体数量之多。

（3）分布范围最广。昆虫的分布范围之广，也是没有任何一种其他动物类群可以比拟的，其足迹几乎遍及整个地球。从赤道到两极，从海洋、河流、湖泊到沙漠，从高山之巅到深层土壤，从户外到户内，地球上所有角落几乎都有昆虫栖息。昆虫不仅可以生活在地面上和土壤中、植物表面和植物体内、动植物尸体和排泄物等一切有机物质中，而且还能寄生在人和动物体内。总之，自然界中几乎没有无昆虫的空间。

2. 昆虫成为动物界最繁荣类群的原因

昆虫之所以能够发展成为动物界中种类数量最多、群体数量最大、分布范围最广的自然动物类群，是其在历史进化过程中，长期自然选择的结果。归纳起来，可从以下几个角度分析。

（1）昆虫是无脊椎动物中唯一有翅的类群。绝大多数昆虫的成虫阶段都生有2对翅，善于飞行，因而为其觅食、求偶、逃避敌害和扩大分布等，带来了莫大的方便。

（2）身体相对较小。昆虫的体躯一般比其他动物类群小，因而只需少量食物便可满足其生长发育和繁殖。如1张棉花叶片可同时供上千头蚜虫生活，1粒米可满足几头米象生存。另外，也正因为体小，食物又成为其隐蔽场所，有利于昆虫的保湿和避敌。

（3）繁殖力强。昆虫大多具有惊人的繁殖能力，加之体小发育速度快，两种因素使其产生了极高的繁殖率。例如，大多数鳞翅目昆虫平均单雌产卵可达数百粒至数千粒，一年可完成多代；蚜虫一般5～7天即可发育1代，一年可完成20～30代。因而在环境恶劣、天敌众多的条件下，即使自然死亡率高达90%以上，也能保持一定的种群数量水平。

（4）历史悠久，适应性强。根据对化石昆虫的研究，昆虫在地球上的历史至少已经有3.5亿年，而人类的出现，距今只不过100万年。所以，在人类出现以前，昆虫就与其栖息环境中的一切动植物建立了悠久的历史关系。而人类出现以后，为了获得生活资料，要改造自然，特别是栽培玉米制种，又为某些昆虫提供了丰富的食物资源。昆虫的适应性，主要表现在习性的进化和某些器官的分化上，如口器类型由咀嚼式向吸收式演化，食性也由取食固体食物向取食液体食物演变，不仅扩大了食物范围，而且协调了同寄主的矛盾，改善了与寄主的关系，即在一般情况下，寄主不会因失去部分汁液而死亡，反过来再影响昆虫的生存。昆虫有惊人的适应能力，是构成其种的多样性和量的繁荣昌盛的生态基础，如在火山爆发、地震、海啸、洪水或由于人类活动所引起的灾难过后，最先重新定居下来的也总是昆虫。

3. 昆虫与人类的关系

昆虫与人类的关系是十分复杂的，构成这种复杂关系的主要原因之一是昆虫食性的异常广泛。据估计，昆虫中有48.2%的种类是植食性的；有28%是捕食性的，捕食其他昆虫；有2.4%是寄生性的，寄生在其他动物体外和体内；有17.3%是腐生性的，取食腐败的生物有机体。这个估计大致上划分出了昆虫"益"与"害"的轮廓，但这只不过是个自然现象，而人类的益害观是从对人的经济利益的观点出发的，因而要复杂得多。

（1）昆虫的有害方面。直接危及人类健康或对人类的经济利益造成危害的昆虫，通称为害虫。昆虫对人类的危害主要表现在农、医两个方面。

1）农业害虫。在人类栽培利用的植物中几乎没有一种不遭受害虫危害的。多数玉米制种在生长发育过程中，常同时受多种害虫危害，造成的经济损失也是十分惊人的。据资料记载，重要的农业害虫计有1万种左右，我国的水稻和棉花害虫均为300多种，小麦害虫有120多种，苹果害虫有300多种，贮粮害虫有110多种。我国南方稻区的稻螟和北方棉区的棉蚜、棉铃虫常年发生，轻害年份平均损失率在5%左右，重害年份高达30%以上，特大暴发年份若防治失利，甚至造成毁产绝收。果树、蔬菜等因虫害造成的损失，平均在15%～20%。据估计，全世界每年约有20%的农产品为害虫所毁掉。某些食叶性害虫能吃光树木叶片，蛀干性害虫能蛀死树木，是造林和绿化的大敌。我国南方白蚁侵害建筑物、桥梁、枕木、家具，甚至堤防，危害之大，众所周知。据陈家祥教授统计，我国自公元前707年至公元1935年共发生蝗灾796次，平均每隔3年发生1次。我国1944年发生大蝗灾，作物受害面积达330万 hm^2，仅打死蝗虫就达917.5万多kg，其中蝗卵5万多kg。蝗虫发生的数量和危害的程度令人震惊，古书中也有详细记载，如《汉书》中的"夏蝗从东方来，飞蔽天……草木尽"，《唐书》中的"秋蝗，自山而东，际于海，晦天蔽野，草木叶皆尽"，明郭敦诗中的"飞蝗蔽空日五色，野老田中泪垂血，牵衣顿足捕不能，大枝全空小枝折……"等，都是记述当时蝗灾的真实写照。

昆虫还是某些植物病害的传播媒介。如蚜虫能传播烟草、白菜等花叶病毒病，叶蝉传播水稻病毒病和枣疯病等，稻飞虱类传播小麦丛矮病等多种禾谷类玉米制种病毒病。这类传毒昆虫传播玉米制种病害所造成的间接危害，往往大于其直接危害。因此，在生产上及时消灭媒介昆虫，就成了防治许多植物病害的主要措施。

2）卫生害虫。有些昆虫能直接侵害人体，危及人类健康，有些还能传染疾病，甚至引起人员死亡。据统计，人类的传染病有2/3是以昆虫为媒介的。如蚤、蚊、蝇、虱、臭虫等，不但直接吸取人体血液，扰乱人的安宁，而且还能传播多种疾病。跳蚤可传播鼠疫。据记载，14世纪鼠疫在欧洲大流行，死亡2500多万人，约占当时欧洲人口的1/4。清朝时期，鼠疫在我国东北地区流行，也曾造成50多万人死亡。蚊子可传播疟疾，目前非洲每年仍有1亿人患疟疾，有近百万儿童死于疟疾。另外，如斑疹伤寒、脑膜炎、黄热病、菌痢等，也多是由卫生害虫传播的。另据报道，在南美洲有一种蜜蜂以蜂毒伤人，巴西20年来因此已死亡近200人，1974年扩延至邻近各国，每年扩移200～300 km，近年来成为美洲大陆人类的重要敌害。

不少昆虫，如蚊、蚤、羽虱、牛虻、刺蝇等是畜禽的外寄生虫，吸血食毛，传播畜禽疾病。如马的脑炎、鸡的回归热、牛马的锥虫病和焦虫病等，都以昆虫或蜱类为传病媒介。也有的昆虫为内寄生虫，如寄生于马胃的马胃蝇幼虫、寄生于牛背部皮下的牛皮蝇等。

（2）昆虫的有益方面。有些昆虫能够直接造福于人类，有的则是间接对人类有利的，这些昆虫通称为益虫。昆虫对人类的益处也表现在很多方面。

1）资源昆虫。昆虫可为人类生产大量的生活资料，如家蚕和柞蚕等吐的丝，白蜡虫分泌的白蜡，紫胶虫分泌的紫胶，五倍子蚜产生的五倍子，从胭脂虫中提取的洋红等，都是重要的天然工业原料。

2）传粉昆虫。据统计，约有85%的显花植物属于虫媒植物，自花授粉和借风传粉的各约占5%和10%。蜂类、蝇类、蛾类、蝶类和某些甲虫等，多以植物的花蜜和花粉为食物，它们经常出没于花丛中，能起到为玉米制种传授花粉的作用，从而可以提高玉米制种的结实率和产量。有人估计，蜜蜂因授粉为人类创造的财富，远比生产蜂蜜和蜂蜡大得多。

3）天敌昆虫。在自然界中有很多捕食性和寄生性昆虫，它们多以其他小型动物（其中主要是害虫）为食物，被称为天敌昆虫。如瓢虫类、草蛉类、食蚜蝇类和捕食性蜂类等，都能大量捕食害虫和害螨；赤眼蜂、茧蜂、姬蜂等寄生蜂类，能把卵产于多种害虫的卵、幼虫或蛹体内，以害虫体内的营养物质为食物，最后把害虫杀死。在自然状态下，天敌昆虫控制害虫的作用是不可低估的，人类应当更好的研究利用这一生物防治手段。

4）药用昆虫。很多昆虫或其产品，是名贵的营养补品或中药材。在公元前一二世纪的著作《神农本草经》中列有昆虫21种，李时珍的《本草纲目》中增加到73种，后来在赵学敏的《本草纲目拾遗》中又补充了11种。如蜂蜜、王浆既可作为上等补品，又可做矫味剂和制丸药用；从芫菁科昆虫体内提取的芫菁素，可作为外科上的发泡剂，内服还可利尿及刺激性器官；鳞翅目幼虫被一种真菌寄生后生成的子实体——冬虫夏草，有保肺益肾、化痰止咳的功效；蝉蜕可用来退热；白僵蚕可治中风失音；螳螂卵块可治遗尿遗精；地鳖可治跌打损伤；五倍子可做收敛剂等。药用昆虫早已成为我国中医药宝库中的重要组成部分。

5）腐生昆虫。一些昆虫以动植物尸体、残骸或排泄物为食料，称为腐食性或粪食性昆虫，它们可以帮助人类清洁环境，是为地球上最大的“清洁工”。如蜣螂喜食畜类粪便，在畜牧业发达的国家和地区，对清洁牧场的作用很大；取食腐烂物质的昆虫和一些土壤昆虫，可与微生物配合，促进腐殖质的形成，改善土壤物理性状，有助于提高土壤肥力。

6）食用昆虫。昆虫富含蛋白质，营养价值极高，早在古代，就曾在人类食谱中占有重要地位。公元前12世纪，就有食用蝉、蜂（幼虫和蛹）及蚁卵的记载，并且作为帝王和贵族的珍贵食品。迄今，蝉、蝗虫、蚕蛹、蚁、龙虱等，仍然是我国某些地区的美味食品，有的还通过人工养殖正在进一步开发。

此外，昆虫还可作为遗传学、仿生学等科学研究的材料。如通过对果蝇唾腺巨型细胞的巨大染色体的研究，遗传学得以迅速发展；蜻蜓、蜉蝣可作为指示昆虫，用来检测水质污染的程度；家蝇可作为农药生物测定的重要材料；某些水生昆虫的流线型体型、蜻蜓的翅型、昆虫复眼的构造等，是轮船、汽车、飞机、照相机等机械设计与制造的仿生材料。

综上所述，昆虫对人类的益与害是多方面的。对害虫加以控制和消灭，对益虫加以保护和利用，兴利除害，造福人类，是学习和研究昆虫学的根本目的和任务。

二、昆虫纲的基本特征

昆虫纲（Insecta）是动物界（Kingdom animal）、节肢动物门（Arthropoda）中的一个纲，故其与节肢动物既有共性，又有不同之处。

1. 节肢动物门的特征

（1）体躯由一系列体节组成。

（2）整个体躯被有一层含几丁质的外骨骼。

（3）多数体节上生有成对的分节附肢。

（4）体腔即为血腔，循环器官——背血管位于消化道的背面，以大动脉开口于头腔内，开管式血液循环。

（5）中枢神经系统由一系列成对的神经节组成，脑位于头内消化道的背面，腹神经索位于消化道的腹面。

2. 昆虫纲的特征

体躯的若干环节明显地分段集中，构成头部、胸部、腹部3个体段。

头部具有1对触角、口器，通常还具有复眼和单眼，是昆虫感觉和取食的中心。

胸部由3个体节组成，生有3对足，一般还有2对翅，是昆虫运动的中心。

腹部通常由9～11个体节组成，内含大部分内脏和生殖系统，腹末多数具有转化成外生殖器的附肢，是昆虫生殖和代谢的中心。

昆虫在生长发育过程中，通常要经过一系列内部及外部形态的变化（变态）才能变成性成熟的个体。

昆虫纲的特征是区分昆虫与其他动物的依据，如图10—1所示。

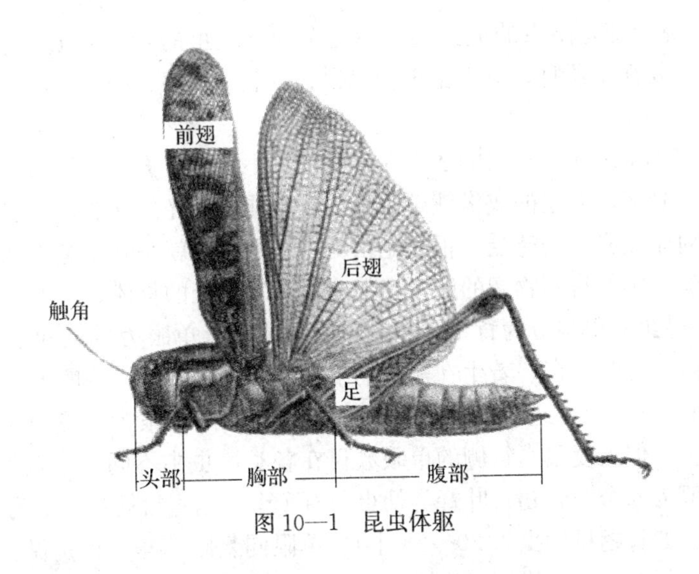

图 10—1　昆虫体躯

三、昆虫体躯的外部形态

昆虫的种类繁多，外部形态千变万化，昆虫的种类不同，形态构造和生理功能也有差别。昆虫这些形形色色的变化，都是它们长期以来为了适应生活环境而发展变化来的。

要认识昆虫，正是要从这些千变万化中找出它们规律性的东西来，其中很重要的就是要了解昆虫一般体躯构造及其生理功能，以此作为辨别昆虫种类和确定防治对象的重要依据，这也是学习昆虫需要掌握的最基本的知识。

1. 昆虫的头部

昆虫的头部是昆虫身体的最前体段，以膜质的颈与胸部相连，它是由几个体节合并而成的一个整体，不再分节。头壳坚硬，上面生有口器、触角和眼。因此头部是昆虫感觉和取食的中心。

(1) 头部的构造与分区。坚硬的头壳多呈半球形、圆形或椭圆形。在头壳形成过程中，由于体壁的内陷，表面形成许多沟缝，因此将头壳分成若干区。这些沟、区在各类昆虫中变化很大，每一小区都有一定的位置和名称，是昆虫分类的重要依据。

(2) 昆虫的头式（或口式）。依照口器在头部的着生位置和所指方向，可以将昆虫头部分为三种形式。下口式，如蝗虫、黏虫等；前口式，如步行虫、天牛幼虫等；后口式，如蝽象、蝉等。

不同的头式反映了不同的取食方式，这是昆虫适应生活环境的结果。在昆虫分类上经常要用到头式。

(3) 昆虫的眼。昆虫的眼有两类：复眼和单眼。

1）复眼。完全变态昆虫的成虫期、不完全变态昆虫的若虫和成虫期都具有复眼。复眼是昆虫的主要视觉器官，对于昆虫的取食、觅偶、群集、归巢、避敌等都起着重要的作用。

复眼由许多小眼组成。小眼的数目在各类昆虫中变化很大，可以有2～28 000个不等。小眼的数目越多，复眼的成像就越清晰。复眼能感受光的强弱，一定的颜色和不同的光波，特别对于短光波的感受，很多昆虫更为强烈。这就是利用黑光灯诱虫效果好的道理。复眼还有一定的辨别物像的能力，但只能辨别近处的物体。

2）单眼。昆虫的单眼分为背单眼和侧单眼两类。背单眼为成虫和不全变态类的幼虫所具有，一般与复眼并存，着生在额区的上方即两复眼之间。一般为3个，排成倒三角形，有的只有1～2个，还有的没有单眼，如盲蝽。侧单眼为全变态类幼虫所具有，着生于头部两侧，但无复眼。每侧的单眼数目在各类昆虫中不同，一般为1～7个（如鳞翅目幼虫一般为6个，膜翅目叶蜂类幼虫只有1个，鞘翅目幼虫一般为2～6个），多的可达几十个（如长翅目幼虫为20～28个）。单眼同复眼一样，也是昆虫的视觉器官，但只能感受光的强弱，不能辨别物像。

3）昆虫的视力和趋光性。昆虫是比较近视的。蝶类只能辨别1～1.5 m距离的物体，家蝇的视距为0.4～0.7 m，蜻蜓的视距为1.5～2 m。

许多夜间出来活动的昆虫，对于灯光有趋向的习性，称为趋光性。相反，有些昆虫习惯于在黑暗处活动，一旦暴露在光照下，立即寻找阴暗处潜藏起来，这是避光性或负趋光性。了解了昆虫的趋光和避光的习性，就可以诱杀害虫。众所周知，波长在365 nm左右，属紫外光波的黑光灯，对许多昆虫具有强大的诱集力。这种光波在人眼看来是较暗的，但对许多昆虫却是一种最明亮的光线。

（4）昆虫的触角

1）触角的构造和功能。昆虫绝大多数种类都有一对触角，着生在额区两侧，基部在一个膜质的触角窝内。它由柄节、梗节和鞭节三部分组成。柄节是连在头部触角窝里的一节，第二节是梗节，一般比较细小，梗节以后称鞭节，通常是由许多亚节组成。鞭节的亚节数目和形状，随昆虫种类的不同而变化很大，在昆虫分类上是常用的特征，可以分为不同的种类，有的还可以区别雌雄。

触角是昆虫的重要感觉器官，上面生有许多感觉器和嗅觉器（可以算是昆虫的“鼻子”），有的还具有触觉和听觉的功能。昆虫主要用它来寻找食物和配偶。一般近距离起着接触感觉作用，决定是否停留或取食；远距离起嗅觉作用，能闻到食源气味或异性分泌的性激素气味，借此可找到所需的食物或配偶。如菜粉蝶凭着芥子油的气味找到十字花科植物；许多蛾类的雌虫分泌的性外激素，能引诱数里外的雄虫飞来交尾。

有些昆虫的触角还有其他功能，如雄蚊触角的梗节能听到雌蚊飞翔时所发出的音波而找到雌蚊；雄芫菁的触角在交尾时能抱握雌体；水生的仰泳蝽的触角能保持身体平衡；莹蚊的触角能捕食小虫；水龟虫的触角能吸收空气等。

2）触角的类型。昆虫触角的形状因昆虫的种类和雌雄不同而多种多样。常见的有刚毛状、丝状（线状）、念珠状、锯齿状、栉齿状、羽毛状、膝状、具芒状、环毛状、球杆状或棒状、锤状、鳃片状、鞭状等类型，如图 10—2 所示。

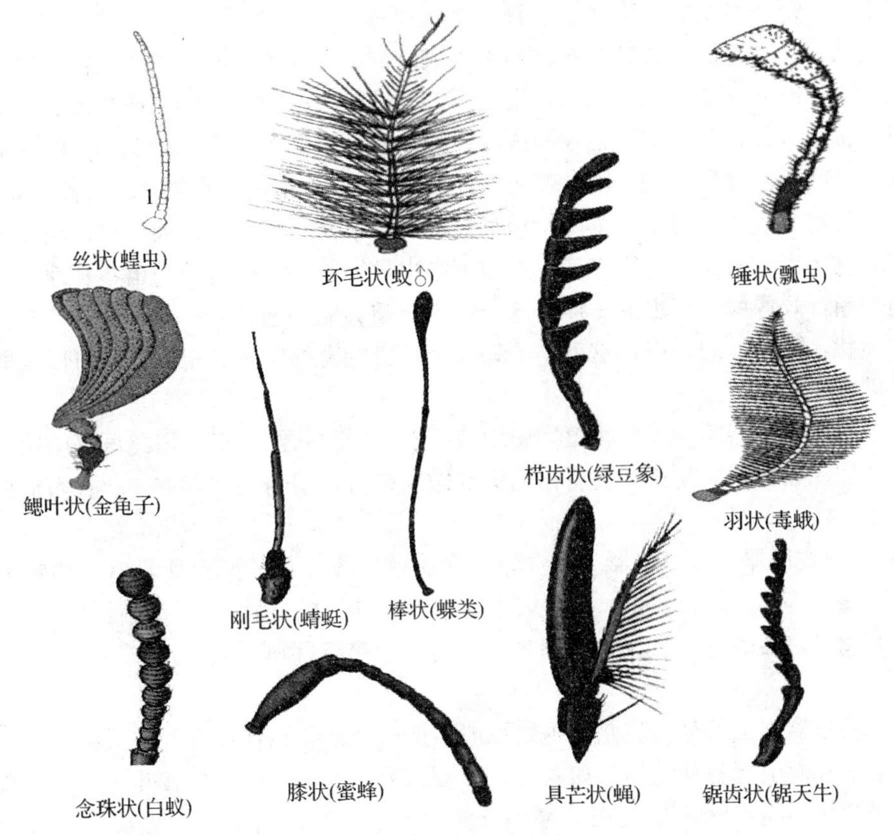

图 10—2　昆虫的触角

总之，昆虫种类不同，触角形式也不一样，昆虫触角常是昆虫分类的常用特征。例如，具有鳃片状触角的，几乎都是金龟甲类；凡是具芒状的都是蝇类。此外，触角着生的位置、分节数目、长度比例、触角上感觉器的形状数目及排列方式等，也常用于蚜虫、蜂的种类鉴定。

利用昆虫的触角，还可区分害虫的雌雄，这在害虫的预测预报和防治策略上很有用处。例如小地老虎雄蛾的触角是羽毛状，而雌蛾则是丝状；雄性绿豆象触角为栉齿状，雌性绿豆象触角为锯齿状。如果诱虫灯下诱到的害虫多是雌虫尚未达到产卵的程度，那么及时预报诱杀成虫就可减少产卵危害，这常用于测报上分析虫情。

（5）昆虫的口器。昆虫的口器是昆虫取食的器官。由于各类昆虫的食性不同，取食方式不一样，口器的构造也发生了相应的变化，形成各种类型的口器，但这些类型都由最原始的咀嚼式口器演化而来。

1）咀嚼式口器。这类口器为取食固体食物的昆虫所具有，如蝗虫、甲虫等。基本构造由五部分组成：上唇、上颚、下颚、下唇和舌。

咀嚼式口器害虫的危害状是：把植物咬成缺刻、穿孔或将叶肉吃去仅留下网状的叶脉，甚至全部吃光，如蝗虫、黏虫、毛毛虫等；钻蛀茎秆或果实的造成孔洞和隧道，如玉米螟、食心虫等；为害幼苗常咬断根茎，如蛴螬、蝼蛄等；有的还能钻入叶片上下表皮之间蛀食叶肉，如潜叶蝇、潜叶蛾等；还有吐丝卷叶在里面咬食的，如各种卷叶虫。总之，具有这类口器的害虫，都能给植物造成机械损伤，危害性很大。可以根据不同危害状来鉴别害虫的种类和危害方式，如地下害虫危害幼苗，被害的幼苗茎秆地下部分被整齐地切断，好像剪刀剪去的一样，这一定是蛴螬类危害的结果；如果被害处为像乱麻一样的须状，无明显的切口，这就是蝼蛄或金针虫危害的结果。根据这些可以采取相应的防治措施。

由于咀嚼式口器的害虫是将植物组织切碎嚼烂后吞入消化道，因此可以应用胃毒剂来毒杀它们，如将药剂喷布在食料植物上或做成诱饵，使药剂和食物一起吞入消化道而杀死害虫。

2）刺吸式口器。这类口器为取食动植物体内液体食物的昆虫所具有，如蚜虫、叶蝉、蚊、臭虫等。这类口器的特点是具有刺进寄主体内的针状构造和吸食汁液的管状构造。具有刺吸口器的昆虫主要有半翅目、同翅目、缨翅目和双翅目的一部分成虫（如蚊类）。

刺吸式口器害虫的危害状是：植物一般不造成破损，只在危害部位形成斑点，并随着植物的生长而引起各种畸形，如卷叶、虫瘿、肿瘤等，也有形成破叶的（如绿盲蝽刺吸葡萄嫩叶后，随着叶片长大在被害部分就裂开了，形成所谓的“破疯叶”）。此外，刺吸式口器的害虫往往是植物病毒病害的重要传播者，它们的危害性有时更大。

根据刺吸式口器造成的不同危害状，也可以用来作为田间鉴别害虫的依据。

由于刺吸式口器的害虫是将植物的汁液吸入消化道，因此可以应用内吸性杀虫剂来防治这类害虫。

3）虹吸式口器。这类口器为鳞翅目成虫（蝶类和蛾类）所特有。具这类口器的昆虫，除部分吸果夜蛾能危害近成熟的果实外，一般不能造成危害。

4）舐吸式口器。蝇类的口器是舐吸式口器。它的特点是取食时即由唇瓣舐吸物体表面的汁液或吐出唾液湿润食物，然后加以舐吸。这类口器的昆虫都无穿刺破坏能力，但其幼虫是蛆，它有一对口钩却能钩烂植物组织吸取汁液。

5）锉吸式口器。蓟马的口器是锉吸式口器。被害植物常出现不规则的变色斑点、畸形或叶片皱缩卷曲等被害状，同时有利于病菌的入侵。

2. 昆虫的胸部

昆虫的胸部是昆虫身体的第二个体段，它由颈膜和头部连接。胸部由三个体节组成，依次称为前胸、中胸和后胸。每个胸节的侧下方均有一对分节的胸足，依次称为前足、中足和后足。在大多数种类中，中胸和后胸的背侧各有一对翅，分别称为前翅和后翅，因此中胸和后胸也被称为具翅胸节。由于胸部有足和翅，而足和翅又是昆虫的主要运动器官，所以胸部是昆虫的运动中心。

(1) 胸部的基本构造。胸部要支撑足和翅的运动，承受足、翅的强大动力，故胸节体壁通常高度骨化，形成四面骨板：在上面的称为背板，在腹面的称为腹板，在两侧的称为侧板。这些骨板上还有内陷的沟，里面形成内脊，供肌肉着生。胸部的肌肉也特别发达。

胸部各节发达程度与足翅发达程度有关。如蝼蛄、螳螂的前足很发达，所以前胸比中胸、后胸发达；蝗虫、蟋蟀的后足善跳跃，因此后胸也发达；蝇类、蚊类的前翅发达，所以它们的中胸特别发达。

三个胸节连接很紧密，特别是两个具翅胸节。胸部通常有两对气门（体内气管系统在体壁上的开口构造），位于节间或前节的后部。

(2) 胸足的构造及其类型

1) 胸足的构造。胸足是胸部的附肢，着生于侧板和腹板之间。成虫的胸足，一般分为 6 节，由基部向端部依次称为基节、转节、腿节、胫节、跗节和前跗节，如图 10—3 所示。除前跗节外，各节大致都呈管状，节间由膜相连接，是各节活动的部位。

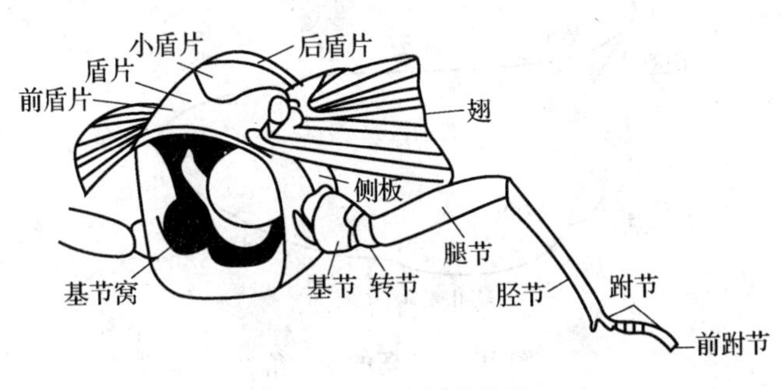

图 10—3　胸足的构造

2) 胸足的类型。昆虫胸足的原始功能为行动器官，由于适应不同的生活环境和生活方式的结果，特化成许多不同的形态和功能。常见的有以下类型：步行足、跳跃足、捕捉足、开掘足、游泳足、抱握足、携粉足等，如图 10—4 所示。

(3) 翅。昆虫是无脊椎动物中唯一有翅的动物，昆虫纲除少数种类外，绝大多数到成虫期都有两对翅，翅是昆虫的飞翔器官。翅对昆虫的分布、传播、觅食、求配、避敌

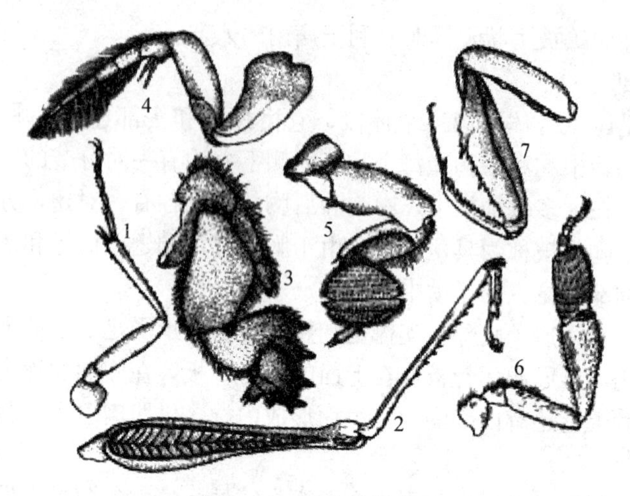

图 10—4　昆虫足的类型

1—步行足　2—跳跃足　3—开掘足　4—游泳足　5—抱握足

6—携粉足　7—捕捉足

等生命活动及进化有重大的意义。

1）翅的基本构造。昆虫的翅常呈三角形，有 3 条边和 3 个角。翅展开时靠近前面的一边称为前缘，后面靠近虫体的 1 边称为内缘或后缘，其余 1 边称为外缘；前缘基部的角称为肩角，前缘与外缘间的角称为顶角，外缘与后缘间的角称为臀角；翅面还有一些褶线将翅面划分成 3～4 个区，如图 10—5 所示。

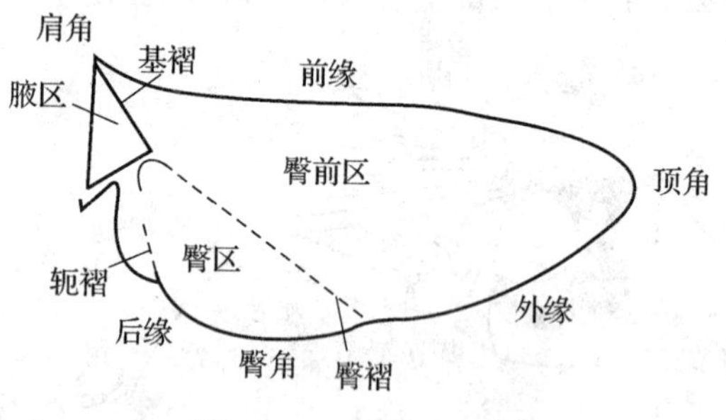

图 10—5　翅的缘、角

2）翅的类型。昆虫翅面分布的脉纹称为翅脉。翅脉在翅上的数目和分布形式称为脉序（脉相），如图 10—6 所示。不同类群的昆虫脉序有一定的差异，而同类昆虫的脉序又相对稳定和相似。所以，脉序是研究昆虫分类和系统发育的依据。为了便于比较研究，人们对现代昆虫和古代化石昆虫的翅脉加以分析比较、归纳、概括出假想模式脉相，作为鉴别昆虫脉序的科学标准。

按翅的形状、质地和被覆物，可将昆虫的翅分为膜翅、复翅、鞘翅、半鞘翅、鳞

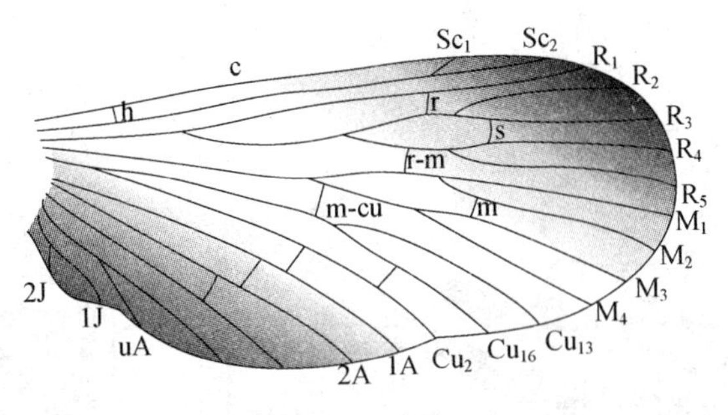

图 10—6 翅脉

翅、缨翅、平衡棒等。

有些种类只有一对翅，后翅特化成平衡棒（如双翅目成虫和雄蚧等），用于飞行时维持身体平衡。有些种类翅退化或完全无翅；有些无翅的只限于一性，如枣尺蠖雌成虫、雌蚧等无翅；有些只限于种的一些型，如白蚁、蚂蚁的工蚁和兵蚁都无翅；有些则只限于一个时期或一些世代，如在植物生长季危害的若干代的无翅蚜等。此外，还有些种类有短翅型和长翅型之分，如稻褐飞虱等。

3. 昆虫的腹部

昆虫的腹部是昆虫身体的第三个体段，前端与胸部紧密相接，后端有肛门和外生殖器等。腹部内包有大部分内脏和生殖器官，所以腹部是昆虫新陈代谢和生殖的中心。

（1）腹部的构造。腹部一般由 9～11 节组成，除末端几节外，一般无附肢。构造比较简单，只有背板和腹板，两侧为侧膜，而无侧板。腹部的节间膜发达，即腹节可以互相套叠，伸缩弯曲，以利于交配产卵等活动。

（2）外生殖器。外生殖器是交配和产卵的器官。昆虫腹部的末端着生外生殖器，雌性的外生殖器称为产卵器，雄性的外生殖器称为交配器。

1）雌性外生殖器（产卵器）。产卵器一般为管状构造，着生于第 8、9 腹节上。产卵器包括：1 对腹产卵瓣，由第 8 节附肢形成；1 对内产卵瓣和 1 对背产卵瓣，均由第 9 腹节附肢形成。一般昆虫的产卵器由其中两对产卵瓣组成（另 1 对退化），如蝗虫的产卵器由背、腹产卵瓣组成，如图 10—7 所示；蝉类的产卵管由腹、内产卵瓣形成，可刺破树木枝条将卵产入林木组织，造成皮层破裂；蛾、蝶、甲虫等多种昆虫没有产卵瓣，只能将卵产在裸露处、裂缝处或凹陷处。根据产卵器的形状和构造，可以了解害虫的产卵方式和产卵习性，从而采取有针对性的防治措施。

2）雄性外生殖器（交配器）。其构造比产卵器复杂，常隐藏于体内，交配时伸出体外，主要包括将精子输入雌性体内的阳茎及交配时抱握雌体的抱握器，如图 10—8 所示。

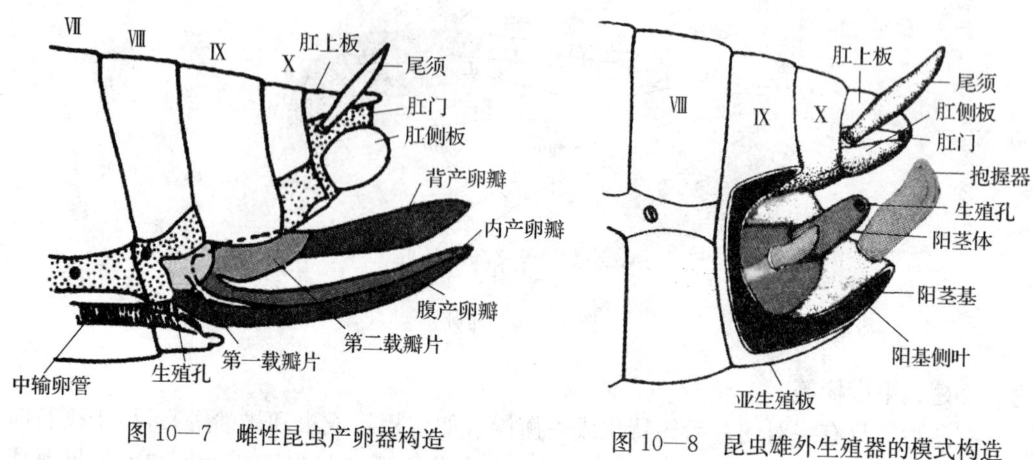

图 10—7　雌性昆虫产卵器构造

图 10—8　昆虫雄外生殖器的模式构造

（3）尾须。有些种类昆虫腹部的末端还着生 1 对尾须。尾须是由末腹节附肢演化而成的须状外突物，形状变化较大，有的不分节，呈短锥状，如蝗虫；有的细长多节呈丝状，如缨尾目、蜉蝣目；有的硬化成铗状，如革翅目。尾须上生有许多感觉毛，具有感觉作用。

4. 昆虫的体壁

前面介绍节肢动物门的特征时，说到节肢动物的最外面被一层外骨骼包住，即节肢动物的骨骼长在身体的外面，而肌肉却着生在骨骼的里面，这层外骨骼称为体壁。

（1）体壁的功能。昆虫体壁是昆虫体躯（包括附肢）最外层的组织，它的功能归纳起来主要有以下几点：

1）它构成昆虫身体外形，并供肌肉着生，起着高等动物的骨骼作用，因此有外骨骼之称。

2）它对昆虫起着保护作用：一方面防止体内水分过度蒸发，这点对陆生昆虫维持体内水分平衡是十分重要的；另一方面防止外来物的侵入，如病原微生物和杀虫剂等的侵入。这在施用杀虫剂时是必须十分注意的。

3）它上面有许多感觉器官，是昆虫接受刺激并产生反应的场所。

4）由它形成的各种皮细胞腺起着特殊的分泌作用。

5）它还可以起着一定的呼吸和排泄作用（在一些昆虫中主要靠体壁进行呼吸和排泄）。

（2）体壁的基本构造。体壁能起作用与其基本构造有关。

昆虫体壁是由胚胎发育时期的外胚层发育而形成的，它由三层组成。由里向外看，包括底膜、皮细胞层和表皮层。皮细胞层和表皮层是体壁的主要组成部分，皮细胞层是一层活细胞，而表皮层又是皮细胞层所分泌的，是非细胞性物质。体壁的保护作用和特性大都是由表皮层而形成的。

近来人工合成的杀虫剂，都是根据昆虫体壁特性而制造的。如有机磷杀虫剂、拟除虫菊酯类等，都对昆虫体壁具有强烈的亲和力，能很好地附着体壁，使药剂的毒效成分溶解蜡质，为药剂进入虫体打开通道，能很快杀死害虫。人工合成的灭幼脲类，也是根据体壁特性而制造的。这类药剂具有抗蜕皮激素的作用，当幼虫吃下这类药物后，体内几丁质的合成受到阻碍，不能生出新的表皮，因而使幼虫蜕不下表皮受阻而死。

(3) 体壁的衍生物。由于昆虫对不同生活条件的适应，在体壁上还发生一些特化现象，大致可以分成两类：一类是向外发生的外长物，如刚毛、毒毛、刺、鳞片等；另一类是向内发生的腺体，如唾腺、丝腺、蜡腺、毒腺、臭腺、胶腺、脱皮腺及性引诱腺等，这些腺体统称为皮细胞腺。

(4) 脱皮。昆虫的表皮既是非细胞性组织，而且外表皮又骨化变硬，所以不能随着虫体的长大而相应增大。因此，昆虫在生长时期（幼虫期）和变态时期（幼虫变蛹、蛹变成虫），就要形成新表皮和脱去旧表皮，这个过程称为脱皮。幼虫期的脱皮称为生长脱皮；伴随变态的脱皮称为变态脱皮。脱下的虫皮称为蜕。昆虫幼虫每脱皮一次，就增加一龄，犹如牲畜和人过一年长一岁。值得注意的是昆虫成虫不再脱皮（除极少数外）。成虫期是昆虫个体发育的最后一个阶段，除有性腺发育外，不再生长了。昆虫脱皮时旧表皮首先从头部蜕裂线处裂开，因为蜕裂线处无外表皮，在脱皮发生后期只剩下极薄的一层上表皮，在虫体伸张压力下，就很容易从此线裂开。昆虫脱皮后再逐渐形成外表皮和蜡质层、护蜡层等。

四、昆虫的体内器官系统与功能

昆虫内部器官按生理机能分为消化、排泄、循环、呼吸、神经和生殖六大系统，位于体壁包被的体腔内。体腔内充满血液，昆虫各种器官都浸浴在血液中。

1. 消化系统

(1) 消化系统的构造与功能。昆虫的消化系统，其主要器官是一条由口到肛门的消化道，以及同消化功能有关的腺体。消化道纵贯于围脏窦的中央，分为前肠、中肠和后肠三段。前肠开口于口器舌前的食窦；后肠开口于体躯末节的肛门。唾腺一般位于胸部（也有的扩展到腹部）腹面，开口于舌后的唾窦，分泌唾液，帮助消化食物。

昆虫除卵、蛹外，幼虫和绝大多数成虫都需要取食，以获得生命活动和繁殖后代所需的营养物质和能量。昆虫的消化道主要用于摄取、运送食物，消化食物和吸收营养物质，并经血液输送到各需能组织中去，将未经消化的食物残渣和代谢的排泄物从肛门排出体外。

(2) 消化系统与防治。昆虫消化食物，主要依赖消化液中的各种酶的作用，把糖、脂肪、蛋白质等水解为单糖、甘油脂肪酸和氨基酸等，才被肠壁所吸收。这种分解消化作用，必须在稳定的酸碱度下才能进行。各种昆虫中肠的酸碱度也不一样，如蛾蝶类幼虫多在pH值8.5～9.9，蝗虫为pH值5.8～6.9，甲虫为pH值6～6.5，蜜蜂为pH值5.6～6.3。同时昆虫肠液还有很强的缓冲作用，不因食物中的酸或碱而改变中肠的酸碱度。

了解昆虫的消化生理对于选用杀虫药剂具有一定的指导意义。杀虫药剂被害虫吃进肠内能否溶解和被中肠吸收，直接关系到杀虫效果。药剂在中肠的溶解度与中肠液的酸碱度关系很大。例如，酸性砷酸铝在碱性溶液中易溶解，对于中肠液是碱性的菜青虫毒效很好；反之，碱性砷酸钙易溶于酸性溶液中，对于中肠液是碱性的菜青虫则缺乏杀虫效力。同样杀螟杆菌的有毒成分伴孢晶体能够杀死菜青虫也是这个道理。

近年来研究的拒食剂，能破坏害虫的食欲和消化能力，使害虫不能继续取食，以致饥饿而死。如三氮苯类对蛾蝶类幼虫和甲虫类都有效，有机锡类，如毒菌锡、薯瘟锡等对棉卷叶虫、马铃薯甲虫、小菜蛾幼虫都有拒食作用。

2. 排泄系统

昆虫的排泄系统主要是马氏管。马氏管着生在消化道的中肠与后肠交界处，是一些浸溶在血液里的细长盲管，内与肠管相通。它的功能相当于高等动物的肾脏，能从血液中吸收各组织新陈代谢排出的废物，如酸性尿酸钠和酸性尿酸钾等。这些废物被吸入马氏管后便流入后肠，经过直肠时大部分的水分和无机盐被肠壁回收，以便保持体内水分的循环和利用，形成的尿酸便沉淀下来，随粪便一同排出体外。

3. 循环系统

（1）循环系统的构造与功能。昆虫是开管式（或开放式）循环的动物，也就是血液一部分在血管里流动，另一部分在体腔中循环，浸浴着内部器官。它的循环器官，只是在身体背面下方背血窦内有一条前端开口，后端封闭的背血管。

（2）循环系统与防治。杀虫剂对昆虫的血液循环是有影响的。烟碱能扰乱血液的正常进行，抑制心脏的扩张，最后停止搏动于收缩期。除虫菊素和氰酸气能降低昆虫血液循环的速率，以致停止搏动，有机磷杀虫剂具有抑制神经系统胆碱酯酶的作用，但在低浓度下，能加速心搏的速率和幅度；在较高的浓度下，则抑制心脏搏动，并停止于收缩期，使昆虫死亡。

4. 呼吸系统

（1）呼吸系统的构造与功能。昆虫呼吸系统的主要器官是气管及其在体壁上的开口机构——气门。

昆虫呼吸作用的特点是气体交换（吸收氧气，排出二氧化碳）直接通过气管系统进行。这是昆虫长期适应剧烈运动（如飞行等）的结果，也是与开管式循环系统相适应的一种高效率的呼吸方式。

（2）呼吸系统与害虫防治。既然昆虫的呼吸是吸入氧气，排出二氧化碳，那么当空气中有毒气时，毒气也就随着空气进入虫体，使其中毒而死，这就是使用熏蒸杀虫剂的基本原理。毒气进入虫体与气孔开闭情况关系密切，在一定温度范围内，温度越高，昆虫越活动，呼吸越增强，气门开放也越大，施用熏蒸杀虫剂效果就越好，这也就是在天气热、温度高时熏蒸害虫效果好的主要原因。此外，在空气中二氧化碳增多的情况下，也会迫使昆虫呼吸加强，引起气门开放。因此，在冷天气温低时，使用熏蒸剂防治害虫，除了提高仓内温度外，还可采用输送二氧化碳的办法，刺激害虫呼吸，促使气门开放，达到熏杀的目的。

昆虫的气门一般都是疏水性的，水湿不会侵入气门，但油类却极易进入。油乳剂的作用，除能直接穿透体壁外，大量是由气门进入虫体的。因此，油乳剂是杀虫剂较好而广泛应用的剂型。

此外，有些黏着展布剂，如肥皂水、面糊水等，可以机械地把气门堵塞，使昆虫窒息死亡。

5. 神经系统

（1）神经系统的构造与功能。昆虫通过神经系统一方面与周围环境取得联系，并对外界刺激作出迅速的反应；另一方面由神经分泌细胞与体内分泌系统取得联系，协调和支配各器官的生理代谢活动。这就是神经系统的两类重要功能，它们之间相互联系，相互制约。

（2）神经系统与害虫防治。关于神经系统的研究，使人们较深刻地理解昆虫的习性、行为及生命活动，对于防治害虫具有重要指导意义。目前使用的许多杀虫剂的杀虫机理，都是从神经系统方面考虑的，属于神经性毒剂。如有机磷杀虫剂的杀虫机理，就是破坏乙酰胆碱酯酶的分解作用，使昆虫受刺激后，在神经末梢处产生的乙酰胆碱不得分解，使神经传导一直处于过度兴奋和紊乱状态，破坏了正常的生理活动，直至麻痹衰竭失去知觉而死；也有的药剂作用机理为阻止乙酰胆碱的产生，使害虫瘫痪而亡，或药剂破坏神经原结构等。此外，昆虫的视觉、听觉、味觉、嗅觉、触觉以及各种趋性、习性、生理活动等，都受神经系统的控制，其过程都是很复杂的，可以用于害虫的防治。

6. 生殖系统

昆虫的生殖系统担负着繁衍后代、延续种族的任务。它与上述介绍的个体生命器官有所不同：当昆虫个体生命器官受到抑制或破坏时，个体便会死亡；而当个体生殖器官受到抑制或破坏时，虫体不会死亡，只是不能产生后代。这在害虫防治上具有实践意义。

昆虫雄性生殖器官包括睾丸、输精管、贮精囊、射精管和雄性附腺等。一对睾丸分别位于消化道的背侧面，它是产生精子的器官。

昆虫雌性生殖器官包括卵巢、输卵管、交尾囊、受精囊和雌性附腺等。

害虫不育防治法是近年发展起来的防治害虫的新技术，它是利用物理学的、化学的或生物的方法来达到害虫绝育的目的，从而控制害虫自然种群的数量。目前应用的有辐射不育法、化学不育法和遗传不育法，这些方法的共同点是抑制或破坏害虫的生殖系统（主要是对生殖细胞），使害虫不能产生精子或卵，或者产生不正常的精子或卵，或者产生不育的后代，或使后代畸形无生命力，或不雌也不雄。

在害虫的预测预报上，经常要解剖观察雌成虫的卵巢发育和抱卵情况，预测其产卵时期和幼虫孵化盛期，以便确定防治的有利时机。

7. 分泌系统

昆虫的分泌系统包括内分泌系统和外分泌系统两大类。内分泌系统分泌内激素到体内，经血液循环分布到体内有关部位，用以调节和控制昆虫的生长、发育、变态、滞育、交配、生殖、雌雄异形、个体多态以及一般生理代谢的作用。目前已经明确的主要有 3 种内激素：促前胸腺激素，主要由昆虫前脑侧区的神经分泌细胞产生，主要作用是激活前胸腺产生蜕皮激素；蜕皮激素，由昆虫前胸内的前胸腺产生，它有控制昆虫蜕皮与变态的功能；保幼激素，由咽喉两侧的咽侧体产生，它有维持幼虫特征、阻止变态发生的作用。若在昆虫幼虫期摄入保幼激素，则可引起幼虫期的延长，成为长不大的老幼虫而没有生命力趋向死亡，这在生产实践中有重要意义。

外分泌系统分泌外激素（又称信息激素）到体外，经空气、水或其他媒介散布到同种其他个体，起着通信联络作用，可以调节、诱发同种个体的特殊行为（如性引诱、群集、追踪等），以及控制同种个体的性发育和性别等。目前已经发现的昆虫信息激素有性外激素、集结外激素、追踪外激素、告警外激素、性抑制外激素等，研究最多的是性外激素。

内分泌系统主要包括脑神经分泌细胞群、咽下神经节、心侧体、咽侧体、前胸腺以及某些神经节、绛色细胞、睾丸顶端分泌细胞以及脂肪体等，分泌具有高度活性的化学物质，称为激素。激素分为两类：一类统称内激素，经血液分布到作用部位，在不同的生长发育阶段，对昆虫的生长、发育、变态、滞育、交配、生殖和一般生理代谢作用等起调节和控制作用；另一类称为外激素或信息素，是一类昆虫个体间的信息传递化合物，散布到虫体外，作个体间通信用，可调节或诱发同种昆虫间的特殊行为，如雌、雄虫间的性引诱、群体集结、标迹追踪、告警自卫等。

五、农业昆虫分类

在昆虫分类中，以直翅目、半翅目、同翅目、缨翅目、鞘翅目、脉翅目、鳞翅目、双翅目和膜翅目共 9 个目最为重要，其中几乎包括了所有的果树、蔬菜及农林害虫和益虫。下面分目介绍概况。

1. 直翅目

全世界记载约有 2 万种，我国记载有 500 多种。其中包括很多重要害虫，如东亚飞蝗、华北蝼蛄、大蟋蟀等。

本目主要特点：后足为跳跃足或前足为开掘足；咀嚼式口器；前胸背板发达，多呈马鞍状；前翅革质，后翅膜质，少数翅一对或无翅；雌虫腹末多有明显的产卵器（蝼蛄例外）；雄虫多能用后足摩擦前翅或前翅相互摩擦发声；多有听器（腹听器或足听器）；渐变态，若虫与成虫相似；一般为植食性，多为害虫。

2. 半翅目

全世界已记载的约有 3 万种，我国记载约有 1 200 种，它是外翅部中第二大目。过去称椿象，现简称蝽。其中包括有许多重要害虫，如危害果树的梨网蝽、茶翅蝽等。本目中有些为益虫，如猎蝽、姬猎蝽、花蝽等，它们可以捕食蚜、蚧、叶蝉、蓟马、螨类等害虫、害螨。

本目主要特点：刺吸式口器；具分节的喙，喙从头端部伸出；前翅为“半翅”，栖息时平覆背上；前胸很大，中胸小盾片发达（一般呈倒三角形）；腹面中后足间多有臭腺开口；陆生或水生；植食性或捕食性；渐变态。

3. 同翅目

全世界已记载的约有 32 000 种，我国记载约有 700 种，它是外翅部中第一大目。其中包括有许多重要害虫，如蚜虫、蚧类、叶蝉类、飞虱类等。它们除直接吸食危害外，不少种类还能传播植物病害。如灰飞虱能传播小麦丛矮病，可以造成严重减产。

本目主要特点：刺吸式口器，具分节的喙，但喙出自前足基节之间（与半翅目不同）；前翅质地相同（全为膜质或全为革质），栖息时呈屋脊状覆在背上，也有无翅或一对翅的；多为陆生；植食性；多为渐变态。

4. 缨翅目

全世界已记载的约有 3 000 种，我国已发现 100 多种。其中包括有许多害虫，如危害果树、蔬菜等玉米制种的橘蓟马、烟蓟马、温室蓟马、葱蓟马等。少数种类捕食蚜、螨等害虫、害螨，如六点蓟马、纹蓟马等，为益虫类。

本目主要特点：翅极狭长，翅缘密生长毛（缨翅），脉很少或无，也有无翅或一对翅的；足跗节末端有一能伸缩的泡；口器刺吸式，但不对称（右上颚口针退化）；多为植食性，少为捕食性；过渐变态（幼虫与成虫外形相似，生活环境也一致；但幼虫转变为成虫前，有一个不食不动的类似蛹的虫态；其幼虫仍称为若虫）。许多种类喜活动于花丛中；有些种类除直接吸食危害外，还可以传播植物病害，或使植物形成虫瘿。

5. 鞘翅目

全世界已记载的有 27 万种以上，我国已记载的约有 7 000 种，它是昆虫纲中也是整个生物中最大的一目。其中包括有许多重要害虫，如蛴螬类、金针虫类（均属重要地下害虫），天牛类、吉丁类（均属蛀干类害虫），叶甲类、象甲类（均属食叶性害虫）以及许多重要的仓库害虫等。此外，还包括有许多益虫，如捕食性瓢虫类、步行虫类及虎甲类等。

本目主要特点：前翅为鞘翅，静止时覆在背上盖住中后胸及大部分甚至全部腹部；也有无翅或短翅型的；口器咀嚼式；触角多为11节，形态不一；跗节5节；多为陆生，也有水生；食性各异，植食性包括很多害虫，捕食性多为益虫，还有不少为腐食性；全变态，少数为复变态（幼虫各龄间，在形态和习性上又有进一步的分化现象）。

6. 脉翅目

本目全世界已记载的约有5 000种，我国已知有200余种。本目几乎都是益虫，成虫和幼虫几乎都是捕食性，以蚜、蚧、螨、木虱、飞虱、叶蝉以及蚁类、鳞翅类的卵及幼虫等为食；少数水生或寄生。其中最常见的种类是草蛉，其次为褐蛉等。我国常见草蛉有大草蛉、丽草蛉、叶色草蛉、普通草蛉等十多种，有些已经应用在生物防治上。

本目主要特点：翅两对，膜质或近似，脉序如网，各脉到翅缘多分为小叉，少数翅脉简单但体翅覆盖白粉；头下口式；咀嚼式口器；触角细长，线状或念珠状，少数为棒状；足跗节5节，爪2个；卵多有长柄；全变态。

7. 鳞翅目

全世界已记载的有14万种以上，我国记载有7 000种以上，它是昆虫纲中第二大目。其中包括许多重要害虫，如桃小食心虫、苹果小卷叶蛾、棉铃虫、菜粉蝶、小菜蛾以及许多鳞翅目仓虫，如印度谷螟等。此外，著名的家蚕、柞蚕也属于本目昆虫。

本目主要特点：虹吸式口器；体和翅密被鳞片和毛；翅两对，膜质，各有一个封闭的中室，翅上被有鳞毛，组成特殊的斑纹，在分类上常用到；少数无翅或短翅型；跗节5节；无尾须；全变态。幼虫多足型，除三对胸足外，一般在第3～6及第10腹节各有腹足一对，但有减少及特化情况，腹足端部有趾钩；幼虫体上条纹在分类上很重要；蛹为被蛹。

成虫一般取食花蜜、水等物，不为害（除少数外，如吸果夜蛾类为害近成熟的果实）。幼虫绝大多数陆生，植食性，危害各种植物；少数水生。

8. 双翅目

全世界已记载的有85 000多种，我国记载有1 700多种，它是昆虫纲中第四大目。其中包括有许多重要卫生害虫和农业害虫，如蚊类、蝇类、牛虻等。此外还包括有食蚜蝇、寄生蝇类等益虫。

本目主要特点：前翅一对，后翅特化为平衡棒，少数无翅；口器刺吸式或舐吸式；足跗节5节；蝇类触角为具芒状，虻类触角具端刺或末端分亚节，蚊类触角多为线状（8节以上）；无尾须；全变态或复变态。幼虫无足型，蝇类为无头型，虻类为半头型，蚊类为显头型。蛹为离蛹或围蛹。

9. 膜翅目

全世界已记载的约有12万种，我国记载约有1 500种，它是仅次于鞘翅目、鳞翅目而居第三位的大目。其中除少数为植食性害虫（如叶蜂类、树蜂类等）外，大多数为肉食性益虫（如寄生蜂类、捕食性蜂类及蚁类等）；此外，著名的蜜蜂就属于本目昆虫。

本目主要特点：翅两对，膜质，前翅一般较后翅大，后翅前缘具一排小翅钩列；咀嚼式或嚼吸式口器；腹部第一节多向前并入后胸（称为并胸腹节），且常与第二腹节间形成细腰；雌虫一般有锯状或针状产卵器；触角多为膝状；足跗节 5 节；无尾须；全变态或复变态。幼虫一类为无足型，一类为多足型（叶蜂类除三对胸足外，还具 6～8 对腹足，着生于腹部第 2～8 节上，但无趾钩）。蛹为离蛹，一般有茧。

本目几乎全部陆生。主要为益虫类，除大多数为天敌昆虫外（寄生蜂类、捕食性蜂类与蚁类），尚有蜜蜂等资源昆虫及授粉昆虫。本目一些种类营群居性或“社会性”生活（蜜蜂和蚁）。

与植物有关的害虫或益虫属于昆虫纲，但也有一部分属于蛛形纲蜱螨目。

蜱螨类与昆虫的主要区别在于：体不分头、胸、腹三段；无翅；无复眼，或只有 1～2 对单眼；有足 4 对（少数有足 2 对或 3 对）；变态经过卵—幼螨—若螨—成螨。与蛛形纲其他动物的区别在于：体躯通常不分节，腹部宽阔地与头胸相连接。

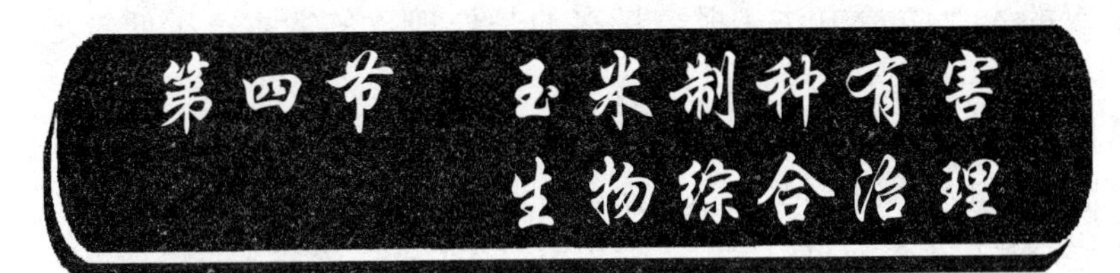

第四节 玉米制种有害生物综合治理

→ 掌握玉米病虫害综合防治技术

一、玉米制种有害生物主要种类

玉米制种的病害主要有玉米瘤黑粉病、玉米穗腐病。玉米制种的虫害主要有地老虎、红蜘蛛、玉米螟、棉铃虫。

二、有害生物的综合防治研究进展

1. 农业防治技术

农业防治技术是指通过采用优良的栽培技术，创造有利于玉米制种生长，不利于病虫害发生的条件，从而达到防治病虫害的目的。农业防治技术包括轮作倒茬，间套复种，耕翻土壤，合理的肥水管理及田间卫生等方面。上述防治措施操作简便，防效显著，也是整个病虫害防治体系的基础。特别是对玉米瘤黑粉病、茎腐病、丝黑穗病等土传病害，应以农业防治为主。

在肥水管理方面，据温瑞等（2000）研究报道，玉米生育前期施用N、P、K之比为1∶4∶5，生育后期为1∶1∶5，可以提高玉米对茎腐病的抗性，其中氯化钾通过阻止玉米植株过早死亡而减少茎腐，其用量为225 kg/hm²。雨后及时排水，降低田间湿度，实行合理轮作（防治茎腐病要实行玉米与水稻、甘薯、大豆等玉米制种2～3年的轮作），适时化学除草，收获后播种前消除病残体，深翻土壤，消灭菌源，加强栽培管理，改善通风透光条件，增施N、P、K肥，增强植株抗性，可有效地预防玉米茎腐病、纹枯病、丝黑穗病的发生（王怀训等，2000）。研究表明，采用2年或1年轮作，拔除田间病株，适时晚播，不用病株或病穗做饲料或积肥对于防治玉米丝黑穗具有很好的防效。适时晚播可以有效地预防茎腐病。但在墒情允许的条件下，适时早播，施足底肥，适时追肥，防止后期脱肥，合理密植，可有效地控制玉米穗腐病的发生。据赵保祥研究报道：及时清洁田园，减少菌源，增施有机肥，培肥地力，优化N、P、K及微量元素配方，适时追肥、浇水、合理密植，雨后及时排出田间积水，可减轻玉米弯孢菌叶斑病的发生。关于玉米螟的农业防治方法，报道最多的是处理越冬寄主，压低越冬虫源。

分析认为农业防治技术的研究虽然已被在生产上大量采用，但一些问题仍未得到根本解决，如肥料使用、地势、土壤、密度等因子与病虫害发生程度及防治效果之间的具体数量关系还不十分清楚，尤其是多病虫混发时，农田中整体农业防治技术与单病虫防治之间的矛盾十分突出，有待进一步研究。

2. 生物防治技术

近些年来，国内外逐步开展了对玉米主要病虫害生物防治技术研究工作，并取得了一些研究成果，据李顺德（1997）研究结果，使用20%井冈霉素3 kg/hm² 防治玉米穗腐病防治效果达89.3%，也可以使用该药防治纹枯病（赵桂东，1994）。据赵廷昌（1992）报道，Windels（1983）使用木霉菌处理甜玉米种子防治由镰刀菌和腐霉菌引起的茎腐病。温瑞（2000）使用木霉菌拌种，木霉菌穴施配合细菌拌种防治玉米茎腐病。在玉米主要病虫害生物防治技术方面，研究最多并应用最广的技术是玉米螟生物防治技术。研究及应用表明：大面积利用松毛虫赤眼蜂防治玉米螟，防治效果可达64%～75%，每公顷放蜂量30万头，分两次投放。还可以在玉米心叶期施用白僵菌颗粒剂或用白僵菌菌粉封垛防治玉米螟，降低一代玉米螟基数。另外，使用Bt乳剂按每公顷用每克含1 500亿以上孢子的乳剂3～4两制成颗粒剂施用，防治玉米螟的效果亦十分理想。

利用生物防治的方法防治玉米主要病虫害虽然刚刚开始，研究的成果还不多，但它对发展无公害农产品生产，实施病虫害的综合治理具有广阔的前景。生物防治技术的研究将是以后一段时期内玉米主要病虫害防治研究工作的重点。

3. **化学防治技术**

由于玉米是高秆、高密度作物，使用化学农药防治病虫害往往受到一定的限制，所以，应用化学防治技术防治玉米主要病虫害显得不十分重要。相关的研究院报道不是太多，大部分集中在针对土传病害（茎腐病、纹枯病、丝黑穗病）的化学防治技术研究上。使用多菌灵500倍拌种（温瑞，2000）可以有效地预防玉米茎腐病的发生。据赵桂东等（1994）研究报道应用多菌灵、甲基托布津、退菌特、粉锈宁在发病初期喷药，对防治玉米纹枯病具有一定的效果。赵保祥（2001）研究认为，当田间病株率达10%时使用75%百菌清可湿性粉剂500倍稀释液，或80%炭疽福美可湿性粉剂600倍稀释液，或70%甲基托布津粉剂500倍稀释喷雾，每公顷用药液750 kg，间隔5～7天喷1次，连喷3次，能控制玉米弯孢菌叶斑病的发生。研究表明，防治玉米丝黑穗病可用50%多菌灵粉剂，拌药量为种子量的0.5%～0.7%；或使用含有多菌灵的玉米种衣剂按药种比1∶40拌种，防效可达60%以上。关于穗腐病化学防治技术的研究报道较少，20世纪70年代国外有报道，用3种多酚化合物防治穗腐病，结果对真菌的侵染和发病有抑制作用，对降低籽粒侵染率，有一定的防治效果，但大面积喷雾防治不切实际。玉米螟的化学防治技术在20世纪60年代以前应用得较多，20世纪70年代后随着东北、华北大面积应用赤眼蜂及白僵菌防治玉米螟，该项技术的应用面积逐渐减小。防螟的化学技术主要是使用0.5%～1%的1605颗粒剂或其他拟除虫菊酯类农药制成的颗粒剂，在玉米心叶中期后至末期前，向玉米心叶投撒，防螟效果在40%～50%，但持效期短，残留大，使用不安全，生产中不宜大面积推广使用。

三、玉米制种有害生物综合防治措施

1. **播种期**

以防治地下害虫及种子传播的病害为主。

（1）品种选择。选择抗病、抗倒、丰产品种。

（2）实行轮作倒茬，避免连作。清洁田园，减少初侵染源。

（3）2%立克锈拌种剂，按种子量的0.3%～0.4%拌种，播种时每公顷再用辛硫磷颗粒剂随种肥下地，防治黑穗病和苗期地下害虫。

2. **苗期**

以防治地老虎、红蜘蛛、黑穗病、缺锌症为主。

（1）农业措施

1）铲埂除蛹。根据测报，在3月下旬至4月中旬，当地老虎幼虫化蛹达90%时，立即进行铲蛹，并要求在一周内完成。

2）除草灭虫。清除田间、地头、沟渠边上的杂草，以减少虫源。

（2）物理防治。糖醋合剂诱杀。地老虎嗜好糖醋气味，可利用这一生活习性配制“糖醋合剂”诱杀。方法：取糖 0.5 kg、醋 1 kg、白酒 0.1 kg、水 7.5 kg，加入 15～25 g 晶体敌百虫，将上述原料充分搅匀后置于盆中，在傍晚放于离地约 1 m 高处，次日清晨将药盆收回，可诱杀大量地老虎成虫。

黑光灯可诱杀地老虎成虫。

（3）化学防治

1）地老虎防治

①毒饵诱杀。如果田间虫量较多，且幼虫龄期已大，可采取毒饵诱杀等弥补措施。即用 80%的敌百虫可溶性粉剂，按每公顷用药量 1 050～1 800 g，先以少量水将敌百虫溶化，然后用 4～5 kg 炒香的棉籽饼拌匀，或与 20～30 kg 切碎的鲜草拌匀配制成毒饵，在傍晚施于玉米苗根际土表诱杀黄地老虎幼虫。

②药剂喷雾。应用 2.5%敌杀死乳油或 2.5%功夫乳油或 2%氰戊菊酯类乳油或 10%氯氰菊酯乳油等菊酯类农药，每公顷用药量 450～525 mL，加水 1 050～1 125 kg，均匀喷雾。

2）红蜘蛛防治。封锁转移途径，杀灭虫源。5 月下旬至 6 月上旬初，应在玉米田埂、地边作重点检查，发现杂草寄主率达 50%以上，部分叶片显黄白色斑点时，用 72%克螨特 3 000 倍稀释液喷洒地埂杂草。

在玉米制种生长初期发现叶片出现黄白色小斑点时，可结合防治蚜虫，选用 40%氧化乐果乳剂 1 000 倍稀释液加尼索朗 2 000 倍稀释液或克螨特 1 000 倍稀释液，配成混合液喷雾兼杀卵、螨，注意应将药液喷洒到叶背。

3）病害预防。在玉米 4～5 叶期，即 5 月中下旬，用 43%好力克悬浮剂 3 000～5 000 倍或 25%三唑酮可湿性粉剂 1 000 倍稀释液或 50%多菌灵或 75%百菌清可湿性粉剂 1 000～1 200 倍稀释液进行喷雾防治玉米黑粉病，复配 0.2%～0.3%硫酸锌防治玉米白化病。每公顷用药液量为 1 200～1 500 kg，连防 2～3 次。

3. 喇叭口期至抽雄期

主要防治对象是玉米螟、瘤黑粉病。

（1）农业防治。玉米打苞抽雄期，玉米螟多集中在尚未抽出的雄穗上为害，去雄带出田外烧毁或深埋，可消灭 70%幼虫，去雄时尽量减少机械损伤，减少瘤黑粉病的侵染途径，选择晴天上午 9 时至下午 4 时温度较高的时段去雄较好，这样伤口愈合最快。

（2）物理防治。采用灯光诱杀、辐射不育等，简便易行，效果好。首先安装 200 W 或 400 W 高压汞灯，每盏灯有效防治面积为 13.3～20 hm^2。然后设置捕虫水池，修建直径 1.2 m、高 0.12 m 水池，水池下留一小放水孔，诱杀成虫。

（3）生物防治。赤眼蜂防治玉米螟技术。从 6 月中旬开始在放蜂区定点调查玉米螟的化蛹、羽化进度，当玉米螟化蛹率达 20%时，向后推 10 天即为玉米螟产卵初期，开始第一次放蜂，寄生产卵盛期前的螟卵，隔5天后再放第二次蜂，使这批蜂寄生于产卵盛期前与盛期的玉米螟卵。放蜂时每公顷放蜂22.5万头，第一次放10.5万头，第二次放12万头。田间放蜂量指有效蜂量，放蜂时要考虑蜂卡的寄生率和羽化率。每亩选一个放蜂点即可。

白僵菌防治玉米螟技术，在玉米生长心叶末期，应用白僵菌粉剂或液剂向玉米植株喷粉、喷雾，控制玉米螟一代幼虫。也可根据玉米螟发生情况，在8月中旬，对玉米植株进行全株喷粉、喷雾，控制二代玉米螟。

使用苏云金杆菌可湿性粉剂（每克含100亿活芽孢），750g/hm^2，兑水2 000倍稀释后灌心叶，或用该乳剂2 250～3 000 g/hm^2，与3.5～5 kg细沙充分搅拌均匀后，制成颗粒剂，撒入玉米心叶中。

（4）化学防治

1）颗粒剂灌心。在玉米心叶末期施用农药颗粒剂，毒杀心叶内玉米螟幼虫。药剂可用50%辛硫磷10 mL，兑水少许，均匀喷拌在8～10 kg的细煤渣或细沙上，配制0.1%辛硫磷毒渣，每株玉米施1～2 g；或每亩用1%杀螟灵颗粒剂或3%辛硫磷颗粒剂250 g均匀拌入4～5 kg细河沙；或用25%杀虫双水剂200 g，拌细土5 kg，制成毒土；用0.1%或0.15%氟氯氰颗粒剂，拌10～15倍煤渣颗粒，每株用量1.5 g，颗粒剂点心。

2）药液灌心。在玉米心叶末期，用毒死蜱1 000倍稀释液灌心，每株灌10 mL；或用25%杀虫双水剂500倍液，每株10 mL灌雄穗。

3）药液灌穗。玉米露雄时，用毒死蜱乳油800～1 000倍稀释液，或氰戊菊酯乳油或2.5%溴氰菊酯乳油1 000～1 500倍稀释液灌注雄穗。或喷洒在雌穗顶端的花丝基部，使药液渗入花丝杀死在穗顶为害的幼虫。

在玉米抽雄前10天左右，用43%好力克悬浮剂3 000倍稀释液、50%福美双可湿性粉剂500～800倍或50%多菌灵可湿性粉剂800～1 000倍稀释喷雾，可减轻瘤黑粉病再侵染危害。

4. 灌浆乳熟期

防治对象是玉米螟、棉铃虫、红蜘蛛、玉米瘤黑粉病。

（1）农业防治。在棉铃虫第三代幼虫孵化盛期，幼虫未蛀入玉米雌穗之前，即7月下旬至8月上旬，将已授粉完备的玉米雌穗花丝进行人工剪除，将所剪除的花丝集中销毁或深埋。提高田间湿度，增加灌水次数，减轻红蜘蛛易发生的高温干旱环境条件。拔除瘤黑粉病的病株，带出销毁或深埋，减少瘤黑粉病的再次侵染源。

（2）化学防治。玉米螟：虫穗率达10%或百穗花丝有虫50头时要立即防治，可选用50%辛硫磷乳油1 500倍稀释液喷雾防治，可兼治玉米蚜虫。田间发现红蜘蛛危害后，使用的农药有73%克螨特乳油1 000～1 500倍，或25%螨死净2 000倍稀释液，或15%达螨灵2 000倍稀释液喷雾，喷药时应先从外围向中心病株喷施，不能来回串喷，防止虫害蔓延到全田。棉铃虫可在幼虫3龄以前，用75%拉维因3 000倍稀释液，或用50%甲胺膦1 000倍稀释液，或50%辛硫磷1 000倍稀释液，均匀喷雾。

单元测试题

一、选择题

1.（　　）在适宜条件下具有病症。

A. 真菌　　B. 病毒　　C. 缺素　　D. 药害

2.（　　）是侵染性病害。

A. 缺铁　　B. 干旱　　C. 病毒　　D. 药害

3. 昆虫纲的特征错误的是（　　）。

A. 构成头部、胸部、腹部3个体段

B. 头部具有1对触角、口器，通常还具有复眼和单眼，是昆虫感觉和取食的中心

C. 胸部由3个体节组成，生有3对足，一般还有2对翅，是昆虫运动的中心

D. 腹部通常由8个体节组成，内含大部分内脏和生殖系统，腹末多数具有转化成外生殖器的附肢，是昆虫生殖和代谢的中心

4. 具下口式的昆虫是（　　）。

A. 天牛　　B. 蝗虫　　C. 叶蝉　　D. 盲蝽

5. 蝶类的触角是（　　）。

A. 刚毛状　　B. 丝状（线状）　　C. 念珠状　　D. 棒状

6. 属于刺吸式口器的害虫有（　　）。

A. 地老虎　　B. 蚜虫　　C. 玉米螟　　D. 棉铃虫

7. 蝗虫属于（　　）。

A. 步行足　　B. 跳跃足　　C. 捕捉足　　D. 开掘足

8. 玉米螟成虫的翅属于（　　）。

A. 膜翅目　　B. 鞘翅目　　C. 鳞翅目　　D. 缨翅目

9. 属于昆虫内激素的是（　　）。

A. 性外激素　　B. 集结外激素　　C. 告警外激素　　D. 蜕皮激素

10. 玉米螟的防治，在玉米心叶期施用白僵菌颗粒剂属于（　　）防治。

A. 农业防治　　B. 物理防治　　C. 生物防治　　D. 化学防治

二、判断题

1. 植保方针是“预防为主、综合防治”。（　　）

2. 病原生物在植物受害部位所形成的特征性结构。如霉状物、粉状物、点状物、

脓状物等。 ( )

3. 玉米瘤黑粉病属于非侵染病害。 ( )

4. 玉米螟、地老虎、红蜘蛛是危害玉米制种的有害昆虫。 ( )

5. 玉米螟的一生经过卵、幼虫、蛹、成虫四个阶段。 ( )

单元测试题答案

一、选择题

1. A 2. C 3. D 4. B 5. D 6. B 7. B 8. C 9. D 10. C

二、判断题

1. √ 2. √ 3. × 4. × 5. √

第11单元

农业技术推广与田间试验

第一节 个人技术总结与农业技术推广

→ 掌握高级农艺工个人技术总结的写作方法
→ 掌握进行农业推广的方法

一、高级农艺工个人技术总结

1. 总结的写法

（1）文体格式。总结一般包括标题、正文、落款三部分。

1）标题写作。农艺工个人技术总结，可以分为年度工作（技术）总结、任职阶段工作（技术）总结。

①年度工作（技术）总结的标题可以为《××××年度工作总结》《××××年度技术总结》。

②任职阶段工作（技术）总结的标题可以为《任职×年来工作总结》《任职×年来专业技术工作总结》，此类型总结标题在填报申报职称晋升的资料时通常使用。

高级农艺工个人技术总结的标题《高级农艺工个人技术总结》，本质是高级农艺工任职×年来工作总结或高级农艺工任职×年来专业技术工作总结。

2）正文。总结的正文分为前言、主体、结尾三部分，各部分均有其特定的内容。

①前言。总结的前言主要用来概述基本情况。简要介绍时间、地点、主要任务、背景、主要成绩或效果，概括性地说明成绩或效果内容项、总结目的、主要内容提示等。作为开头部分，要注意简明扼要、提纲挈领，文字不可过多。

②主体。这是总结的核心部分，一般包括以下几项内容：首先是形成成绩或效果的过程和做法，即这一阶段在什么思想指导下，做了哪些工作，采取了何种方法解决了什么问题，取得了哪些成绩以及客观原因；其次是经验和体会，包括以往做法中有何规律，能否对后来工作提供指导等；最后是问题和教训，要坚持一分为二的观点，找出以往工作的失误或不足，分析主客观原因，并提出以后的改进措施。这部分篇幅大 、内容多，要特别注意行文需层次分明、条理清楚。一般以成绩为主、失误为辅，经验为主、教训为辅，除非是事故总结。

③结尾。结尾是正文的收束，应在总结经验教训的基础上，提出以后的方向、任务

和措施，表明决心、展望前景。这段内容要与开头相照应，篇幅不应过长。有些总结在主体部分已将这些内容表达过了，就不必再写结尾。

3）落款。包括署名和时间两项内容。如果标题中已有署名，这里可不再写。个人总结必须署作者姓名。

2. 总结范文

高级农艺工专业技术总结

本人于××××年出生，××××年参加工作，工作期间爱岗敬业、任劳任怨、作风扎实，较好地完成了上级交给的各项工作任务。在不断学习实践中，不仅进一步巩固了理论知识，而且显著增强了自己独立的工作能力，同时政治素质也得到了很大的提高。现将十几年来主要的技术工作小结如下：

一、加强学习，不断提高水平

多年来，本人一直默默无闻认真钻研，不断更新自己的世界观和科技知识，主要学习了：

1. 耕作制度知识。
2. 作物栽培管理知识。
3. 作物常见的营养缺乏症状及常用肥料的知识。
4. 作物需肥、需水规律。
5. 田间管理知识及植物生长调节方法。
6. 农药配制与农药安全使用常识及农药中毒急救方法。
7. 苗情诊断与调控知识。
8. 病虫害综合防治知识。
9. 适时收获知识，测定产量知识，农产品分级常识。
10. 仓储及仓库虫、鼠害综合防治知识。

二、在搞好自己的农业生产的同时做好其他农户的指导工作

本人能够较好地运用自己掌握的知识，对作物长势和缺素症做出较准确的判断，采取相应的间定苗、中耕、除草、追肥、化控的措施，对病虫害能及时发现、及时防治，做到各项农事操作及时到位，每年都能获得较好的产量和收入。同时对相邻地块的农户进行生产指导，使他们也能获得理想产量。

三、积极参与每年的“科技之冬”学习

本人利用农闲时间积极学习农业科技知识，并积极参与团、连组织的“科技之冬”培训学习，培训中做到认真学习、记好学习笔记。同时在“科技之冬”培训中常作为生产能手现身说法，引导帮助他人掌握高产栽培技术经验。

多年来，在上级领导的关怀和指导下，本人较好地完成了上级下达的各项工作，取得了一定的成绩，并且积累了大量的农业科技知识。

二、农业技术推广

农业技术推广的基本含义是把科研机构的研究成果、新产品、新方法，通过适当的方法介绍给农民，使农民获得新的知识和技能，并且在生产中运用，从而增加其经济收入。这是一种单纯以改良农业生产技术为手段，提高农业生产水平为目标的农业推广活动。简而言之，就是指通过试验、示范、培训、指导以及咨询服务等，把农业技术普及应用于农业生产产前、产中、产后全过程的活动。

1. 农业推广工作的任务

农业推广工作的任务范围很广，不同层次、不同地区的农业推广工作，其任务也不完全一致，现将农业推广工作共同的主要任务加以概述。

（1）试验示范推广农业科技新成果。科研、教学单位创造的农业科技新成果是农业技术推广工作的主要技术来源，这些科技成果在大范围推广之前，必须进行试验示范，进一步考察该项科技成果在当地的适应性以便确定是否推广，所以，搞好试验示范是农业推广工作的重要任务。

（2）不断提高农民科技素质。农业技术培训是推广农业技术的重要手段。在我国，技术培训的不同层次有不同的分工，但最终要对农民进行培训，以提高其科技务农水平和文化科学素质，转变其行为，不断加快农业新技术的推广速度，因此，开展技术培训也就成为农业技术推广工作的重要任务。

（3）总结提高推广群众技术经验。农民群众在长期农业生产中创造和积累的技术经验，是农业技术推广工作的又一技术来源。认真总结先进技术经验，是农业推广工作的一项重要任务。

群众中的先进技术经验，往往不一定很完善和规范，甚至有的存在不科学的因素。农业技术推广人员在总结这些技术经验时，应对其中不科学的因素进行改进，使之成为规范的技术。

（4）开展系列服务促进商品生产发展。市场经济的发展要求农业推广工作提供产前、产中和产后的系列化服务。

1）产前。一是了解市场信息和国家的产业政策，引导农民根据国家及市场需要发展生产。二是根据农业生产发展的需要，提供知识化技术所必需的物化技术，如种子、良种畜禽、苗木、农药、化肥、农膜、饲料、农机具等。

2）产中。在生产中及时进行技术指导，提高产量，减少损失，降低成本，提高质量，增加收益。

3）产后。产后是指农产品收获后的储存、运销和加工服务。产后服务的关键是让农民增加收入，刺激农民发展商品生产的积极性。

（5）当好政府部门的参谋。农业技术推广工作的一项重要任务是结合自己的工作和利用自身的技术优势给政府部门提供有关农业生产技术方面的意见、建议或方案，供政府部门参考，以及做出正确的决策。主要有三个方面：一是为指导生产的决策提出方案；二是为拟订农业开发计划提出建议；三是为政府制定有关政策提出建议，这些政策包括产业化政策、农业政策、科技政策、价格政策、奖励政策等。

2. 农业技术推广工作的程序

农业技术推广程序是农业技术推广原则在推广工作中的具体应用，它是一个动态的过程。概括起来可分为项目选择、试验、示范、培训、服务、推广、评价七个步骤。

（1）项目选择。项目选择是一个收集信息、拟订计划、选定项目的过程，也是推广工作的前提。要选定项目首先要收集大量信息，项目信息主要来源于以下四个方面：

1）引进的外来技术。

2）科研、教学单位的科研成果。

3）农民群众先进的生产经验。

4）农业技术推广部门的技术改进。

推广部门根据当地自然条件、经济条件、产业结构、生产现状、农民的需要及农业技术等因素，结合项目选择的原则，进行项目预测和筛选，初步确定推广项目，推广部门聘请科研、教学、推广等各方面的专家、教授和技术人员组成论证小组，对项目所具备的主观与客观条件进行充分论证。

推广项目确定后，就应拟订试验、示范、推广等计划。

（2）试验。试验是推广的基础，是验证推广项目是否适应于当地的自然、生态、经济条件及确定新技术推广价值和可靠程度的过程。

由于农业生产地域性强，使用技术的广泛性受到一定的限制，因此，对初步选中的新技术必须经过试验。而正确的试验可以对新成果、新技术进行推广价值的正确评估，特别是引进的成果和技术，对其适应性进行试验就更为重要。

历史上不经试验就引种而失败的例子很多。

（3）示范。示范是进一步验证技术适应性和可靠性的过程，又是树立样板对广大农民、乡镇干部、科技人员进行宣传教育、转化思想的过程，同时要逐渐扩大新技术的使用面积，为大面积推广做准备。示范内容可以是单项技术措施、单个玉米制种，也可以是多项综合配套技术或模式化栽培技术。目前我国多采用科技示范户和建立示范田的方式进行示范。搞好一个典型，带动一方农民，振兴一地经济，示范迎合了农民直观的务实心理，达到“百闻不如一见”的效果。因此，示范成功与否对项目推广的成效有直接影响。

（4）培训。培训是一个技术传输的过程，是大面积推广的“催化剂”，是农民尽快掌握新技术的关键，也是提高农民科技文化素质、转变农民观念最有效的途径之一。培训时多采用农民自己的语言，不仅通俗易懂，而且农民爱听，易于接受。培训方法有多种，如举办培训班、开办科技夜校、召开现场会、巡回指导、田间传授、实际操作等，建立技术信息市场、办黑板报、编印技术要点和小册子，通过广播、电视、电影、录像、音频和视频光盘、电话等方式宣传介绍新技术、新品种。

（5）服务。服务不仅局限于技术指导，而且包括物资供应及农产品的储存加工运输销售等利农、便农服务。各项新技术的推广必须有行政、供销、金融、电力、推广等部门的通力协作，为农民提供产前、产中、产后一条龙服务，为农民排忧解难，具体来说，帮助农民尽快掌握新技术，做好产前市场与价格信息调查、产中技术指导、产后运输销售等服务；为农民做好采用新技术所需的化肥、农药、农机具等生产资料供应服务；帮助农民解决所需贷款的服务。所有这些是新技术大面积推广的重要物质保证，没有这种保证，就谈不上迅速推广新技术。

（6）推广。推广是指新技术应用范围和面积迅速扩大的过程，是科技成果和先进技术转化为直接生产力的过程，是产生经济效益、社会效益和生态效益的过程。新技术在示范的基础上，如果决定推广，就应切实采取各种有效的措施，尽量加快推广速度。目前常采取宣传、培训、讲座、技术咨询、技术承包等手段，并借助行政干预、经济手段的方法推广新技术。在推广一项新技术的同时，必须积极开发和引进更新、更好的技术，以保持农业技术推广旺盛的生命力。

（7）评价。评价是对推广工作进行阶段总结的综合过程。由于农业的持续发展，生产条件的不断变化，一项新技术在推广过程中难免会出现不适应农业发展要求的情况，因此，推广过程中应对技术应用情况和出现的问题及时总结。推广基本结束时，要进行全面、系统的总结和评价，以便再研究、提高，充实、完善所推广的技术，并产生新的成果和技术。

对推广的技术或项目进行评价时，技术经济效果是评价推广成果的主要指标。同时应考虑经济效益、社会效益和生态效益之间的关系，不论进行到哪一步，都应该有一个信息反馈过程，使推广人员及时、准确地掌握项目推广动态，不断发现和解决问题，加快成果的转化速度。

推广工作要遵循推广程序，但更重要的是推广人员要根据当地实际情况灵活掌握和运用，不可生搬硬套。

第二节 田间试验设计和统计方法

→ 掌握田间试验设计和统计方法

制种玉米生产存在各种风险，为了生产安全，减少制种风险，在大面积生产前都会进行适应性检验和制种产量因素测试，即玉米制种引种试制。规避盲目引种带来的风险，为制种玉米健康发展奠定基础。

玉米制种引种通常采用简单的平行对比试验。现将常用的田间试验设计和统计方法逐一进行介绍。

一、田间试验

田间试验就是在人为控制的条件下进行试验处理，使非研究条件对试验的影响接近一致，突出主要研究内容，以差异对比法为基础，观测比较不同处理的反应和效果。试验设计广义讲是指整个课题（包括各个环节）的设计，狭义讲专指小区技术。

1. 田间试验的基本要求

（1）代表性。代表性是指试验区的条件，应该能够代表该项成果将来应用地区的自然条件、生产条件和经济状况。

（2）正确性。正确性是指试验结果正确可靠，能够把品种或区域间的差异真实地反映出来。

（3）重演性。重演性是指通过田间试验所获得的试验结果，在相同或类似的条件下进行重复试验或大面积生产时，可以获得相同或相似的试验结果。

2. 田间试验设计遵循的原则

（1）重复原则。在试验中，同名小区出现的次数称为重复。显然重复次数≥ 2 的试验才能称为有重复的试验。重复的作用是估计误差和降低误差。

（2）随机原则。随机是指在一个重复区中的某一个处理究竟安排在哪一个小区，不能由试验者的主观意志决定，而完全是随机决定的。随机的作用是无偏估计误差。随机排列是估计试验误差的重要手段，也是应用生物统计方法分析试验结果的前提。

（3）局部控制。局部控制就是分范围、分地段地控制非试验因素，使之对各处理的影响趋于最大程度的一致，也就是说，通过对试验小区的合理安排，把误差控制在一个局部范围内。

局部控制是用来排除规律性非试验因子干扰的重要手段，其主要功能是降低误差。

3. 小区设置技术

（1）小区面积、形状和方向。安排每一个处理所需用材料的基本单位成为一个试验小区，简称小区。一般来讲，在一定范围内，随小区面积的增加，试验误差减小。

适当的小区形状和方向在控制误差提高试验精确度方面也有相当作用。一般情况下长方形尤其是狭长小区的误差比方形小区小，长方形小区的长宽比一般在（4～6）：1为宜。小区的方向即小区的长边应与非试验因素变化方向相平行。

（2）重复次数。增加重复次数，有利于降低试验误差。但并非重复次数越多越好，因为重复次数增加到一定时，误差的降低缓慢，且由于整个试验材料、试验地的增加，难以保证对各处的各项管理操作以及观察记载的一致，反而会引起误差增加。一般来讲，正式试验通常设置3～6次重复；采用单株小区时，重复次数应至少在4次以上。从统计学的角度看，重复次数以试验误差的自由度不小于10为宜。

（3）设置对照。有比较才有鉴别，因此试验方案中一定要安排有对照。一般在一个试验中只设一个对照，但有时为满足多个试验目标的要求可以设置2个或2个以上对照。

设置对照时一定要注意其代表性和合理性，例如品种比较试验，一般应以当地主栽优良品种为对照；进行栽培技术方面的试验时以当地最常用的栽培管理技术为对照；根外追肥、浸种、扦插等试验时应以叶面喷清水、清水浸种或插条等为对照。

按照对照区在田间的排列方式，通常分为顺序式和非顺序式两种。顺序式是每隔一定数量的处理设置一个对照区，非顺序式排列是将对照区按处理小区一样处理，在试验中随机排列。

每一个重复区（区组）内都要设置对照区。对对照区的要求是：除了不进行试验处理之外，其余各种条件及各项管理操作均应与处理小区的一致。

（4）设置保护区或保护行。为了使试材能在比较一致的环境条件下正常生长发育，试验地应设置保护行或保护区，以G表示。保护行的作用如下：

1）使试材不受偶然性因素的影响，如人、畜践踏等。

2）使试材在相对一致的生态环境中生长发育，防止边际效应的影响。

边际效应是指试验地四周的小区或小区边上的植株受到光照、通风、营养、水分等条件的不同而使其生长发育与试验地内部的小区或小区内部的植株生长发育有所差异。

对保护行的植株不进行任何处理和观察测定。设置保护行的方式有：在试验地四周设置；当区组分散布置时，在区组四周设置；在小区四周设置（特别是小区之间有能引起边际效应的因素存在时）。保护行的种植数应本着经济有效的原则，既减少占地面积，又能起到保护作用。

二、常用的田间试验设计

1. 顺序排列的试验设计

（1）对比法设计。这种设计的排列特点是每一供试品种均直接排列于对照区旁边，使每一小区可与其邻旁的对照区直接比较。

（2）间比法设计。间比法设计的特点是，在一条地上，排列的第一个小区和末尾的小区一定是对照（CK）区，每两个对照区之间排列相同数目的处理小区，通常是4个或9个，重复2～4次。

2. 随机排列的试验设计

（1）完全随机设计。完全随机设计将各处理随机分配到各个试验单元（或小区）中，每一处理的重复数可以相等或不相等，这种设计对试验单元的安排灵活机动，单因素或多因素试验皆可应用。这类设计分析简便，但是应用此类设计时，试验的环境因素必须相当均匀，所以一般用于实验室培养试验及网、温室的盆钵试验。

（2）随机区组设计。随机区组设计也称完全随机区组设计。

特点是根据“局部控制”的原则，将试验地按肥力程度划分为等于重复次数的区组，一区组即一重复，区组内各处理都独立地随机排列。

这种设计具有以下优点：

1）设计简单，容易掌握。

2）富于伸缩性，单因素、多因素以及综合性的试验都可应用。

3）提供无偏的误差估计，有效地减少单向的肥力差异，降低误差。

4）对试验地的地形要求不严，必要时，不同区组也可分散设置在不同地段上。

随机区组在田间布置时，应考虑到试验精度与工作便利等方面，以前者为主。在通常情况下，采用方形区组和狭长形小区能提高试验精度。在有单向肥力梯度时，也是如此，但必须注意使区组的划分与梯度垂直，而区组内小区长的一边与梯度平行。这样既能提高试验精度，同时也能满足工作便利的要求。如处理数较多，为避免第一小区与最末小区距离过远，可将小区布置成两排。

（3）拉丁方设计。拉丁方设计将处理从纵横两个方向排列为区组（或重复），使每个处理在每一列和每一行中出现的次数相等（通常一次），所以它是比随机区组多一个方向局部控制的随机排列的设计。这种设计的优点是精确度高，缺点是缺乏伸缩性 。

（4）裂区设计。裂区设计是多因素试验的一种设计形式。在多因素试验中，处理组合数较多而又有一些特殊要求时，往往采用裂区设计。按主处理所划分的小区称为主区，也称整区。主区内按各副处理所划分的小区称为副区，也称裂区。

在裂区设计时先按第一个因素设置各个处理（主处理）的小区；然后在这主处理的小区内引进第二个因素的各个处理（副处理）的小区。

通常在下列几种情况下，应用裂区设计：

1）在一个因素的各种处理比另一因素的处理可能需要更大的面积时，为了实施和管理上的方便而应用裂区设计。

2）试验中某一因素的主效比另一因素的主效更为重要，而要求更精确的比较，或两个因素间的交互作用比其主效是更为重要的研究对象时，也宜采用裂区设计，将要求更高精确度的因素作为副处理，另一因素作为主处理。

3）根据以往研究，得知某些因素的效应比另一些因素的效应更大时，也适于采用裂区设计，将可能表现较大差异的因素作为主处理。

（5）再裂区设计。裂区设计若再需引进第三个因素的试验，可以进一步做成再裂区，即在裂区内再划分为更小单位的小区，称为再裂区，然后将第三个因素的各个处理（称为副处理），随机排列于再裂区内，这种设计称为再裂区设计。

（6）条区设计。条区设计是属裂区设计的一种衍生设计，如果所研究的两个因素都需要较大的小区面积，且为了便于管理和观察记载，可将每个区组先划分为若干纵向长条形小区，安排第一因素的各个处理（A因素）；再将各区组划分为若干横向长条形小区，安排第二因素的各个处理（B因素），这种设计方式称为条区设计。

三、田间试验的布置与管理

1. 田间试验计划的制订

（1）田间试验计划的内容。田间试验计划一般包含以下项目：

1）试验名称。

2）试验目的及其依据。包括现有的科研成果、发展趋势以及预期的试验结果。

3）试验年限和地点。

4）试验地的土壤、地势等基本情况和轮作方式及前作状况。

5）试验处理方案。

6）试验设计和小区技术。

7）整地播种施肥及田间管理措施。

8）田间观察记载和室内考种、分析测定项目及方法。

9）试验资料的统计分析方法和要求。

10）收获计产方法。

11）试验的土地面积、需要经费、人力及主要仪器设备。

12）项目负责人、执行人。

（2）编制种植计划书。种植计划书把试验处理安排到试验小区作为试验记载簿之用。

它的内容包括肥料、栽培、品种、药剂比较等。

试验的种植计划书包括处理种类（或代号）、种植区号（或行号）、田间记载项目等。

育种工作各阶段（除品种比较）的试验包括今年种植区号（或行号）、去年种植区号（或行号）、品种或品系名称（或组合代号）、来源（原产地或原材料）以及田间记载项目等。

不论哪种试验，都应按其应包括的项目依上述次序划出表格。

2. 试验地的准备和田间区划

试验地在进行区划前，应做好充分准备，以保证各处理有较为一致的环境条件。试验地应按试验要求施用基肥，且应施得均匀，并最好采用分格分量方法施用，以做到均匀施肥。

试验地在犁耙时要求做到犁耕深度一致，耙匀耙平。犁地的方向应与将来作为小区长边的方向垂直，使每一重复内各小区的耕作情况一致。因此，犁耙工作应延伸到将来试验区边界外几米，使试验范围内的耕层相似。

试验地准备工作初步完成后，即可按田间试验计划与种植计划书进行试验地区划。试验地区划主要是确定试验小区、保护行、走道、灌排水沟等在田间的位置，区划时，首先沿试验区较长一边定好基线，两端用标杆固定，然后在两端定点处按照勾股定理各作一条垂直线，作为试验区的第二边和第三边，同时可得第四边。试验区轮廓确定后，划分出区组间走道或灌排水沟，同时划出区组，继而划分每个区组内的各个小区，最后逐一检查，以保证纵横各线的垂直及长度准确。

试验地区划后，即可按试验要求作小田埂、灌排水沟等，最后在每小区前插上标牌，标明处理名称。

3. 种子准备

（1）在品种试验及栽培或其他措施的试验中，须事先测定各品种种子的千粒重和发芽率。

（2）按照种植计划书（即田间记载本等）的顺序准备种子，避免发生差错。

（3）需要药剂拌种以防治苗期病虫害的，应在准备种子时做好拌种，以防止苗期病虫害所致的缺苗断垄。

（4）准备好当年播种材料的同时，需留同样材料按次序存放在仓库，以便遇到灾害后补种时应用。

4. 播种或移栽

（1）播种时应力求种子分布均匀，深浅一致。

（2）进行移栽时，取苗时要力求挑选大小均匀的秧苗，以减少试验材料的不一致。

（3）整个试验区播种或移栽完毕后，应立即播种或移栽保护行。

5. **栽培管理**

试验田的栽培管理措施可按当地丰产田的标准进行，在执行各项管理措施时除了试验设计所规定的处理间差异外，其他管理措施应力求质量一致，使对各小区的影响尽可能没有差别。

6. **收获及脱粒**

最好能将小区产量折算成标准湿度（国家标准含水量）下的产量。

折算公式如下：

$$\text{标准湿度的产量}=\frac{\text{小区实际产量}\times(100-\text{收获的湿度})}{100-\text{标准湿度}}$$

四、试验误差

1. **误差的概念**

在试验得到的观察值中，除了含有处理的真实效应外，还包含有其他非试验因素的干扰和影响，而使处理的真实效应不能完全反映出来，这种使观察值偏离试验处理真值的影响称为试验误差，简称误差。也可说是同一处理不同重复观察值之间的差异。误差可分为两种：一是系统误差，是由处理以外的其他非试验条件的明显不一致所造成的；二是偶然误差，是指在严格控制非试验条件相对一致后仍不能消除的偶发性误差，也称随机误差。

误差是衡量试验精确度的依据。试验误差与试验中发生的错误是完全不同的，误差是不可避免的，而避免错误发生是完全可以做到的。

2. **误差的来源**

（1）土壤差异所引起的误差。包括土壤肥力差异和土壤理化性质方面的差异。

（2）试验材料的差异。这是指试验中各处理的供试材料在其遗传上和生长发育情况上存在着差异。

（3）小气候差异造成的误差。

（4）作物群体间竞争引起误差。

（5）一些不易被人们所控制的、偶然性的原因造成的误差。

3. **控制误差的途径**

（1）土壤差异的控制。可通过选择试验地、正确的小区设计技术和应用良好的田间试验设计方法来排除、减少和估计误差。

1）试验地选择要求

①试验地要有代表性。

②试验地的肥力要均匀一致。

③选作试验地的田块最好要有土地利用的历史记录。

④位置适当。

⑤地势要平坦。

2）土壤肥力判断方法

①目测法。观察拟作为试验地的地块上生长着的植物种类及其生长发育状况，如生长势和整齐程度来粗略判断肥力差异状况。

②空白试验法。在整个试验地上种植单一品种的作物（以植株较小而适于条播的谷类作物为好），在作物生长的整个过程中，从整地到收获，采用一致的栽培管理措施，并对作物生长情况作仔细观察。收获时将整个试验地划分为面积相等的若干单位、编号，分别计产，计算产量的变异系数，根据变异系数的大小以及各测量小区产量的高低及分布情况来估计土壤肥力差异及分布状况，单位间变异系数大，则说明土壤差异大，否则反之。通常认为，当空白试验测定的变异系数小于10%或15%时，才符合试验地对土壤肥力均匀一致的基本要求。

（2）选择同质的试验材料。

（3）改进操作和管理技术，使之标准化。

五、顺序排列的试验

顺序排列的试验设计主要有对比法和间比法两种。由于各处理顺序排列，不能无偏估计处理效应和试验误差。因此，不宜对试验结果进行方差分析。顺序排列也有一定的优点，如设计简单，播种、观察、收获等工作不易发生差错，可按品种的成熟期、株高等排列，以减少处理间的生长竞争。对此类试验，主要采用百分比法进行统计分析。

1. 对比法试验设计和统计方法

（1）对比法设计。对比法是一种最简单的试验设计方法，常用于处理数较少的品种比较试验及示范试验。在田间试验中，对比法的排列特点是每隔两个小区设置一个对照区，这样，每一个小区均可排列于对照区旁，从而使得每个小区都能与相邻对照区直接进行比较。这种排列使得试验区与对照区相连接，降低了土壤、气候等环境条件的差异。因此，对比法不仅有利于观察，还可以提高试验种与对照种之间比较的精度。

在运用对比法设计田间试验时，必须注意以下几个方面：

1）由于对照区过多，其面积占试验田面积的1/3，降低了土地利用率。因此不宜设置过多处理，重复数在3～6次即可。

2）在同一重复内，各小区按顺序排列。但多排式重复时，采用阶梯式或逆向式排列，以避免不同重复内的相同小区排列在同一条直线上（见图11—1）。

（2）对比法试验结果统计方法。对比法设计试验的产量分析，处理的结果一般都与邻近对照比较，处理间不直接进行比较。结果分析的方法用百分比法，以对照的产量为100，用处理产量与相邻对照产量相比较，计算出各处理对相邻对照产量的百分比（即

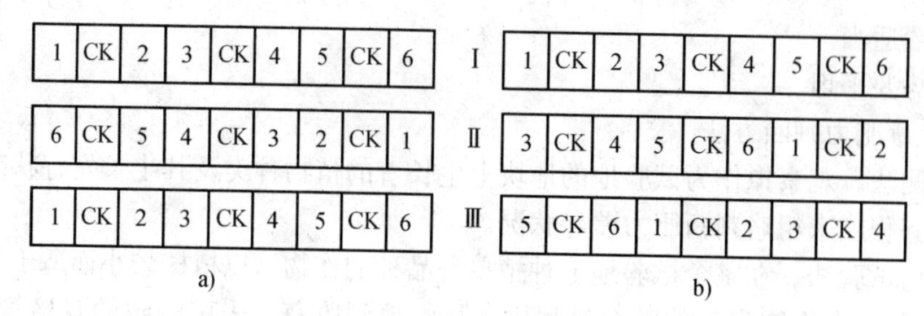

图 11—1　重复排列

a）6 个处理 3 次重复逆向式排列　b）6 个处理 3 次重复阶梯式排列

相对生产力），用以评定处理的优劣（位次）。

【例 11—1】　设有 A、B、C、D、E、F 6 个玉米亲本自交系的比较试验，设当地制种地面积最大的玉米组合的母本为 CK，采用同一密度下的对比法设计，小区面积20.1 m²（5 行区，行长 6.7 m，行距 0.6 m），测产产量只计中间三行产量，3 次重复，田间小区排列和测产产量（测产面积 12 m²，kg/12 m²）（见图 11—2），试进行统计分析。

1）列产量结果。将图 11—2 中各品种及对照各次重复的产量列为表 11—1，并计算其产量总和与平均小区产量。

Ⅰ	A	CK	B	C	CK	D	E	CK	F
	11.0	10.5	12.3	9.0	9.5	8.0	8.2	9.7	13.0
Ⅱ	C	CK	D	E	CK	F	A	CK	B
	11.0	11.0	10.3	10.6	10.7	13.8	11.3	10.4	12.8
Ⅲ	E	CK	F	A	CK	B	C	CK	D
	9.1	10.7	14.1	10.9	11.2	12.9	9.8	10.6	9.3

图 11—2　玉米亲本自交系比较试验田间小区排列和产量

表 11—1　　各玉米亲本自交系比较试验（对比法）的产量结果分析

品种	各重复小区测产产量					与邻近 CK 的百分比	矫正产量（kg/hm²）	位次
	Ⅰ	Ⅱ	Ⅲ	总和	平均			
A	11.0	11.3	10.9	33.2	11.07	103.43	9 030.97	3
CK	10.5	10.4	11.2	32.1	10.7	100.00	8 916.67	(4)
B	12.3	12.8	10.9	36.0	12.0	112.15	9 792.35	2
C	9.0	11.0	9.8	29.8	9.93	95.82	8 366.50	5
CK	9.5	11.0	10.6	31.1	10.37	100.00	8 638.89	(4)
D	8.0	10.3	9.3	29.6	9.87	95.18	8 310.62	6
E	8.2	10.6	9.1	27.9	9.3	89.71	7 833.01	7
CK	9.7	10.7	10.7	31.1	10.37	100.00	8 638.89	(4)
F	13.0	13.8	14.1	40.9	13.63	131.51	11 482.77	1

2）计算各品种与邻近对照产量的百分比

$$与邻近CK的百分比=\frac{某品种各小区产量总和}{邻近CK产量总和}\times100\%$$

例如：A 自交系对邻近 CK 的百分比＝（33.2÷32.1）×100%＝103.43%

以此类推，将算得各品种与邻近 CK 的百分数填入表 11—1。

3）计算各品种的矫正产量。各自交系的小区产量是在不同土壤肥力条件下形成的，这些产量可能因小区土壤肥力的差异而偏高或偏低，而对照自交系在整个试验区分布比较普遍，其平均产量能够代表对照品种在试验区一般肥力条件下的产量水平。作物产量习惯用每公顷产量表示，可以对照品种的平均产量为标准，计算各品种在一般肥力条件下的矫正产量（kg/hm^2）。

①计算对照区的平均产量

$$对照区平均产量=\frac{对照区产量总和}{对照区总数}$$

本例对照区平均产量＝（32.1＋31.1＋31.1）÷9＝10.48

②计算对照品种单产

$$对照品种单产=对照区平均产量\times\frac{10\,000}{小区平方米}$$

本例对照品种单产＝10.48÷12×10 000＝8 731.48

③计算各品种的矫正产量

品种的矫正产量＝对照品种单产×品种与邻近 CK 产量的百分比

本例 A 品种的矫正产量＝8 731.48×103.43%＝9 030.97，以此类推。并将算得各品种矫正产量数据列入表 11—1。

④确定位次。按照品种（包括对照）矫正产量的高低排列名次（见表 11—1）。

⑤试验结论。相对生产力大于 100%的自交系，其百分数越高，就越可能优于对照自交系。但绝不能认为超过 100%的所有自交系，都是显著地优于对照的，因将自交系与相邻对照自交系相比只是减少了误差，而不能排除误差。所以，一般田间试验认为：相对生产力比对照超过 10%以上，可判定处理的生产力确实优于对照；凡相对生产力仅超过 5%左右的自交系，应继续试验再作结论。当然，由于不同试验的误差大小不同，上述标准也仅供参考。

本例的结论是：F 自交系产量最高，比对照增产 31.51%，B 自交系占第二位，比对照增产 12.15%，大体上可以认为它们确实优于对照自交系；A 自交系占第三位，比对照自交系增产 3.43%，应继续试验后再作结论；C 与 D、E 自交系比对照自交系减产，应淘汰。

2. 间比法试验设计和统计方法

（1）间比法设计。该方法是育种试验的前期阶段，供试品种较多，试验要求较低时采用的试验设计方法。

在运用间比法设计田间试验时，必须注意以下几个方面：

1）在每一个试验地上，排列的开始和最后一个小区一定是对照区（CK）。

2）在同一重复内，各小区按顺序排列，每两个对照区之间设置同等数目的处理小区，一般设置 4 个、9 个甚至 19 个。

3）重复一般为 2～4 次，各重复可以排成一排或多排。

4）当多排重复时，采用逆向式排列（见图 11—2）。

Ⅰ	CK	1	2	3	4	CK	5	6	7	8	CK	9	10	11	12	CK	13	14	15	16	CK	17	18	19	20	CK
Ⅱ	CK	20	19	18	17	CK	16	15	14	13	CK	12	11	10	9	CK	8	7	6	5	CK	4	3	2	1	CK
Ⅲ	CK	1	2	3	4	CK	5	6	7	8	CK	9	10	11	12	CK	13	14	15	16	CK	17	18	19	20	CK

图 11—2　20 个品种 3 次重复的间比法排列，逆向式

（Ⅰ、Ⅱ、Ⅲ代表重复；1、2、3、…、20 代表品种；CK 代表对照）

5）如果一块地内不能安排下全部重复的小区，可以在第二块地上接下去，但开始时必须种植一个对照区，这个对照区称为额外对照（Ex. CK）（见图 11—3）。

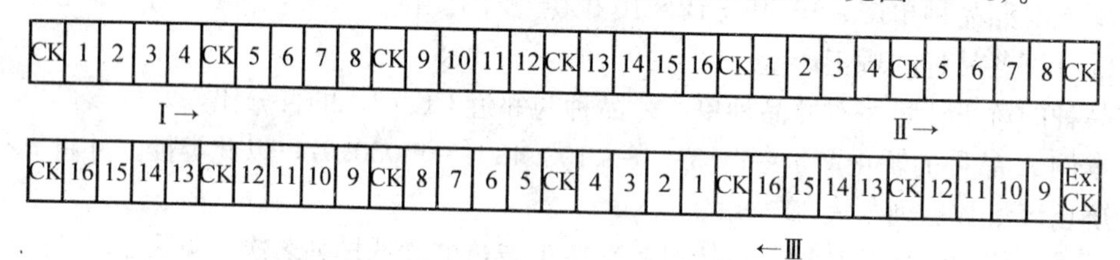

图 11—3　16 个品种 3 次重复的间比法排列，2 行排列重复及 Ex. CK 的设置

（Ⅰ、Ⅱ、Ⅲ代表重复；1、2、3、…、16 代表品种；CK 代表对照；Ex. CK 代表额外对照）

间比法设计的优点是：设计简单，操作方便，可按品种的不同特性排列，能降低边际效应和生长竞争影响。缺点是：虽然增设了对照，但各处理在小区内的排列并非随机排列。因此，估计的试验误差有偏差。

（2）间比法试验结果统计方法。与对比法试验设计相比，间比法设计的两个对照区中间一般是隔 4 个、9 个或 19 个处理小区，这样有些处理与对照区不相邻，因此，与各处理相比较的是前后两个对照区指标值的平均数（记作$\overline{CK}$），该平均数称为理论对照标准。

【例 11—2】　有 10 个的玉米自交系比较试验，以当地制种地面积最大的玉米组合的母本为对照，采用二次重复，同一密度下的间比法设计，小区面积 20.1 m^2（5 行区，

行长6.7 m，行距0.6 m)，测产产量只计中间三行产量，每隔3个品系设一对照，田间小区排列和测产产量（测产面积12 m^2，kg/12 m^2）如图11—4所示。

1 11.6	CK 10.5	2 12.3	3 9	4 9.5	CK 10.8	5 8.2	6 9.7	7 13	CK 11.2	8 11.1	9 10.3	10 10.6	CK 10.9
CK 10.7	10 11.2	9 10.3	8 10.7	CK 11.2	7 14.1	6 10.7	5 9.1	CK 10.9	4 10.2	3 9.9	2 12.9	CK 10.6	1 11.1

图11—4　玉米亲本自交系间比试验田间小区排列和产量

1）产量结果表。将图11—4中各自交系及对照各重复的产量列为表11—2，并计算各自交系及对照产量的总和T_t与平均产量$\overline{x}_t$。

2）计算各段平均对照产量$\overline{CK}$

品系1、2、3、4为第一段，其$\overline{CK}=\frac{CK_1+CK_2}{2}=(10.55+10.85)\div 2=10.6$。

以此类推，逐项计算，列入表11—2。

3）计算各自交系相对生产力

$$\text{自交系1的相对生产力}=\frac{\text{自交系1的平均产量}}{\text{自交系1所在段的平均对照产量}(\overline{CK})}\times 100\%$$

$$=(11.35\div 10.7)\times 100\%=106.07\%$$

以此类推，将算得结果列于表11—2。

表11—2　**各自交系比较试验（间比法）的产量结果分析**

自交系代号	各重复小区测产产量		T_t	$\overline{x}_t$	对照标准$\overline{CK}$	各自交系与$\overline{CK}$的百分比
	Ⅰ	Ⅱ				
1	11.6	11.1	22.7	11.35	10.7	106.07
CK_1	10.5	10.6	21.1	10.55		
2	12.3	12.9	25.2	12.6	10.7	117.76
3	9.0	9.9	18.9	9.45	10.7	88.32
4	9.5	10.2	19.7	9.85	10.7	92.06
CK_2	10.8	10.9	21.7	10.85		
5	8.2	9.1	17.3	8.65	11.03	78.42
6	9.7	10.7	20.4	10.2	11.03	91.48
7	13.0	14.1	27.1	13.55	11.03	122.85
CK_3	11.2	11.2	22.4	11.2		
8	11.1	10.7	21.8	10.9	11.0	99.09
9	10.3	10.3	20.6	10.3	11.0	93.64
10	10.6	11.2	21.8	10.9	11.0	99.09
CK_4	10.9	10.7	21.6	10.8		

4）结论。相对生产力超过对照10%以上的有2、7两个自交系，其中自交系7增产幅度最大，达到22.8%；超过对照5%以上的有一个自交系1，有必要作进一步试验观察，其余自交系可以淘汰。

六、试验总结的书写

范文：

玉米制种××组合试制总结

一、试验目的

为了进一步加快玉米制种组合更新步伐，了解玉米制种＝××组合在本地不同密度下的产量潜力，了解该组合父母本在不同密度下的性状，设计合适的行比和密度，为××组合大面积制种提供科学依据。

二、试验的地点、时间、土地条件和生育期气象因素（灾害、病害）

地点：　　　　时间：　　　　土地条件：　　　　生育期气象因素：

三、试验设计及栽培管理情况

1. 试验设计

（1）多密度梯次6行区亲本适应性调查（第一年）田间布置图（见图1）

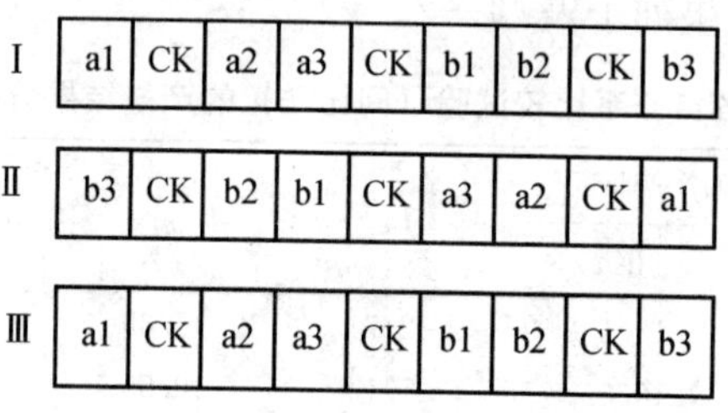

图1　2品种3个处理3次重复逆向式排列

a—母本　b—母本　CK—当前生产密度下较高产量的品种的母本

1为密度：株/hm^2；2为密度：株/hm^2；3为密度：株/hm^2。

（2）三个土地等级地块小面积试制（每块地小于2 hm^2，第二年）

2. 栽培管理

与当地玉米制种同等管理。在整个生育期间严格按照试验记载标准，对各个品种的性状、特性进行了观察记载。

四、影响玉米生长发育的气象灾害及病虫害

播前墒情、各生育期影响正常生长的天气过程、病虫害及其长势状况。

五、亲本性状调查

附：表1　不同密度下亲本生育期记载表

表 2　不同密度下亲本田间生物学性状调查表

表 3　亲本性状调查表

表 4　不同密度下亲本病虫害调差表

表 1　　**生育期记载表**　　密度（株/hm²）时间（日/月）

密度	亲本	播期	出苗期	抽雄期	吐丝期	散粉期	成熟期	生育天数（天）	需要调整的播期差期日数

表 2　　**田间生物学性状调查表**

密度（株/hm²）长度单位 cm　重量 g

密度	亲本	株高	穗位高	雄穗分支数	雌穗着生叶腋	双穗率	花药颖壳色	见穗—吐丝日数	花丝色	株型

表 3　　**玉米生物学性状调查表**

密度（株/hm²）长度单位 cm　重量 g

密度	亲本	单穗粒重	穗型	粒型	轴色	粒色	穗长	穗行数	秃顶长	百粒重

表 4　　　　　　　　　　　　　病虫害记载表　　　　　　　　　　密度（株/666.7 m²）

密度	亲本	空秆率	倒折率	倒伏率	玉米螟	叶螨	病害	
							丝黑穗病	瘤黑粉

六、亲本与密度关系综述

根据参试亲本田间长势及室内考种情况，现对以下亲本与密度关系进行综述如下：

(1) 母本（　　）幼苗叶色深/浅，株型（紧凑、半紧凑、平展），在密度（　　）株/hm² 情况下，生育期（　　）天，株高（　　）cm，穗位高（　　）cm，茎秆（粗壮或细弱），支持根（发达或不发达）。果穗型（　　），穗长（　　）cm，穗粗（　　）cm，穗行数（　　）行，行粒数（　　），粒（　　）色，粒型（　　）型，结实性（　　），穗轴（　　）色，百粒重（　　）g，单穗粒重（　　）g，空秆率（　　）%，出籽率（　　）%。

(2) 父本（　　）幼苗叶色深/浅，株型（　　），在密度（　　）株/ hm² 情况下，生育期（　　）天，株高（　　）cm，穗位高（　　）cm，茎秆（粗壮或细弱），支持根（发达或不发达）。果穗型（　　），穗长（　　）cm，穗粗（　　）cm，穗行数（　　）行，行粒数（　　），粒（　　）色，粒型（　　）型，粉量（大或小），需要调整的播期差期日数（　　）。

(3) 母本（　　）幼苗叶色深/浅，株型（　　），在密度（　　）株/hm² 情况下，生育期（　　）天，株高（　　）cm，穗位高（　　）cm，茎秆（粗壮或细弱），支持根（发达或不发达）。果穗型（　　），穗长（　　）cm，穗粗（　　）cm，穗行数（　　）行，行粒数（　　），粒（　　）色，粒型（　　）型，结实性（　　），穗轴（　　）色，百粒重（　　）g，单穗粒重（　　）g，空秆率（　　）%，出籽率（　　）%。

(4) 父本（　　）幼苗叶色深/浅，株型（　　），在密度（　　）株/hm² 情况下，生育期（　　）天，株高（　　）cm，穗位高（　　）cm，茎秆（粗壮或细弱），支持根（发达或不发达）。果穗型（　　），穗长（　　）cm，穗粗（　　）cm，穗行数（　　）行，行粒数（　　），粒（　　）色，粒型（　　）型，粉量（大或小），需要调整的播期差期日数（　　）。

(5) 母本（　　）幼苗叶色深/浅，株型（　　），在密度（　　）株/hm^2 情况下，生育期（　　）天，株高（　　）cm，穗位高（　　）cm，茎秆（粗壮或细弱），支持根（发达或不发达）。果穗型（　　），穗长（　　）cm，穗粗（　　）cm，穗行数（　　）行，行粒数（　　），粒（　　）色，粒型（　　）型，结实性（　　），穗轴（　　）色，百粒重（　　）g，单穗粒重（　　）g，空秆率（　　）%，出籽率（　　）%。

(6) 父本（　　）幼苗叶色深/浅，株型（　　），在密度（　　）株/hm^2 情况下，生育期（　　）天，株高（　　）cm，穗位高（　　）cm，茎秆（粗壮或细弱），支持根（发达或不发达）。果穗型（　　），穗长（　　）cm，穗粗（　　）cm，穗行数（　　）行，行粒数（　　），粒（　　）色，粒型（　　）型，粉量（大或小），需要调整的播期差期日数（　　）。

七、产量结果

产量及产量结构表，见表5。

表5　　**产量及产量结构表**

地块号	父母本比	单产 kg/hm^2	位次	产量结构			
				株数/hm^2	单穗粒重	双穗率	百粒重

八、结果分析

该组合在母本在密度（　　）株/hm^2 情况下，生育期（　　）天，株高（　　）cm，穗位高（　　）cm，父母本行比为1∶（　　），需要调整的播期差期日数（　　），（　　）能保障花粉供给，制种产量最大。

九、建议

在今年特殊气候条件下，各品种苗期受低温气候影响出苗较晚，但由于墒情较好苗齐苗壮；花期以晴天为主，降雨过程较短且基本在受粉结束后出现，各品种结实较好；8月中旬虽有强降雨但风势较弱，除在密度（　　）株/hm^2 情况下倒伏外其他密度无倒伏现象，本组合母本易感　病，感　虫；父本易感　病，感（　　）虫。本次试验由于选择地块肥力偏差，在最高设计密度少量空秆，组合丰产性未得到充分发挥，产量表现不够突出。

但是本次试验数据基本反映了在当年气候条件、生产条件及作物管理水平下各品种特征特性的充分表现，如在正常气候条件下，选择与肥力较好的地块生产、母本在最高设计密度下，将第一期父本播期在今年基础上（延后　日或提前　日）可以达到更高单产，建议该组合迅速在我地制种。

七、玉米新品种制种规程的制定

玉米新品种制种规程要根据待制组合在试制阶段获得的亲本特性和试制的结果，采取最佳的资源配置，以期获得最佳的区域性制种产量。

范文：

玉米杂交制种技术规程

品种代号：(　　)

1. 选地、整地

2. 隔离区

3. 种植方式及种肥施用

4. 播种

种子处理方式。

4.1　播期时间（地膜覆盖播种或露地播种）

4.2　播种方法及要求

4.3　行比、株行距、错期播种

4.3.1　行比。父母本行比 1：　，即一行父本，行母本。

4.3.2　株行距。行距　　cm，母本株距　　cm，父本株距　　cm。每公顷保苗母本　　株，父本　　株。

4.3.3　错期播种。一期父本在母本播后　　天播种。二期父本在一期播后　　天播种（三期父本在二期播后　　天播种）。

5. 田间管理

5.1　精细耕作

5.2　加强病虫害防治

5.3　依照叶龄指导生产

5.3.1　及时揭膜

5.3.2　一次或多次中耕追肥

5.3.3　化学控高

5.3.4　合理灌溉

5.4　调节花期

5.5 去杂

5.6 母本去雄

5.7 人工辅助授粉（视具体品种组合而定）

5.8 砍除父本

6. 收获、晾晒

7. 脱粒、精选、交售

单元测试题

一、填空题

1. 试验设计，广义讲是指整个课题的设计，狭义讲专指（　　）技术。

2. （　　）是用来排除规律性非试验因子干扰的重要手段，其主要功能是降低误差。

3. 间比法设计的特点是，在一条地上，排列的第一个小区和末尾的小区一定是（　　）区。

4. 按照对照区在田间的排列方式，通常分为顺序式和（　　）两种。

5. 偶然误差也称（　　），是指在严格控制非试验条件相对一致后仍不能消除的偶发性误差。

二、判断题

1. 增加重复次数，有利于降低试验误差，因此重复次数越多越好。（　　）

2. 一般讲，在一定范围内，随小区面积的增加，试验误差减小。（　　）

3. 保护行的种植数应本着经济有效的原则，既减少占地面积，又能起到保护作用。（　　）

4. 随机区组设计对试验地的地形要求不严，必要时，不同区组亦可分散设置在不同地段上。（　　）

5. 裂区设计是单因素试验的一种设计形式。（　　）

三、选择题

1. 下面不属于田间试验的基本要求的是（　　）。

A. 重演性　　B. 代表性　　C. 正确性　　D. 可持续性

2. 从统计学的角度看，重复次数以试验误差的自由度不小于（　　）为宜。

A. 8　　B. 9　　C. 10　　D. 11

3. 为了使试材能在比较一致的环境条件下正常生长发育，试验地应设置保护行或保护区，以字母（　　）表示。

A. B　　B. P　　C. G　　D. M

4. 一般用于实验室培养试验及网、温室的盆钵试验设计是（　　）

A. 完全随机设计　B. 随机区组设计　C. 裂区设计　D. 拉丁方设计

5. 以下随机排列的试验设计中（　　）的优点是精确度高。

A. 完全随机设计　B. 随机区组设计

C. 裂区设计　D. 拉丁方设计

四、简答题

1. 对比法设计和间比法设计有何异同？各在什么情况下适用？

2. 简述间比法试验设计的特点。

3. 简述随机区组设计的优点。

单元测试题答案

一、填空题

1. 小区　2. 局部控制　3. 对照　4. 非顺序式　5. 随机误差

二、判断题

1. ×　2. √　3. √　4. √　5. ×

三、选择题

1. D　2. C　3. C　4. A　5. D

四、简答题

答案略。

第12单元

农业生产计划

第一节　计划的概念

→ 了解计划的概念

在管理学中，计划具有两重含义：其一是计划工作，是指根据对组织外部环境与内部条件的分析，提出在未来一定时期内要达到的组织目标以及实现目标的方案途径。其二是计划形式，是指用文字和指标等形式所表述的组织以及组织内不同部门和不同成员，在未来一定时期内关于行动方向、内容和方式安排的管理事件。

一、计划的定义

计划是对在未来一定时期内要进行的工作或需要完成的任务作出合理安排的一种应用文文体。

二、计划的文体格式

计划的基本格式有以下 4 种：

1. 条文式计划

分条列项地说明计划内容，阐述计划的目标、任务、指标、措施等，多采用序数或小标题，往往层次鲜明、眉目清晰。

2. 表格式计划

用表格形式体现计划项目内容，侧重数字、数据，附带文字说明，在生产计划中运用较多，大多将生产的目的、指标、措施、任务、进度等内容填入表格即可，一目了然，十分清楚。

3. 文表结合式计划

以文字说明为主，辅以数据表格，财务计划多采用此方式。

4. 文件式

用文字依次叙述，把计划的目的、任务、指示、时限等形成文字后再来加以说明。

三、计划的结构与写法

计划一般由标题、正文、落款三部分组成。

1. 标题

标题一般有以下几种形式：

（1）单位名称＋时间期限＋内容范围＋文种，如《×连2012年生产计划》。

（2）时间期限＋内容范围＋文种，如《2012年度生产计划》。

（3）单位名称＋内容范围＋文种，如《×连生产计划》。

（4）单位名称＋时间期限＋文种，如《××家庭农场2012年度计划》。

（5）内容范围＋文种，如《玉米制种生产计划》。

如果计划尚未定稿，应在标题之后加括号写上“草稿”“征求意见稿”“草案”“初稿”或“讨论稿”等。

2. 正文

正文主要包括前言、主体部分和结尾三个部分。

（1）前言。前言是计划的开头部分，主要说明为什么制订这份计划和制订计划的根据，即回答“为什么做”的问题。计划的根据是指上级文件或指示精神，整体或较长期计划的要求，做好所计划工作的重要意义，本单位的实际情况和工作需要等。前言还包括计划的总任务、工作情况的分析，承上启下过渡等。这部分内容可详可略。一般单位例行工作可略，申报重要工作计划可详。

一般单位例行工作计划的前言，简明扼要写以下四方面的内容：说明制订计划的依据；概述本单位的基本情况，分析完成计划的主、客观条件；提出总的任务和要求，或完成计划指标的意义；指出制订计划的目的。以上四方面的内容可根据实际作出适当选择。前言一般简明扼要表达出制订计划的背景、根据、目的、意义、指导思想和基本情况等，一般一两个自然段即可。最后可以“为此，特制订计划如下”类语为过渡语，引出主体部分。

（2）主体部分。要一一列出准备开展的工作（学习）、任务，并提出步骤、方法、措施、要求。这是计划最重要的内容，也是篇幅最大的一部分。通常主体部分由于内容繁多，需要分层、分条撰写。常见的结构形式为：用“一、二、三……”的序码分层次，用“（一）、（二）、（三）……”加“1.2.3.……”的序码分条款。具体如何分层递进，依内容的多少及其内在的逻辑性而定，可参考后附例文。

1）目标任务即计划所要达到的目标。它回答“做什么”的问题，是计划的灵魂。任何计划都必须写清楚任务和要求。要做到目标明确，还必须对总体目标（总任务）进行必要的分解，分解为具体目标、要求，形成一个目标体系。

2）措施。为完成任务而采取的具体办法，写清楚采取何种办法，利用什么条件，由何单位何人具体负责，如何协调配合完成任务。措施包括达到既定目标需要什么手段，动员哪些力量，创造什么条件，排除哪些困难以及人员分工等。要写得具体明确，切实可行。

3）步骤。步骤是实施计划的程序和时间安排，即写明实现计划分几个步骤或几个阶段。

以上目标任务、措施和步骤三个部分，既可分开写，也可措施和步骤放在一起写。根据计划的内容和表述需要，选择写条文式、图表式，或条文图表结合式。在正文不便表述的内容，另作“附件”。

（3）结尾。可以说明计划的执行要求，也可以提出希望或号召，还可以在条款之后就结束正文部分，不专门写结语。

3. 落款

通常包括单位名称和日期。若标题已写明单位名称，则结尾可省去单位名称。上报或下达时要加盖公章。

四、写作步骤

1. 准备阶段

（1）学习领会党和国家的有关方针、政策以及上级的有关文件精神，了解上级主管部门对编制计划提出的各项要求。

（2）深入调查研究，分析本单位、本部门的具体情况，收集整理有关资料。

（3）根据上级的指示精神和本部门、本单位的实际情况，确定计划的目标、任务、要求再制定具体的措施、步骤、办法。另外，还要预见以后工作中可能发生的偏差、缺点，遇到的障碍、困难，确定预防和克服的有效措施和办法。

2. 草拟、审议、讨论阶段

在做好充分准备工作的基础上，即开始拟写计划草案。计划草案一般要经过领导班子讨论、审议，或直接交给群众讨论、审议。有的必须经过有关会议讨论、审议。

3. 修改、定稿阶段

计划的起草人根据讨论审议的意见，对计划草稿进行修改、定稿，形成正式计划。有的要报送主管部门，经审批同意后即成为正式计划。

五、写作要求及注意事项

1. 要调查研究。
2. 要切实可行。
3. 要具体明确。
4. 要有预见性（留有余地）。

第二节 订单农业生产计划

→ 掌握订单农业生产计划的基本概念

→ 能根据当地农业生产水平，围绕订单规划、生产计划、质量控制计划、成本控制计划等内容制订计划表

一、订单农业生产计划

1. 定义

订单农业又称合同农业，是指在农业生产之前，农民与企业或中介组织签订具有法律效力的产销合同，规定的农产品收购数量、质量和最低保护价，由此来确定双方相应的权利与义务关系，农户根据合同组织生产，企业或中介组织按合同收购农户生产的产品的农业经营形式。

订单农业往往对农产品质量有特殊要求，订单企业和中介组织针对农产品质量标准，提供先进的农业科学技术体系，采用先进适用的生产模式，改善农产品的品质、降低生产成本，以适应市场对农产品需求优质化、多样化、标准化的发展趋势。广泛采用生态农业、有机农业、绿色农业等生产技术和生产模式，实现淡水、土地等农业资源的可持续利用，达到区域生态的良性循环，农业本身成为一个良好的可循环的生态系统。

2. 订单农业生产计划

订单农业生产计划是围绕订单规定的农产品收购数量、质量做出的生产计划，主要由订单规划、生产计划、质量控制计划、成本控制计划等内容组成。订单规划一般在企业中进行，农户不参与，所以此处不作介绍。

（1）生产计划（见表12—1、表12—2）

（2）质量控制（见表12—3）

（3）成本控制

1）成本类别。成本基本分为两类：固定费用项成本和虚拟动态项成本。

①固定费用项成本。如土地租赁、耕作成本、种子成本、不含农药的农资成本（农膜、灌溉器具等）、收获运输成本等。

固定费用除了随年度而发生浮动上涨外，变化基本不大。

表 12—1　　订单农产品的数量、规格计划表

产品名称		预定数量		规格		执行标准		GB— NY—
订单编号	接单日期	数量	交货期	生产文号	产品批次	合格率	次品率	备注
1								
2								
3								
4								

表 12—2　　生产计划表

生产单位	生产项目	生产日程		预计日程	人力安排	预计产值	农资成本	机力成本	人工成本	土地费用	预计成本	毛利
		起	止									

表 12—3　　质量控制表

过程名称	特性			检验要点	质量要求	执行标准	检验方法	抽样		记录	措施计划
	批次	产品	过程					规格	频次		
进料检	1	原料	检验	检验报告		GB—				进仓记录	
过程检 1											
过程检 2											
过程检 3											
终检		成品	检验	规格	订单要求	GB— NY—	测量	根据检验计划	检验记录	产品出品检验	
包装检											

②虚拟动态成本。如质量控制成本、农药成本、储存成本、水肥成本、人工工资等。

动态成本除了随年度而发生浮动上涨外，还因为地域、作物种类、品种、气候及产品特殊质量要求等发生较大变化。

2）成本分析。成本分析即分析成本效益阈值，找出成本盈亏点、动态成本增量与

效益增量的关系、动态成本增量拐点。

①成本盈亏点分析。成本盈亏点就是投入成本总和等于订单产品数量×订单产品单价的产值点，成本盈亏点包括两层意义：单位面积盈亏点产量和单位面积盈亏点动态成本增量。

同时要了解订单产品在某地域的最高产量纪录。

②动态成本增量与效益增量的关系。在继续加大动态成本额度的同时，可以发现效益增量随动态成本的增加而增加，呈反正切曲线图像规律，在一定产量情况下，效益增量增幅大于动态成本增幅，效益增加显著，超过一定产量情况后，效益增量增幅小于动态成本增幅，效益增加呈下降趋势。如图 12—1 所示。

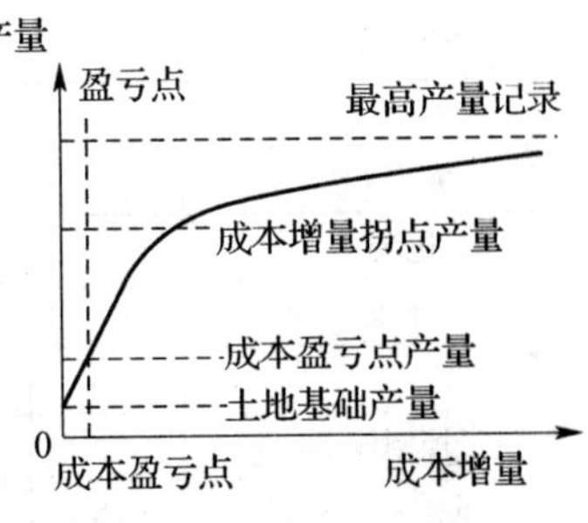

图 12—1　动态成本增量与效益增量的关系

③动态成本增量拐点。在某一产量情况下，效益增量增幅等于动态成本增幅，再继续提高产量，效益增量增幅就会小于动态成本增幅，这个产量被称为成本增量拐点产量，实现这个产量的动态成本增加值被称为成本增量拐点。

④审查及评估组成产品的各项成本数据的虚实，以求证成本的合理性与适当性。

对形成产品的过程逐项分析，对成本数据做合理性评估，包括制造技术、质量保证、生产效率等。也就是把一个产品生产出来，要投入多少原料，用多少直接人工，生产和管理费用是多少等，对这些方面进行技术流程分析。

3）玉米制种成本与玉米制种成本分析

①玉米制种成本（见表 12—4）

表 12—4　　玉米制种成本表

1. 直接原料成本			
项目	数量	单价	总价
种子			
肥料			
水			
灌溉器具			
农膜			
农药			
土地租赁			
耕作成本			
合计			

续表

2. 直接人工成本				
工别	工作时间		工资/小时	总成本
农事 1				
农事 2				
农事 3				
农事 4				
农事 5				
农事 6				
包装				
合计				
3. 质量控制成本	农事 1			
	农事 2			
	农事 3			
4. 收获运输成本				
5. 加工储存成本				
6. 未知因素占 3%～5%				
7. 涨价预计幅度 5%～10%				

②玉米制种成本分析（见表 12—5）

表 12—5　　玉米制种成本分析表

1. 固定费用项成本			
项目	总价	效益增效	备注
土地租赁			
犁耙播			
种子			
不含农药的农资成本			
收获运输成本			
2. 虚拟动态成本			
项目	作用	效益增效	备注
中耕			
肥料			
水			
农药			
化学调控剂			
叶面肥			

续表

项目	作用		效益增效	备注
质量控制成本	农事 1			
	农事 2			
	农事 3			
	农事 4			
	农事 5			
加工储存成本				
包装及交售				
未知因素 1				
未知因素 2				

③成本控制表（见表 12—6）

表 12—6　成本控制表

科目	控制方法	所要达到目的	成本对比	备注
水	节水灌溉，按生长时期精准灌水，预计节水 40%；由于实行局部灌溉，降低环境湿度，减少病害发生。 灌溉前，加强各区域巡视力度，检查接口，减少浪费，预计节水 10%	争取节水 40%～50%	上年水费　元 本年水费预计支出　元	
肥	依靠国家贴补政策，测土配方施肥，预计节肥 20% 按生长时期精准施肥，预计增加肥效 30%，提高产量 10%，预计节肥 10%	争取节肥 30%	上年肥料费　元 本年肥料预计支出　元	
农药	生产环境外围传播途径阻断，较上年增加农药成本 20%	争取节约农药成本 10%～20%	上年农药费　元 本年农药预计支出　元	
	使用环境友好型农药，较上年增加农药成本 20%			
	坚持病虫害预测预报，及时发现，点片防治，预计节约农药成本 50%～60%			
质量控制	提高机耕作业质量，增加作业层次，加强田间管理，使作物生长整齐一致，（去杂、去雄）农事操作简化，比上年减少用工 30%	争取节约质量控制成本 30%	上年质量控制费　元 本年质量控制预计支出　元	

单元 12

续表

科目	控制方法	所要达到目的	成本对比	备注
种子	播前粒选，种子包衣，提高芽势芽率，单粒播种，节约种子50%	节约种子成本　元；肥料　元；节约人工　元工资	上年此三项费用　元，本年水费预计支出　元	
期货肥料	去年入冬前购买肥料存量，今年肥料涨幅10%，同期半年期定期存款利息3.3%，节省6.7%			
新型科技	杂草减少，提高了机耕作业和农事操作质量，减少用工			
提前约定工人	开春前，提前约定工人，节省联系话费100元，车费500元			

二、生产计划的制订

1. 制订生产计划要掌握的基本内容

（1）熟悉党的方针政策。在一定时期内，党中央都有指导农业的方针、政策，各级地方组织也有相应的具体政策。对这些政策、法规都应熟悉，这是制订生产计划的前提。

（2）熟悉本地自然情况。掌握生产单位有关资料，如劳力、农机具、水田设备、灌排设施等。还有气象资料，如无霜期、气温变化、雨量分布、光照及特殊危害性气候因素、生产特性等。

（3）熟悉玉米制种栽培的基本规律。掌握当地生产水平，了解玉米制种生产发育的一般规律，是制订生产计划的依据。如各种玉米制种的品种及生育期、耕作栽培方法，不同类型耕地配制的玉米制种及其生产水平，肥料种类、数量及施肥水平，丰产经验及生产中存在的主要问题。

（4）熟悉农业生产技术。要了解和掌握农业生产中应用的常规技术，还要知道生产中推广应用的新技术，把这些技术结合到一起，是实现生产指标的重要措施。

（5）成本分析及控制。

（6）效益分析。

总之，在生产计划中，要安排好玉米制种种类、品种，运用综合栽培技术措施，使当地各种资源得到充分利用，达到季季高产、全年增产的目的。

2. 生产计划的形式

生产计划的书写形式一般为三种。

（1）条文式。把生产计划分若干条款或部分，通过文字叙述，逐一阐明内容，这是一种带用形式。

（2）表格式。用表格来表达计划的内容。

（3）文字表格兼有式。既有文字叙述，又有表格。

3. 生产计划的写法

一般生产计划由三部分组成，即标题、正文和结尾。

（1）标题。标题要一目了然，把计划的单位、内容和执行计划的有效期体现出来。如《××农场××年农业生产计划》。

（2）正文。正文由前言、主体和总结三部分组成。

1）前言。它是置于计划的开头部分，应写明生产计划的依据（如遵循的方针、根据的情况和问题等）和总的目的任务（如开展什么工作、解决什么问题、达到什么效果等）。

2）主体。这是计划的核心部分。着重写明计划期内应完成的具体任务和达到的具体目标。具体写法多采用分条列项式，即把计划任务先分若干项，用序码和小标题标明层次，再分层写出具体任务和具体目标。

3）总结。着重写明完成任务、实现目标的措施。一般要讲清楚完成任务需要做的具体工作，如何做，分几个步骤，时期要求及分工等。

（3）结尾。计划结尾要写明计划的单位（个人）和日期。

上述写法，只是一种基本格式，在具体运用时，主要体现计划三要素即目标、措施、步骤即可，各地可根据不同情况灵活变通。

三、范文

1. 标题

李琴家庭农场20××年50亩玉米制种生产计划

2. 前言

根据××团20××年总体计划，××连××－××条田统一种植14－××玉米制种组合，本人在该条田有50亩耕地，据团种子站工作人员介绍，产量可以达到亩产520～750 kg（每公顷7 800～11 250 kg），由于我家土地肥力中等偏下，因此力争实现单产：亩产600 kg或每公顷9 000 kg。

3. 效益分析

50×目标单产×单价－50×单位面积控制成本

4. 玉米制种成本分析

玉米制种固定费用项成本。

玉米制种固定费用项成本表

1. 固定费用项成本			
项目	总价	效益增效	备注
土地租赁			
犁耙播			
种子			
收获运输成本			
滴灌带			
地膜			
其他固定成本			

5. 农时农事的具体安排、收获和收获后管理

生产流程及阶段成本表

生产流程及阶段成本				
项目		作用	成本	备注
中耕				
农家肥（牛羊猪粪）				
土地平整				
肥料				
水				
农药				
化学调控剂				
叶面肥				
质量控制成本	农事 1			
	农事 2			
	农事 3			
	农事 4			
	农事 5			

续表

项目	作用	成本	备注
加工储存成本			
包装及交售			
未知因素 1			
未知因素 2			

也可以用文字详细说明。

6. 结尾

××××年××月××日

农四师××团×××连李琴

单元测试题

请根据当地生产实际制订 50 亩的玉米制种计划，必须包括：

1. 标题。
2. 前言。
3. 成本和效益分析。
4. 生产流程及阶段成本，农时农事的具体安排。
5. 收获和收获后管理。
6. 结尾。

单元测试题答案

答案略。

参 考 文 献

1. 曹卫星. 作物栽培学总论［M］. 北京：科学出版社，2006

2. 董钻. 作物栽培学总论［M］. 北京：中国农业出版社，2000

3. 才卓. 中国玉米栽培学［M］. 上海：上海科学技术出版社，2004

4. 刘纪麟. 玉米育种学［M］. 北京：中国农业出版社，2001

5. 崔俊明. 新编玉米育种学［M］. 北京：中国农业科技出版社，2007

6. 赵善欢. 植物化学保护［M］. 北京：中国农业出版社，2000

7. 吕锡祥. 农业昆虫学［M］. 北京：中国农业出版社，1997

8. 方中达. 普通植物病理学［M］. 北京：中国农业出版社，1995

9. 陈祥，陈卫民，梁巧玲. 新疆伊犁河谷玉米田杂草发生现状及防除对策［J］. 杂草科学，2010（2）